太仆寺旗
耕地与科学施肥

TAIPUSI QI GENGDI YU KEXUE SHIFEI

刘文东 赵景瑞 主编

U0294129

中国农业出版社
北 京

图书在版编目（CIP）数据

太仆寺旗耕地与科学施肥/刘文东，赵景瑞主编
. —北京：中国农业出版社，2019.12
ISBN 978-7-109-26461-8

Ⅰ.①太… Ⅱ.①刘…②赵… Ⅲ.①耕作土壤—土
壤肥力—土壤评价—太仆寺旗②施肥—管理—太仆寺旗
Ⅳ.①S159.226.4②S158③S147.2

中国版本图书馆 CIP 数据核字（2020）第 020243 号

中国农业出版社出版
地址：北京市朝阳区麦子店街 18 号楼
邮编：100125
责任编辑：郭 科 孟令洋
版式设计：韩小丽 责任校对：周丽芳
印刷：北京大汉方圆数字文化传媒有限公司
版次：2019 年 12 月第 1 版
印次：2019 年 12 月第 1 版北京第 1 次印刷
发行：新华书店北京发行所
开本：787mm×1092mm 1/16
印张：11.75 插页：9
字数：280 千字
定价：60.00 元

主编简介

刘文东： 内蒙古太仆寺旗土壤肥料工作站站长、农技推广研究员。

主要业绩及成果

1. 2011—2013年参加完成的内蒙古测土配方施肥技术推广项目，于2013年获全国农牧渔业丰收一等奖，第16完成人。对该项目专家的评定意见是：总体技术居国内领先水平，其核心技术达到国际先进水平。该项目2011—2013年在太仆寺旗实施以来，累计推广16.2万 hm²，平均每667m² 增产粮油33.4kg，增产幅度达到22%～31%，每667m² 增纯效益达到35.6元。3年累计增产粮油81 162t，新增纯收益8 651万元，取得了重大经济、社会和生态效益。

2. 参加完成的国家"九五"项目农业重大害鼠成灾规律及综合防治技术研究，2002年度获国家科学技术进步二等奖。该项目与中国科学院动物研究所共同协作完成，项目实施地点在太仆寺旗。项目5年累计防治农田鼠害3.33万 hm²，每667m² 防治成本12.5元，每667m² 平均挽回粮油经济损失折合人民币57.7元，每667m² 平均获纯效益45.5元，新增纯利润2 275万元。专家鉴定意见为：该项目技术居全国领先水平，同时通过生态调控保持害鼠与天敌食物链的生态平衡。

3. 参加完成的农田野燕麦综合防治项目，1995年获得内蒙古自治区星火科技三等奖。该项目1991—1995年在太仆寺旗大面积应用推广，5年累计完成综合防治野燕麦2.33万 hm²，平均每667m² 防治成本15元，每667m² 挽回粮油经济损失折合人民币56元，每667m² 获纯收益41元，新增纯收益1 435万元。同时普及推广了野燕麦综合防治技术，使农田恶性杂草野燕麦得到了有效控制，取得了显著的经济、社会和生态效益。

赵景瑞： 内蒙古太仆寺旗土壤肥料工作站农艺师。

主要业绩及成果

1. 2014年参加完成的玉米、马铃薯滴灌水肥一体化技术集成与推广项目，获内蒙古自治区农牧业丰收一等奖。

2. 2015年参加完成的锡林郭勒盟喷灌圈马铃薯水肥一体化集成技术推广项目，获内蒙古自治区农牧业丰收三等奖。

3. 2006—2009年，参加了全旗测土配方施肥项目，参与完成了6 430个土样的采集和

15 000个项次的化验工作。主持太仆寺旗耕地地力评价工作，并带头完成了"3414"肥效试验、微肥试验，累计106个。实施测土配方施肥项目以来，全旗累计节本增效达3.25亿元。

4. 2009—2011年，承担了全旗有机质提升项目的推广工作，累计推广商品有机肥使用面积0.77万hm^2，投入商品有机肥23 360t，实现马铃薯增产3.4万t，增加产值4 760万元。

编写人员名单

策　　划： 张春青

主　　编： 刘文东　赵景瑞

副 主 编： 李　慧　于海英　张春青　胡玉敏

技术顾问： 程　利　赵金祥

编　　委（按姓氏笔画排序）：

于海英　王秀娟　刘文东　李　慧

张永刚　张建平　张春青　赵广远

赵丽萍　赵景瑞　胡玉敏

序

太仆寺旗位于内蒙古自治区锡林郭勒盟南部与河北省北部交汇处，地处大兴安岭西麓，冀北山区北端，属低山丘陵地貌区，地势开阔，集中连片，光照充足，具有一定的井灌条件，是以农为主、农牧结合的经济类型区。全旗现有耕地9.44万 hm²，其中井灌耕地2.4万 hm²。全旗种植结构逐步趋于合理化、科学化，积极推广"粮改饲、粮改杂、粮改经、粮改特"模式，全力打造马铃薯种薯、有机蔬菜、优质药材、油料和饲料种植基地，逐步收缩传统种植业，不断扩大特色经济作物种植面积，优化粮经饲比例，扎实推进农业供给侧结构性改革。

太仆寺旗测土配方施肥项目始于2006年。根据农业部《测土配方施肥技术规范》，太仆寺旗土壤肥料工作站围绕"测土、配方、配肥、供肥、施肥指导"5个环节，开展野外调查、采样测试、田间试验、配方设计、配肥加工、示范推广、宣传培训、数据库建设、耕地地力评价、效果评价和技术研发等11项重点工作。截至2015年，累计采集土壤样品8 460个，调查农户8 460户（次）；开展了土壤有机质、pH、全氮、有效氮、全磷、有效磷、全钾、速效钾、缓效钾、阳离子交换量（CEC）、有效硫、有效铜、有效铁、有效锰、有效锌、有效钼、有效硅及交换性钙、交换性镁的测试分析工作，分析化验160 740项次；完成肥料田间肥效试验（"3414"试验）63个、田间中微量元素肥效试验46个、田间校正试验146个，设计肥料配方16个，开出施肥推荐卡14.3万张。目前，测土配方施肥面积每年稳定在7.3万 hm²，使30%以上的农民做到了会选肥、会配肥、会施肥。

太仆寺旗土壤肥料工作站通过运用计算机技术、地理信息系统（GIS）和全球定位系统（GPS），建立了县域耕地资源管理信息系统和专家咨询系统，进行了耕地地力评价与分等定级，确立了当地主栽作物小麦、莜麦、油菜、马铃薯等施肥指标体系，并取得了显著成效。

《太仆寺旗耕地与科学施肥》全面系统地概述了本旗土壤类型及性质、耕地地力现状、耕地施肥现状及耕地环境状况，可为合理利用土地资源、调整产业结构、发挥区位优势以及合理施肥、优化肥料配置提供科学依据，也将对太仆寺旗今后的耕地保护与建设、科学施肥及农业综合生产能力提升起到重要的指导作用。

《太仆寺旗耕地与科学施肥》的出版，是内蒙古自治区农牧业厅、土壤肥料工作站及锡林郭勒盟土壤肥料工作站与太仆寺旗人民政府共同合作的结果，也是内蒙古自治区、锡林郭勒盟、太仆寺旗三级土壤肥料技术人员辛勤工作的结晶。该书可供从事农业技术推广、生产、行政管理人员及科技工作者阅读参考。在项目实施和该书出版过程中，得到了有关领导和专家的大力支持，谨代表太仆寺旗人民政府表示衷心感谢。

太仆寺旗人民政府旗长：

2017 年 12 月

前　言

　　土壤作为一种资源，是一切作物生长的基础；耕地是土壤的精华，耕地的合理利用与管理对整个国民经济的发展有着巨大影响。太仆寺旗在农业生产和土地利用方面还存在一定的盲目性和不确定性，造成农业生产成本增加，对环境形成一定污染，威胁农产品质量安全，直接影响农业增效和农民增收。

　　继第二次全国土壤普查至今已有 30 余年，其间，太仆寺旗的农村经营管理体制、土壤资源利用、农业生产水平和化肥的使用等都发生了巨大变化，加之多年的洪涝灾害和严重水土流失，第二次土壤普查结果已不能真实反映现今的耕地质量和土壤肥力状况，而且随着种植业结构的调整，作物品种的更新换代，作物自身对养分的需求也发生了变化，旧的土壤养分含量指标、土壤养分分级标准已与指导科学施肥的需要不相适应。因此，按照农业部和自治区农牧业厅的总体安排，太仆寺旗于 2006 年开展了测土配方施肥工作，随即展开了耕地地力调查与质量评价，为全面开展耕地质量建设、提高土壤肥力、指导科学施肥、优化资源配置、保护生态环境、促进农业可持续发展提供科学依据。

　　太仆寺旗土壤肥料工作站以野外调查、农户施肥状况调查、田间试验和分析化验数据为基础，获得土壤养分校正系数、肥料利用率和作物养分吸收量等施肥参数，通过汇总分析，逐步建立本旗主要作物的施肥指标体系。按照规范化的测土配方施肥数据字典要求，在充分利用第二次土壤普查成果资料和国土部门的土地详查资料基础土，应用计算机、地理信息系统（GIS）、全球定位系统（GPS）、遥感（RS）技术等高新技术，并采用科学的调查与评价方法，摸清了耕地的环境质量状况，对耕地地力进行分等定级，研究明确了各等级耕地的分布、面积、生产性能、主要障碍因素、利用方向和改良措施，建立了全旗耕地资源管理信息系统。测土配方施肥技术的研究与应用，在开展了大量的土壤样品测试分析和肥料肥效田间试验的基础上，确立了主栽作物科学施肥指标系统，建立了测土配方施肥数据库，并不断对数据库进行校核、修正、完善与补充，更新完善后的测土配方施肥数据库更加细致、内容翔实、接近实际，同时研究开发了测土配方施肥专家咨询系统。

为全面展示耕地地力调查与质量评价以及 10 年来测土配方施肥的主要技术成果，编著了《太仆寺旗耕地与科学施肥》一书。全书共分 8 章，即自然与农业生产概况、耕地土壤类型及性状、耕地地力现状、耕地施肥与现状、主要作物施肥指标体系建立、施肥配方设计与应用效果、主要作物施肥技术、耕地土壤改良利用与监测保护等，附耕地资源数据册、成果图件等。书中较为详细地介绍了太仆寺旗耕地地力现状和测土配方施肥取得的主要技术成果，可供同行们参考及当地种植户借鉴。

由于工作量大，时间紧，任务重，加之编者水平有限，书中难免存在不妥之处，恳请读者、专家及同行们批评指正。

编　者

2017 年 12 月

目　录

附录 3　耕地资源图

太仆寺旗土地利用现状图

太仆寺旗耕地地力评价等级图

太仆寺旗耕地沙化等级分布图

太仆寺旗耕地土壤类型图

太仆寺旗耕地土壤有机质含量分级图

太仆寺旗耕地土壤全氮含量分级图

太仆寺旗耕地土壤碱解氮含量分级图

太仆寺旗耕地土壤有效磷含量分级图

太仆寺旗耕地土壤速效钾含量分级图

太仆寺旗耕地土壤有效硫含量分级图

太仆寺旗耕地土壤有效铜含量分级图

太仆寺旗耕地土壤有效锌含量分级图

太仆寺旗耕地土壤水溶态硼含量分级图

太仆寺旗耕地土壤有效钼含量分级图

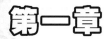

第一章

自然与农业生产概况

第一节 地理位置与行政区划

太仆寺旗位于内蒙古中部，锡林郭勒盟南端，地处阴山山脉东段，大兴安岭西麓，冀北山区北端，地貌单元属于阴山山地察哈尔低山丘陵地貌区。太仆寺旗西与河北省康保县相邻，南与河北省沽源县接壤，东部和北部与锡林郭勒盟正蓝旗、正镶白旗毗邻，地理位置为东经114°51′~115°49′、北纬41°35′~42°10′，全旗土地总面积3 414.74km²。

太仆寺旗辖设5个镇、1个乡、1个苏木，即：宝昌镇、永丰镇、骆驼山镇、千斤沟镇、红旗镇、幸福乡和贡宝拉格苏木，总计176个行政村、嘎查，537个自然村，旗政府所在地为宝昌镇。图1-1为太仆寺旗行政区划。

图1-1 太仆寺旗行政区划

第二节 自然条件与土地资源

一、气候与水文地质

(一) 气候条件

太仆寺旗地处我国北温带大陆性半干旱生物气候区,光照资源充足,年温差和昼夜温差较大,无霜期短,平均 95～110d,初霜期一般在 8 月下旬,末霜期一般出现在 5 月下旬。春季干旱风大,夏季短促温热,秋季温度变化剧烈,冬季寒冷漫长。

据 1970—2010 年太仆寺旗气象资料显示,全年日照时数平均为 2 905.2h,平均日照百分率为 66.2%,农作物生长季节(4～9 月)日照时数为 1 596.3h。年平均气温 2.2℃,极端最高 36.4℃,极端最低 -35.7℃;全年≥10℃的有效积温平均为 807.4℃;全年平均降水量为 386.3mm,降水年际间和月份间变化较大,年最大降水量 550.3mm(2003 年),年最小降水量 257.9mm(2001 年),降水多集中在 7～8 月,占全年降水量的 46% 以上,6～9 月占全年降水量的 74% 以上;年平均蒸发量 1 705.2mm,是降水量的 4.4 倍。年出现 6 级以上大风日数平均为 4.6d,最多 28d(1976 年),大风多出现在 4～5 月。太仆寺旗 1996—2010 年年降水量及≥10℃有效积温见图 1-2 和图 1-3。

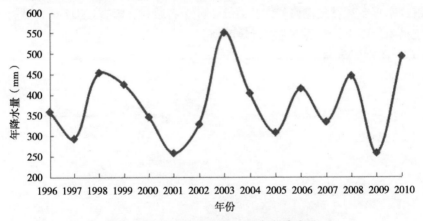

图 1-2 太仆寺旗 1996—2010 年年降水量

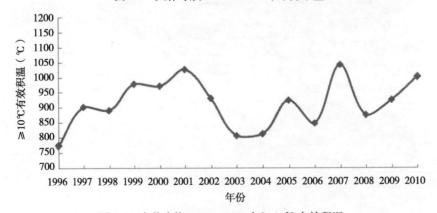

图 1-3 太仆寺旗 1996—2010 年≥10℃有效积温

太仆寺旗所处气候区域对耕地地力影响较大，主要有干旱、大风、低温等。干旱：本地素有"十年九旱"之说，且多出现在作物生长前期，降水季节的不均匀性导致农业灾害频发。大风：风蚀造成地表砾质化，耕地出现沙化，营养土层越来越薄，结构和质地逐渐变差，耕地地力变弱。低温：低温使作物的根系、秸秆很难腐殖化，造成耕地有机质含量下降，降低了土壤有效养分的供给能力。全年日平均温度≤10℃的天数为306d。太仆寺旗总的气候特点是光照充足，无霜期短，海拔高，冬季严寒漫长，春秋季冷热骤变，降水量少，且降水量分布大体由东南向西北递减；昼夜温差大，光照时间长，积温的有效性高，有利于当地的春小麦、莜麦、油菜，特别是马铃薯等喜凉作物生长发育。然而，由于其具有典型的大陆性气候，气象灾害发生频繁，影响了耕地的综合生产能力。频发的主要气象灾害为春季的大风、春夏的干旱、夏秋的多雨洪涝、春秋的霜冻、作物生长季节的低温冷害，以及偶发的冰雹等。

（二）水文地质条件

1. 地表水　太仆寺旗境内地表水缺乏，没有常年性河流，仅有几条季节性河流分布于该旗东部的沟壑之中。地表水年平均资源量为3 216.18万 m³，年可利用量683万 m³。据统计，全旗有大小天然湖泊（淖尔）48个，其中较大的淖尔有棺材山淖、乌兰淖、花淖、黑沙图淖、九连城淖、七喇嘛淖等。这些自然淖尔水源主要来自天然降水积蓄，但矿化度高，水质差，达不到农业灌溉用水质量要求。

2. 地下水　太仆寺旗地下水资源较缺乏，平均年地下水资源10 313.06万 m³，年地下水可开采量6 451万 m³。可划分为三个水文地质单元：

闪电河千斤沟水文地质单元：主要由熔岩丘陵、丘间沟谷和河谷平原组成。①熔岩丘陵地区地下水普遍贫乏，单井涌水量一般小于1t/h，水位埋深变化大。②丘间沟谷含水层都具有双层结构：沟谷上层为第四系松散沉积物孔隙水，其水量在沟谷的不同部位差别很大，葫芦峪沟和千斤沟中下游的中心线附近水量60～100t/h，沟谷两侧多为10～60t/h；沟谷下层为熔岩裂隙水，水量小于60t/h，水位埋深大于50m。③河谷平原沉积物粒度细，蓄水条件差，水量多为1～10t/h，水位较浅。该区域水质良好，矿化度小于0.5g/L，水化学类型主要为HCO₃-Ca水。

北部水文地质单元：主要由低山丘陵和丘间谷洼地组成。①低山丘陵含水层岩性主要为花岗岩和火山岩两类，水量较小，多数小于10t/h，水位埋深小于30m。②沟谷洼地出露地层主要为上新统红色泥岩，在沟谷中心线较开阔的地方覆盖有第四系松散堆积物，水量贫弱，泥岩裂隙水小于1t/h，第四系孔隙水为1～10t/h，水位埋深一般小于5m。该区域水质良好，矿化度小于1.0g/L，水化学类型主要为HCO₃-Ca·Mg水。

乌兰淖水文地质单元：该单元有本旗内最大的两条沟谷马坊子沟、宝昌沟，是境内地下水主要分布区。沟谷的含水层具有双层结构：上层为第四系孔隙潜水，在沟谷上游和两侧近山地带水量多为1～10t/h，沟谷中心线附近水量为60～100t/h，介于两者之间的水量多为10～60t/h，水位埋深在沟谷上游多大于10m，沟谷中下游水位埋深多大于5m，下层基岩裂隙水贫弱。该区域水质良好，矿化度小于1.0g/L，水化学类型为HCO₃-Ca水和HCO₃-Ca·Mg水。

3. 水资源总量及开发利用　太仆寺旗多年年均水资源总量13 529.24 万 m³，其中地表水资源3 216.18 万 m³，地下水资源10 313.06 万 m³；全旗水资源年可利用总量7 134万 m³，其中地下水可开采量6 451万 m³，地表水可利用量683 万 m³，人均年可利用水资源量为348m³，属水资源缺乏地区。

近年，由于高效农业发展，对地下水的开采越来越广泛。据水利部门资料，目前农业年灌溉用水量2 600万 m³，占年地下水可开采量的40.3%，全旗实际年供水量3 125万 m³，为年地下水可开采量的48.4%，其中农业灌溉用水量占全旗年实际供水量的83.2%。因而，合理利用水资源，开发节水灌溉，特别是滴灌，是提高太仆寺旗综合农业生产能力的一条有效途径。

二、土地资源概况

太仆寺旗面积宽广，土地资源丰富。依据国土部门近几年土地利用现状调查资料以及2015 年耕地地力调查资料，全旗土地总面积为3 414.74km²（34.15 万 hm²），分为 8 个用地类型，分别为耕地、牧草地、园地、林地、城镇村及工矿用地、交通运输用地、水域及水利设施用地和其他土地等，各类用地面积见表1-1。

表 1-1　土地资源利用现状

类　型	合计	牧草地	城镇村及工矿用地	耕地	交通运输用地	林地	其他土地	水域及水利设施用地	园地
面积（万 hm²）	34.15	15.83	0.80	9.44	0.39	6.12	0.71	0.83	0.03
比例（%）	100	46.4	2.4	27.6	1.1	17.9	2.1	2.4	0.1

各类型用地中，草地面积最大，占土地总面积的46.4%，主要集中于太仆寺旗南部的贡宝拉格苏木全境，其他乡镇有零星分布。其次为耕地面积，占土地总面积的27.6%。由于退耕还林还草，农业耕地面积下降，较 1995 年（11.71 万 hm²）下降了 2.27 万 hm²，降低了19.4%。林地面积增长最快，达到6.12 万 hm²，占土地总面积的17.9%，比1995 年增长 3.4 倍，主要分布于全旗各乡镇荒山、荒坡及退耕地。其他土地 0.71 万 hm²，占土地总面积的 2.1%，绝大部分为干涸的盐碱淖地、贫瘠裸露的山坡中上部。

第三节　耕地立地条件

一、地形地貌

太仆寺旗地形地貌构造属于新华夏构造带阴山山脉隆起带东段、华北地台、内蒙古高平原察哈尔低山丘陵地貌区。

地形地貌主要特征是低山、丘陵、丘间盆地、河谷洼地。由于受长期剥蚀的地质作用，形成了山势低缓、丘陵浑圆、沟谷宽阔的地貌基本轮廓。境内地势由东向西倾斜，海拔高度1 325～1 802m。全旗地貌分为 3 个地形区，即丘陵区、丘间谷地—盆地及河谷平原区、低山丘陵区。

（一）丘陵区

本区主要分布在宝昌镇、永丰镇、红旗镇、幸福乡境内，特点是山低且圆，海拔高度

1 400～1 500m，相对高差小。本地形多为穹状地形，丘顶浑圆状，微凸缓坡，且谷宽，坡度3°～7°，是太仆寺旗主要农业耕作区。耕地分布于丘陵中下部，面积相对比较集中。该地形区土地总面积为1 446km²，占全旗土地面积的42.4%；耕地面积31 827.25hm²，占总耕地面积的33.7%。土壤以栗钙土为主。

（二）丘间谷地—盆地及河谷平原区

本区集中分布于骆驼山镇南部和北部、千斤沟镇西北部、宝昌镇西南部、红旗镇南部和东北部、贡宝拉格苏木等。地形特点是沟宽谷长，地势开阔平坦，微向河谷倾斜，倾角小于5°，海拔高度1 325～1 400m，地下水位浅，排水困难，土壤多受次生盐渍化的影响，有一定的湖泊发育基础，是太仆寺旗主要经济作物栽培区和畜牧业生产基地，体现出较为显著的北方农牧业生产交错过渡延伸地带特征。该地形区土地总面积1 703km²，占全旗土地总面积的49.8%；耕地面积45 312.24hm²，占总耕地面积的48.0%；土壤类型较丰富，以草甸土和栗钙土为主，间或有零星黑钙土。

（三）低山丘陵区

太仆寺旗低山丘陵集中区，沟壑纵深，地形切割强烈，主要分布于骆驼山镇西部和西南部、千斤沟镇中东部、永丰镇东南部，海拔高度1 500～1 800m；山体走向多近似南北，坡度在15°以上，是太仆寺旗黑钙土集中发育区域。该地形区土地总面积265.74km²，占土地总面积的7.8%；耕地面积17 269.48hm²，占总耕地面积的18.3%。土壤以黑钙土为主。太仆寺旗不同地貌类型、不同地形部位上的耕地面积见表1-2和表1-3。

表1-2　不同地貌类型耕地面积

地貌类型	丘陵区	丘陵谷地—盆地及河谷平原区	低山丘陵区
土地面积（km²）	1 446	1 703	265.74
耕地面积（hm²）	31 827.25	45 312.24	17 269.48
占总耕地面积（%）	33.7	48.0	18.3

表1-3　不同地形部位耕地面积

地形部位	岗丘坡麓	河谷平原及丘陵坡麓	湖盆低地	缓坡丘陵	丘间谷地
耕地面积（hm²）	16 364.09	35 285.91	5 385.37	10 012.21	563.39
占总耕地面积（%）	17.3	37.4	5.7	10.6	0.6

地形部位	丘间洼地	丘陵	丘陵上部和顶部	丘陵中上部	山脊、山坡
耕地面积（hm²）	4 077.57	6 598.07	11 145.9	4 071.07	905.39
占总耕地面积（%）	4.3	7.0	11.8	4.3	1.0

二、成土母质

成土母质是形成土壤的物质基础，对土壤的物理性状、化学性状、肥力水平具有显著影响。太仆寺旗耕地按岩性及风化物属性的异同分为残积、坡积物，黄土状物，冲积、洪积物，湖相沉积、淤积物。

（一）残积、坡积物

由花岗岩、片麻岩、石英斑岩、凝灰岩、砂岩等岩石风化、半风化的残积物残留在基岩上部或在外力作用下，将风化的残积碎屑搬运至丘陵的坡麓地带坡积。残坡积母质分布在低山丘陵中上部位，发育着石质淡黑钙土、石质暗栗钙土和石质栗钙土。

残积、坡积物矿质营养丰富，形成的土壤比较肥沃，但发育在残积、坡积母质上的土壤土层薄，地形切割强烈，坡度大，常易发生水土流失。

（二）黄土状物

主要分布在太仆寺旗低山丘陵的迎风缓坡、谷地上部位置，由风积沉积而形成。在黄土状母质上发育的土壤，土层深厚，土壤质地细，多为中壤或轻壤，保水保肥性能好，养分含量高，多开垦为耕地，是太仆寺旗主要耕地土壤。

（三）冲积、洪积物

主要分布在低山丘陵间河谷中下部、丘陵间的冲积扇、缓坡外延部位。冲积母质发育的土壤，由于水的分选作用，土层下部常为粗粒，上部为细粒，土壤肥力较肥沃；洪积母质为肥力较低的土壤，粗沙石砾含量较多，细粒较少，成层性不明显，保水肥能力差。

（四）湖相沉积、淤积物

湖相沉积、淤积物母质，主要发育在丘陵间平地、盆地外围、河流阶地上，地下水参与了母质的形成过程，受地下水化学性质和气候的影响，常形成含盐的母质类型。

不同成土母质条件下的耕地面积见表1-4。

表1-4　不同成土母质条件下的耕地面积

成土母质	残积、坡积物	黄土状物	冲积、洪积物	湖相沉积、淤积物
耕地面积（hm²）	23 835.53	21 569.12	45 583.21	3 421.12
占总耕地面积（%）	25.2	22.8	48.3	3.7

三、坡度

低山丘陵区的耕地坡度直接影响耕地的综合生产能力，也是决定耕地地力的重要因素。坡度大，易造成风蚀、水土流失，增加机械作业难度，降低耕地产能。近年，全旗大于15°的坡耕地已陆续退耕还林还草。太仆寺旗不同坡度上的耕地面积见表1-5。

表1-5　不同坡度上的耕地面积

坡　　度	≤3°	3°～7°	7°～15°	>15°
耕地面积（hm²）	47 096.17	36 240.58	10 909.91	162.31
占总耕地面积（%）	49.9	38.4	11.5	0.2

四、侵蚀状况

太仆寺旗耕地侵蚀主要是风蚀沙化，它是造成当地耕地土壤退化的重要因素之一。按侵蚀程度将风蚀沙化划分为：重度侵蚀、中度侵蚀、轻度侵蚀和无沙化4个侵蚀级别。重度侵蚀耕地分布在骆驼山镇第五师、红旗镇西滩（互爱村）等地，面积1 000hm²，占耕地总面积的1.1％。耕地严重沙化，表层有厚重的风沙土或被风剥蚀裸露出犁底层，易耕性极差。中度侵蚀主要分布在骆驼山镇北部的后水泉、营盘沟、秦家营子，红旗镇的苏计围子、友谊，幸福乡的谢家营子等地，基本轮廓沿交界线走向，面积2 466.7hm²，占耕地总面积的2.6％。耕地质量严重下降，导致农作物减产，抵御干旱能力极差，有向重度演变的趋势。轻度侵蚀主要分布在骆驼山镇东部及中部的后山椅、西河沿、苏家沟，宝昌镇北部的车道沟、小河套、边家营子，红旗镇北部、西部等地，面积11 000hm²，占耕地总面积的11.7％。造成风蚀沙化的主要原因：一是干旱造成土壤含水量降低，使土壤的黏结性和黏着性变差，形成松散颗粒，抗风能力减弱。二是大风给土壤沙化创造动力条件。风吹蚀地表并对土壤颗粒有运移和堆积作用，风速越大，对地表吹蚀越强。三是过牧和垦荒使自然植被遭到破坏，加之不合理耕种，导致土壤风蚀沙化逐渐加重。不同土壤类型耕地的侵蚀程度见表1-6。

表1-6　不同土壤类型耕地的侵蚀程度

土壤类型	侵蚀程度	无沙化	轻度	中度	重度
草甸土	耕地面积（hm²）	7 195.88	666.5	102.6	32
	占比例（％）	90.0	8.3	1.3	0.4
黑钙土	耕地面积（hm²）	4 459.6	110.5	0	0
	占比例（％）	97.6	2.4	0	0
栗钙土	耕地面积（hm²）	68 286.78	10 223.0	2 364.1	968
	占比例（％）	83.4	12.5	2.9	1.2

第四节　农村经济与农业生产概况

一、农村经济概况

太仆寺旗是以农业为主，农牧业经济综合发展的地区。全旗总人口210 526人，其中农牧业人口172 307人，占总人口的81.8％；农村劳动力81 917人，占农村人口的47.5％。据2015年统计资料表明，全旗地区生产总值50.1亿元，农牧业总产值233 387万元，其中：粮食作物总产值126 788万元，畜牧业总产值97 706万元，林业总产值4 897万元。全旗人均生产总值45 254元，农牧民人均纯收入9 072元。

二、农业发展历史及现状

（一）农业发展历史

太仆寺旗是由原太仆寺左旗和宝源县的五个区合并成立。原宝源县始建于1914年，而太仆寺左旗是个以牧为主并饲养皇家御马的纯游牧经营方式的牧业旗。清光绪二十三年（1897年），清政府在察哈尔南部草场开办垦务活动；1918年，在玛拉盖庙成立太仆寺垦殖局，垦区逐步扩大到宝源县境内。垦务活动的开展，吸引冀、晋等地务农人员大量流入，垦区面积不断扩大，耕地面积达32 460hm²。中华人民共和国成立时（1949年）人口增至7.3万人，耕地面积增加到51 727hm²，牲畜达到36 033头（只）。农牧业生产总值已占到国民生产总值的70%以上，初步形成以种植业为主的农牧业综合发展的农业经济格局。

中华人民共和国成立后，太仆寺旗粮食生产发展成为当时主要生产经济指标，大面积开垦草原，增加耕地面积，是促进全旗经济发展的主要政策手段。截至1983年第二次土壤普查工作结束时，耕地面积已达117 747hm²，与中华人民共和国成立初期相比增长了2.3倍。

进入20世纪90年代末，在国家退耕还林还草、国家西部大开发、农业生态保护等可持续发展政策的指导下，太仆寺旗将综合生产能力下降的耕地退耕还林还草，恢复生态。这时期，农业耕地面积逐步下降，到21世纪初，退耕面积已占到耕地面积的32%左右。

太仆寺旗的农业发展可概括为3个阶段：

1. 粗放经营、低生产力水平发展阶段 20世纪50～70年代，以自然经济为主，生产力水平低下，耕作粗放，抵抗自然灾害的能力薄弱，农民缺乏农业科技知识，广种薄收，生产能力长期处在低水平运行之中。耕地面积逐年扩大，单产增幅不大，粮食平均产量徘徊在705kg/hm²，农业机械化处在起步时期。

2. 科技兴农发展阶段 1981—2000年，农村经济体制通过调整、改革、落实家庭联产承包责任制，极大地提高了农民生产积极性；农业基础建设、先进农业生产技术大面积推广，特别是使用良种，大面积推广使用化肥、除草剂，农艺机械配套，种植结构调整，使粮食单产大幅提高，小麦平均单产达2 130kg/hm²；同时，出现了打机井热潮，引进栽培"西芹"已粗具规模，并形成一定市场，农业种植结构开始向多元化、经济化转变。

3. 农业技术提高与生态可持续发展阶段 2001年后，太仆寺旗响应国家退耕还林还草政策，耕地面积不再增加而退耕，截至2006年，全旗退耕面积达到28 733.3hm²，林地面积增加到61 133.3hm²，森林覆盖度达到12.8%；同时，受农业综合开发项目的支持，农业生产经营方式主要靠调整种植结构，改进耕作制度，进一步完善经营规模等提高产量和效益。特别是在国家政策扶持下，大力开发水浇地，改良土壤、培肥地力，到2015年年底，已建设大型节水灌溉园区403个，水浇地面积达到24 000hm²。同时，推广应用先进的测土配方施肥技术、良种栽培技术，使粮食和经济作物单产大幅提高，小麦最高平均单产达2 700kg/hm²，水浇地马铃薯平均单产29 000kg/hm²，最高可达51 000kg/hm²。2015年，粮油平均单产2 460kg/hm²，是1980年1 440kg/hm²的1.7倍。蔬菜及马铃薯两项年产值最高达到5.3亿元，使生产效益和农民收入持续增加。

（二）农业生产现状

太仆寺旗地处锡林郭勒盟南端，交通便利，是锡林郭勒盟主要农业生产区；耕地面积大，宜于农作物的机械化、专业化生产和规模化经营。中华人民共和国成立以来，特别是改革开放以来，太仆寺旗农业生产发生了根本性改变，得到了长足发展。进入21世纪，在党的支农惠农政策支持下，农牧业生产正逐步向产业化、专业化、现代化迈进，以农业生态环境保护为目的、以加强农业基础设施建设为中心的现代农业工程正稳步推进。近年来，又从发展特色种植业入手调整种植结构，西芹、青花菜、甘蓝、荷兰豆等蔬菜从无到有，已粗具规模。2015年蔬菜种植面积达到10 000hm²，已远销到广东、深圳等全国各地。马铃薯种植规模也由小到大，成为当前一大支柱产业，并建设成为全国马铃薯生产、育种基地。但是，由于受地理位置、地形地貌、气候等自然条件的限制和人为因素的影响，太仆寺旗的农业生产水平还相对比较落后。2015年，全旗农作物总播种面积9.44万hm²，其中小麦1.09万hm²，总产量1.49万t；油菜1.15万hm²，总产量0.86万t；莜麦1.27万hm²，总产量2.10万t；马铃薯3.16万hm²，总产量（折粮）13.2万t，以及杂粮、豆类、蔬菜等2.77万hm²。30多年间，粮食总产量由1978年的6.3万t增长到2015年的17.3万t，增长2.7倍；同期，由于国家实施退耕还林还草战略决策，粮食种植面积由1978年的11.8万hm²降到2015年的9.4万hm²，而粮食单产由1978年的906kg/hm²增长到2015年的2 460kg/hm²，增加了1 554kg/hm²。截至2015年，全旗农牧业机械装机总动力26.94万kW，农牧民人均占有1.56kW，其中大中型拖拉机2 598台，小型拖拉机8 601台，配套农机具31 500台；化肥总用量9 866t（折纯），平均每公顷用量104.5kg；农药用量22t；地膜50t；全旗农业生产经营单位有红旗良种场和万寿滩良种场、格瑞德和沙源两个马铃薯良种繁育公司，以及大型农业标准化生产园区、农民专业合作社、种植大户等。

（三）农业生产特点及优势

一是春翻保墒。每年有2/3的耕地进行春翻，有利于保墒。二是农业生产机械化。全旗综合机械化程度已达90%以上，特别是大田生产已全部采用机械化，马铃薯生产已采用大型机械。三是农业生产经营规模化。实行种植专业合作社、企业承包、家庭农场制等形式，全旗有近1/2耕地实施规模化经营。四是服务社会化。初步建有完整的管理、信息、推广、培训及供销、生产服务体系。五是经营者有较强的科技意识，积极探索和应用农业新技术。

（四）农田基础设施

农田基础设施是农田高产稳产和农业可持续发展的重要保证。中华人民共和国成立以来，随着农业的大规模开发，太仆寺旗开展了以防洪排涝、蓄水保水、水土利用和农田保护为中心的农田基本建设。20世纪90年代后期以来，在农业综合开发和商品粮基地建设实施中，开始建立高标准农田，逐渐建成一批优质、高效、高产、稳产的农产品生产基地。随着农业生产水平的提高，不断加大投资力度，重点开展了水利、农业设施、农田生态、机械和道路交通等方面的建设，在一定范围和一定程度上改善了农业生产的基础条件。

1. 农业机械　太仆寺旗使用农业机械较晚，在20世纪70年代开始使用农业机械。进入80年代后期，随着农业经济的发展，农业机械化得到迅速发展，机械化水平得到快速提升，到目前，大田农作物种植的机械化程度已达90%以上，基本实现了全程作业机械化。与20世纪相比有较大幅度的提高（表1-7）。

表 1-7　不同年代农业机械发展水平调查

项　　目	1985 年	1995 年	2010 年
机械总动力（kW）	16 870	58 630	200 214
拖拉机（台）	784	3 284	11 002
其中：大中型（台）	326	348	1 040
联合收割机（台）	0	0	147
中小型播种机（台）	176	1 042	6 780
6.67hm² 播种面积动力（kW）	1.2	4.2	14.3

2. 农田水利建设　太仆寺旗水利资源较贫乏，农田生产主要靠地下水资源。但由于地下水资源分布不均，农业水利设施对农业生产的保障作用依然很小，仍不能摆脱大旱大减产、小旱小减产、连年春旱的被动局面。

（1）灌溉工程　灌溉主要为井灌，多为马铃薯、蔬菜地应用。截至 2015 年末，全旗农牧区水利建设共完成水源工程 8 650 处，其中：机电井 9 278 眼，小型水库除险加固 3 座，塘坝 4 座，蓄水池 28 处；安装大型时针式喷灌设备 403 台（套）。农田草牧场有效灌溉面积累计达到 2.4 万 hm²，其中农田灌溉面积 2.25 万 hm²，占播种面积的 24.9％；牧区饲草料灌溉面积 0.15 万 hm²，占饲草料播种面积的 10％。在农田灌溉面积中，马铃薯灌溉面积达 1.6 万 hm²，占农田灌溉面积的 71.1％；蔬菜灌溉面积 0.55 万 hm²，占农田灌溉面积的 24.4％；其他作物灌溉面积 0.1 万 hm²，占农田灌溉面积的 4.5％。

（2）防洪排涝工程　截至 2015 年，已有小型水库 4 座，即永丰水库、宏大水库、红星水库、杨家营水库，累计总库容 690.1 万 m³，防洪库容 144.1 万 m³，坝址控制流域面积 331.2km²。

3. 农业设施　由于长期广种薄收、粗放管理、掠夺式经营，加之不合理开发，造成耕地地力下降，全旗中低产田面积占耕地面积的 3/4 以上。进入 21 世纪以来，在一定范围内采取综合治理措施培肥地力，打井灌溉，深耕改土，平整土地，合理增施有机肥，在一定程度上提高了耕地的综合生产能力，改善了农业生产条件。共计治理、改造中低产田 2.5 万 hm²，年平均粮食单产增加 268.4kg/hm²，年总增产粮食 0.7 万 t。

2006 年以来，实施国家测土配方施肥项目，累计推广应用测土配方施肥技术 19.6 万 hm²，总增产粮油 5.3 万 t，总节本增效 1.16 亿元，在合理施肥、提高化肥利用率、培肥地力等方面取得了显著效果。

4. 生态环境建设　近年来，开展了以小流域治理、农田防护林建设和退耕还林还草为主的农业生态建设，有效防止了土地退化和水土流失，改善了农业生产条件，提高了抵御自然灾害的能力，特别是京津风沙源治理政策，促进了退耕还林还草、小流域治理工程建设。截至 2010 年年底，退耕还林还草 28 733hm²，累计植树造林 26 306 hm²，其中营造农田防护林网 21 669 hm²，用材林 4 637 hm²，占林业用地面积的 3.38％；治理水土流失面积 38 600 hm²。对"还北京一片蓝天"和防止耕地退化，提高耕地生产能力和耕地质量等级，保护农业生态环境起到了积极作用。

（五）农业生产中存在的问题

1. 干旱　太仆寺旗是以旱作农业为主的地区，旱田面积占耕地总面积的74.6％，被内蒙古自治区农业综合区划列为典型的"雨养农业"区域。地表水资源缺乏，地下水资源有限，太仆寺旗水资源状况限制了灌溉农业的发展，不能完全满足灌溉需要。全旗素有"十年九旱"之称，据1951—2008年气象资料，20世纪50年代以来频繁发生旱灾，发生春旱的年份占88％，其中春、夏连旱大灾占47％。据记载，1968年一场重春旱使全旗粮油作物减产40％～50％，1980年夏旱造成粮油减产60％以上，而1972年的春、夏连旱造成粮油作物几乎绝收。特别是近几年，春旱连年发生，导致农作物大面积减产。

2. 大风　主要是春风和秋风，太仆寺旗大于17m/s的大风日数年平均达到22d，且主要集中在4～5月。春季大风招致土壤墒情锐减，肥力降低；风灾吹失种子，造成毁种，严重时风沙埋压幼苗或使根部外露，造成毁苗。秋季大风可使农作物倒伏或脱粒，造成减产。

3. 掠夺式经营、用养失调　长期以来耕作粗放，施肥水平低，重用地轻养地，有机肥施用量低，化肥投入不均衡，秸秆还田、种植绿肥、合理轮作等培肥措施跟不上，耕地养分入不敷出，造成土壤肥力不断衰退。

4. 农业科技水平低　近几年，虽然在作物栽培、品种、施肥等方面的新技术推广上做了大量工作，但由于农业技术推广的投入较少，推广人员的素质、能力不尽理想，农民的接受能力较差，"有典型、无面积"，整体上农业生产的科技水平仍较低，农业生产的手段还比较落后，尤其在栽培技术、经营管理等方面。

5. 盲目开荒，破坏生态　由于耕地大多与草场或林带交错，生态环境较脆弱，加之农业基础设施较差，导致农业抵御自然灾害能力较低。特别是在农业大开发、大发展时期，由于盲目大面积开荒、滥垦滥牧植被，使生态环境遭到一定破坏，造成相当程度的水土流失。近年来，实施退耕还林还草，严禁滥开荒地，禁牧休牧，情况大有改善。

第二章

耕地土壤类型及性状

第一节　耕地土壤类型及分布

根据全国第二次土壤普查分类系统，经过整理，剔除耕地之外土种，规范合并后，太仆寺旗耕地土壤分为栗钙土、黑钙土、草甸土3个土类、9个亚类、21个土属、40个土种。全旗不同土壤类型的耕地面积见表2-1，不同土类、亚类、土属、土种的耕地情况详见附录2太仆寺旗耕地化验数据。

表2-1　不同土壤类型的耕地面积

土　类	栗钙土	黑钙土	草甸土
面积（hm²）	81 841.88	4 570.10	7 996.98
比例（%）	86.7	4.8	8.5

一、栗钙土

栗钙土是太仆寺旗的主体土壤，总面积81 841.88hm²，占总耕地面积的86.7%。分布于全旗各乡镇（苏木）。栗钙土在低山丘陵、丘间缓坡、河流阶地、湖盆外围等地形上均有发育，海拔1 300～1 650m。成土母质多为花岗岩、凝灰岩、片麻岩等结晶岩残坡积物、黄土状物、冲积-洪积物母质。成土过程属温带大陆性气候条件下旱生草本植物构成的钙层土纲系列之一的草原土壤类型。形态特征：由腐殖质累积过程和碳酸钙淀积过程所组成，剖面层次分化明显，过渡清晰，由腐殖质层、碳酸钙淀积层、母质层所构成。该土类自然肥力比较高，但发育在丘陵缓坡上部的栗钙土，常易发生水土流失。

太仆寺旗栗钙土类耕地含栗钙土、暗栗钙土、草甸栗钙土3个亚类，黄沙土、栗岗土、栗红土、栗黄土、暗栗红土、暗栗黄土、暗栗沙土、暗栗土、淡灰黄沙土、潮黄土、潮栗土11个土属，27个土种。各土种剖面性状如下：

1. 薄体黄沙土　属栗钙土亚类，黄沙土属，主要分布于太仆寺旗红旗镇双胜村、三胜村，友谊村零星分布，耕地面积659.66hm²。耕层土壤有机质平均含量21.03g/kg，全氮1.22g/kg，有效磷6.10mg/kg，速效钾119mg/kg。其主要剖面特点：冲积-洪积母质，土体厚度小于30cm，沙壤，粒状结构，浅棕色，层次过渡明显，碳酸钙反应由表层开始往下强烈。

典型剖面：

0～20cm：棕色，沙壤，粒状结构，松，根量多，润，碳酸钙反应弱，层次分化明显。

20～40cm：浅棕色，沙壤，粒状结构，紧，根量中等，润，碳酸钙反应强烈，过渡明显。

40～90cm：浅黄色，沙土，无结构，无根系，湿润，碳酸钙反应较强烈，层次过渡明显。

2. 中体黄沙土　属栗钙土亚类，黄沙土属，主要分布于太仆寺旗红旗镇红义村、红喜村、前勇村，耕地面积430.2hm²。耕层土壤有机质平均含量20.59g/kg，全氮1.11g/kg，有效磷6.90mg/kg，速效钾139mg/kg。其主要剖面特点：冲积-洪积母质，土体厚度30～60cm，棕色，沙壤，粒状结构，层次过渡明显，碳酸钙反应由弱至强。

典型剖面：

0～25cm：深棕色，沙壤，粒状结构，松，润，根量多，碳酸钙反应中等，层次分化明显。

25～60cm：浅棕色，沙壤，粒状结构，紧，根系中量，湿润，碳酸钙反应强烈，层次过渡明显。

60～100cm：浅黄色，沙土，无结构，无根系，湿润，碳酸钙反应较中等，层次过渡明显。

3. 中层黄沙土　属栗钙土亚类，黄沙土属，主要分布于太仆寺旗红旗镇前勇村、水泉村、互爱村、双胜村、卫国村，耕地面积1 697.37hm²。耕层土壤有机质平均含量22.58g/kg，全氮1.21g/kg，有效磷7.40mg/kg，速效钾140mg/kg。其主要剖面特点：冲积-洪积母质，土体厚度大于60cm，腐殖质层20～40cm，暗棕色，沙壤，粒状结构，层次过渡明显，碳酸钙反应由中等至强烈。

典型剖面：

0～30cm：暗棕色，沙壤，粒状结构，松，润，根系大量，碳酸钙反应中等，层次分化明显。

30～80cm：棕色，沙壤，粒状结构，稍紧，根系中量，湿润，碳酸钙反应强烈，层次过渡明显。

80～110cm：浅黄色，沙土，无结构，无根系，湿润，碳酸钙反应中等，层次分化明显。

4. 砾质黄沙土　属栗钙土亚类，黄沙土属，主要分布于太仆寺旗红旗镇三胜村、丰胜村、西滩村，耕地面积864.54hm²。耕层土壤有机质平均含量22.44g/kg，全氮1.29g/kg，有效磷7.50mg/kg，速效钾118mg/kg。其主要剖面特点：冲积-洪积母质，土体厚度大于60cm，表土层中含10%～30%砾石，棕色，沙壤，粒状结构，层次过渡明显，碳酸钙反应由中等至强烈。

典型剖面：

0～30cm：棕色，沙壤，粒状结构，松，润，根系多，有10%～30%砾石，碳酸钙反应弱，层次分化明显。

30～80cm：浅棕色，沙壤，粒状结构，紧，根系中量，湿润，碳酸钙反应强烈，层次过渡明显。

80～110cm：浅黄色，沙土，无结构，无根系，湿润，碳酸钙反应中等，层次分化明显。

5. 薄体栗岗土　属栗钙土亚类，栗岗土属，主要分布于太仆寺旗红旗镇庆丰村、前勇村、友谊村，耕地面积 62.92hm²。耕层土壤有机质平均含量 28.21g/kg，全氮 1.53g/kg，有效磷 10.30mg/kg，速效钾 142mg/kg。其主要剖面特点：残积、坡积母质，土体厚度小于 30cm，浅棕色，沙壤，粒状结构，碳酸钙反应较弱。

典型剖面：

0～20cm：浅棕色，沙壤，粒状结构，松，根系多量，润，无碳酸钙反应。

20～50cm：浅黄色，粗沙砾石，无结构，根系少量，润，碳酸钙反应弱。

6. 中体栗岗土　属栗钙土亚类，栗岗土属，主要分布于太仆寺旗红旗镇红卫村、友谊村、西滩村、前勇村，耕地面积 88.85hm²。耕层土壤有机质平均含量 25.07g/kg，全氮 1.34g/kg，有效磷 9.30mg/kg，速效钾 166mg/kg。其主要剖面特点：残积、坡积母质，土体厚度 30～60cm，浅棕色，沙壤，粒状结构，碳酸钙反应弱。

典型剖面：

0～25cm：浅棕色，沙壤，粒状结构，松，根系多量，润，无碳酸钙反应。

25～60cm：浅黄色，粗沙砾石，无结构，根系少量，润，碳酸钙反应弱。

7. 中层栗岗土　属栗钙土亚类，栗岗土属，主要分布于太仆寺旗红旗镇前勇村、水泉村、西滩村，耕地面积 359.36hm²。耕层土壤有机质平均含量 20.81g/kg，全氮 1.09g/kg，有效磷 7.90mg/kg，速效钾 133mg/kg。其主要剖面特点：残积、坡积母质，土体厚度大于 60cm，腐殖质厚度 20～40cm，棕色，沙壤，粒状结构，碳酸钙反应弱。

典型剖面：

0～25cm：棕色，沙壤，粒状结构，松，根系多量，润，无碳酸钙反应。

25～50cm：浅棕色，沙壤夹带砾石，粒状，紧，根系少量，润，碳酸钙反应弱。

50～90cm：灰白色，粗沙砾石，无结构，根系无，干，碳酸钙反应弱。

8. 砾质栗岗土　属栗钙土亚类，栗岗土属，主要分布于太仆寺旗红旗镇友谊村，永丰镇小河套村，耕地面积 133.12hm²。耕层土壤有机质平均含量 31.19g/kg，全氮 1.52g/kg，有效磷 10.30mg/kg，速效钾 160mg/kg。其主要剖面特点：残积、坡积母质，土体厚度大于 60cm，表层有 10%～30%砾石，棕色，沙壤，粒状结构，磷酸钙反应弱。

典型剖面：

0～25cm：棕色，沙壤，粒状结构，松，根系多量，润，有 10%～30%砾石，无碳酸钙反应。

25～50cm：浅棕色，沙壤，有少量砾石，粒状，紧，根系中量，润，碳酸钙反应弱。

50～90cm：灰白色，粗沙砾石，无结构，根系无，干，碳酸钙反应弱。

9. 薄体栗红土　属栗钙土亚类，栗红土属，主要分布于太仆寺旗红旗镇友谊村、红义村、双胜村，耕地面积 87.96hm²。耕层土壤有机质平均含量 24.4g/kg，全氮 1.34g/kg，有效磷 7.80mg/kg，速效钾 108mg/kg。其主要剖面特点：红土母质，土体厚度小于

30cm，红色，黏壤，粒状或块状结构，碳酸钙反应强烈。

典型剖面：

0～15cm：红色，黏壤，粒状结构，松，根系多量，润，碳酸钙反应强烈。

15～40cm：杂色，黏壤，块状结构，较紧，根系中量，润，碳酸钙反应强烈。

40～60cm：红棕色，黏壤，块状结构，紧，无根系，干，碳酸钙反应强烈。

10. 中层栗红土　属栗钙土亚类，栗红土属，主要分布于太仆寺旗红旗镇友谊村、前勇村、朝阳村、三胜村，耕地面积331.65hm²。耕层土壤有机质平均含量23.19g/kg，全氮1.31g/kg，有效磷5.9mg/kg，速效钾101mg/kg。其主要剖面特点：红土母质，土体厚度60～80cm，腐殖质层20～40cm，深红棕色，黏壤，粒状、块状结构，其下为淡灰黄色的钙积层，钙积层以下为杂色泥岩。

典型剖面：

0～17cm：深红色，黏壤，粒状结构，松，根系多，润，碳酸钙反应强烈。

17～60cm：杂色，黏壤，块状结构，较紧，植物根系少，润，碳酸钙反应强烈。

60～80cm：红棕色，黏壤，块状结构，紧，植物根系无，干，碳酸钙反应强烈。

11. 中层栗黄土　属栗钙土亚类，栗黄土属，主要分布于太仆寺旗红旗镇西滩村、友谊村、前勇村、水泉村、双胜村、红卫村，耕地面积526.00hm²。耕层土壤有机质平均含量21.37g/kg，全氮1.10g/kg，有效磷6.90mg/kg，速效钾140mg/kg。其主要剖面特点：母质为黄土-黄土状物质，土体厚度大于60cm，腐殖质层20～40cm，浅棕色，沙壤或轻壤，粒状结构，层次分化明显，碳酸钙反应由表层往下逐渐增强。

典型剖面：

0～25cm：浅棕色，沙壤，粒状结构，松，根系多量，表层干燥，无碳酸钙反应，层次过渡明显。

25～45cm：浅棕色，轻壤，粒状结构，紧，根系中量，润，碳酸钙反应较强烈，层次过渡明显。

45～90cm：暗黄色，中壤，粒状结构，极紧，根量少，碳酸钙反应强烈，新生体有粉末状菌丝体，层次过渡明显。

12. 薄体暗栗红土　属暗栗钙土亚类，暗栗红土属，主要分布于太仆寺旗幸福乡勇跃村、新德村、永红村，红旗镇红义村、宏胜村、新中村、万寿滩良种场、马莲沟村，永丰镇车道沟村，耕地面积767.61hm²。耕层土壤有机质平均含量24.00g/kg，全氮1.32g/kg，有效磷12.30mg/kg，速效钾130mg/kg。其主要剖面特征：红土母质，土体厚度小于30cm，沙壤或沙质黏壤，灰棕色，粒状结构，过渡明显，碳酸钙反应强烈。

典型剖面：

0～20cm：灰棕色，沙质黏壤，粒状，松，根系多量，润，碳酸钙反应弱。

20～40cm：黄棕色，沙壤，粒状，紧，根系中量，润，碳酸钙反应强烈。

40～90cm：浅黄色，沙壤，紧，根系极少，润，碳酸钙反应强烈。

13. 中层暗栗红土　属暗栗钙土亚类，暗栗红土属，主要分布于太仆寺旗幸福乡永合村、七一村、勇跃村、永旺村、茂盛村，红旗镇光荣村、庆丰村、庙地村、万寿滩良种场、新中村、新建村，永丰镇车道沟村、小河套村、三道沟村，耕地面积2 169.42hm²。

耕层土壤有机质平均含量 25.62g/kg，全氮 1.40g/kg，有效磷 10.50mg/kg，速效钾 134mg/kg。其主要剖面特征：红土母质，土体厚度大于 60cm，腐殖质层 20～40cm，沙壤或沙质黏壤，灰棕色，粒状结构，向下过渡明显。钙积层厚 20～50cm，出现在 60～80cm 以下，主要以假菌丝状、粉末状淀积，碳酸钙反应强烈。

典型剖面：

0～30cm：灰棕色，沙质黏壤，粒状，松，根系多量，润，碳酸钙反应弱。

30～50cm：黄棕色，沙壤，粒状，紧，根系中量，润，碳酸钙反应强烈。

50～90cm：浅黄色，沙壤，紧，根系少量，润，碳酸钙反应强烈。

90～110cm：棕红色，黏壤，块状，极紧，根系无，湿润，碳酸钙反应强烈，有假菌丝体。

14. 中体暗栗黄土 属暗栗钙土亚类，暗栗黄土属，主要分布于太仆寺旗红旗镇平地村、朝阳村、互爱村，永丰镇后房子村、小河套村、下皮坊村、上皮坊村，耕地面积 640.82hm²。耕层土壤有机质平均含量 27.02g/kg，全氮 1.46g/kg，有效磷 9.50mg/kg，速效钾 131mg/kg。其主要剖面特征：黄土或黄土状母质，土体厚度 30～60cm，沙壤或轻壤土，棕色，粒状结构，碳酸钙反应由上往下逐步增强。

典型剖面：

0～20cm：黄棕色，沙壤，粒状结构，松，根系多量，润，碳酸钙反应较弱。

20～60cm：淡黄棕，轻壤，粒状，紧，润，碳酸钙反应较强。

60～100cm：棕黄色，轻壤，块状结构，紧实，无根系，润，碳酸钙反应强烈。

15. 中层暗栗黄土 属暗栗钙土亚类，暗栗黄土属，主要分布于太仆寺旗红旗镇大山村、永胜村、互爱村、五亮村、朝阳村、红旗村、东光村、万寿滩良种场，宝昌镇东红村、复兴村、宏大村，永丰镇前房子村、幸福村、后房子村、馒头沟村、三永村、上皮坊村、骆驼山镇南梁村、边墙沟村、西河沿村、骆驼山村、东河沿村、帐房山村、二道木村、千斤沟镇德胜沟村、察布淖村、三结村、后店村、西大井村、常胜村、大圪洞村、临滩村、水井子村、马坊子村、沟门村、马蹄沟村、西山坡村，耕地面积 17 993.75hm²。耕层土壤有机质平均含量 29.07g/kg，全氮 1.56g/kg，有效磷 11.60mg/kg，速效钾 136mg/kg。其主要剖面特征：黄土或黄土状母质，土体厚度大于 60cm，腐殖质层 20～40cm，沙壤或轻壤，棕色，粒状结构，钙积层出现较深，碳酸钙多以假菌丝状形态淀积，其反应从上至下逐步增强。

典型剖面：

0～30cm：棕色，沙壤，粒状结构，松，孔系中量，根量多，润，碳酸钙反应较弱。

30～85cm：浅棕色，轻壤，粒状结构，紧，根量少，润，碳酸钙反应中等。

85～120cm：棕黄色，轻壤，紧实，块状结构，无根系，润，碳酸钙反应强烈。

16. 厚层暗栗黄土 属暗栗钙土亚类，暗栗黄土属，主要分布于太仆寺旗宝昌镇繁茂村、曙光村，骆驼山镇边墙沟村，耕地面积 248hm²。耕层土壤有机质平均含量 25.06g/kg，全氮 1.36g/kg，有效磷 13.60mg/kg，速效钾 107mg/kg。其主要剖面特征：黄土或黄土状母质，土体厚度大于 60cm，腐殖质层大于 40cm，沙壤或轻壤，深棕色，粒状结构，钙积层出现较深，碳酸钙多以假菌丝状形态淀积。

典型剖面：

0～30cm：深棕色，沙壤，粒状结构，松，孔系中量，根量多，润，碳酸钙反应较弱。

30～85cm：浅棕色，轻壤，粒状结构，紧，根量少，润，碳酸钙反应中等。

85～120cm：棕黄色，轻壤，紧实，块状结构，无根系，润，碳酸钙反应强烈。

17. 薄体暗栗沙土 属暗栗钙土亚类，暗栗沙土属，主要分布于太仆寺旗红旗镇东光村、跃进村、红井村、爱国村、马莲沟村，耕地面积580.85hm²。耕层土壤有机质平均含量26.27g/kg，全氮1.43g/kg，有效磷11.00mg/kg，速效钾120mg/kg。其主要剖面特征：冲积-洪积母质，土体厚度小于30cm，浅棕色，沙壤，粒状结构，碳酸钙反应弱。

典型剖面：

0～20cm：浅棕色，沙壤，粒状结构，松，根量多，表土干燥，碳酸钙反应弱。

20～50cm：浅棕色，沙壤，粒状结构，紧，根量少，润，碳酸钙反应弱。

50～90cm：棕黄色，沙土，无结构，松，无根系，湿润，碳酸钙反应弱。

18. 薄层暗栗沙土 属暗栗钙土亚类，暗栗沙土属，主要分布于太仆寺旗宝昌镇繁茂村、五福村、胜利村，红旗镇跃进村、东光村、建中村、朝阳村、新中村，骆驼山镇营盘沟村、楚仑乌苏村、巴彦宝力格村，永丰镇三永村、幸福村、元山村，耕地面积4 063.52hm²。耕层土壤有机质平均含量26.44g/kg，全氮1.43g/kg，有效磷11.70mg/kg，速效钾132mg/kg。其主要剖面特征：冲积-洪积母质，土体厚度大于60cm，腐殖质层小于20cm；浅棕色，沙壤，粒状结构，土体不稳定，各层均夹杂少量砾石，形成障碍层次，通体碳酸钙反应弱。

典型剖面：

0～30cm：浅棕色，沙壤，粒状结构，根量多，润，通体有少量的砾石，碳酸钙反应弱。

30～60cm：浅棕色，沙壤，粒状结构，紧，根量少，润，碳酸钙反应弱。

60～100cm：棕黄色，沙土，无结构，松，无根系，湿润，碳酸钙反应弱。

19. 中层暗栗沙土 属暗栗钙土亚类，暗栗沙土属，全旗均有分布，但耕地面积最多的有骆驼山镇后山椅村、后水泉村、东河沿村、西河沿村、骆驼山村、营盘沟村、楚仑乌苏村等，千斤沟镇察布淖村、大圪洞村、临滩村、常胜村、水井子村、葫芦峪村，永丰镇五间房村、山岔口村、幸福村、头支箭村、三道沟村，宝昌镇宏胜村、东红村、黄土坑村，红旗镇北尖庙村、平地村、马莲沟村、宏胜村、红喜村等，耕地面积34 103.82hm²。耕层土壤有机质平均含量27.30g/kg，全氮1.47g/kg，有效磷11.30mg/kg，速效钾130mg/kg。其主要剖面特征：冲积-洪积母质，土体厚度大于60cm，腐殖质层20～40cm，浅棕，沙壤，粒状结构，碳酸钙反应较弱。

典型剖面：

0～32cm：浅棕色，沙壤，粒状结构，根量多，润，碳酸钙反应弱。

32～60cm：浅棕色，沙壤，粒状结构，紧，根量少，润，碳酸钙反应弱。

60～100cm：棕黄色，沙土，无结构，松，无根系，湿润，碳酸钙反应弱。

20. 厚层暗栗沙土 属暗栗钙土亚类，暗栗沙土属，主要分布于太仆寺旗红旗镇东沟村、建中村、新建村，宝昌镇繁茂村，骆驼山镇边墙沟村、骆驼山村，耕地面积1 287.58hm²。耕层土壤有机质平均含量 26.81g/kg，全氮 1.43g/kg，有效磷 10.10mg/kg，速效钾 124mg/kg。其主要剖面特征：冲积-洪积母质，土体厚度大于 60cm，腐殖质层大于 60cm，浅棕色或棕色，沙壤，粒状结构，通体碳酸钙反应较弱。

典型剖面：

0～35cm：浅棕色，沙壤，粒状结构，根量多，润，碳酸钙反应弱。

35～70cm：棕色，沙壤，粒状结构，紧，根量少，润，碳酸钙反应弱。

70～110cm：棕黄色，沙土，结构不明显，松，无根系，湿润，碳酸钙反应弱。

21. 砾质暗栗沙土 属暗栗钙土亚类，暗栗沙土属，主要分布于太仆寺旗红旗镇跃进村、互爱村，骆驼山镇六面井村、骆驼山村，永丰镇四合庄村、车道沟村，耕地面积 1 381.60hm²。耕层土壤有机质平均含量 24.85g/kg，全氮 1.28g/kg，有效磷 11.50mg/kg，速效钾 131mg/kg。其主要剖面特征：冲积-洪积母质，土体厚度大于 60cm，表土层含 10%～30%的砾石，浅棕色，沙壤，粒状结构，碳酸钙反应弱。

典型剖面：

0～30cm：浅棕色，沙壤，粒状结构，根量多，润，有 10%～30%的砾石，碳酸钙反应弱。

30～60cm：浅棕色，沙壤，粒状结构，紧，根量少，润，碳酸钙反应弱。

60～100cm：棕黄色，沙土，无结构，松，无根系，湿润，碳酸钙反应弱。

22. 暗栗土 属暗栗钙土亚类，暗栗土属，主要分布于太仆寺旗幸福乡永茂村、永红村、永旺村，永丰镇三岔口村、幸福村，耕地面积4 237.60hm²。耕层土壤有机质平均含量 27.63g/kg，全氮 1.45g/kg，有效磷 12.90mg/kg，速效钾 124mg/kg。其主要剖面特征：是发育在砂岩、沙砾岩、页岩风化物上的土壤类型，土体深厚，腐殖质层深厚，深棕色，通体无碳酸钙反应。

典型剖面：

0～30cm：深棕色，沙壤，粒状结构，松，根系多量，润，无碳酸钙反应。

30～65cm：浅棕色，沙壤，粒状结构，稍紧，根系少量，润，无碳酸钙反应。

65～115cm：棕黄色，沙壤，粒状结构，紧，无根系，润，无碳酸钙反应。

23. 薄体淡灰黄沙土 属暗栗钙土亚类，淡灰黄沙土属，主要分布于太仆寺旗幸福乡七一村、永合村、大胜村、茂盛村，宝昌镇五福村、胜利村、复兴村，红旗镇五亮村、永胜村，耕地面积1 402.92hm²。耕层土壤有机质平均含量 23.54g/kg，全氮 1.23g/kg，有效磷9.50mg/kg，速效钾 116mg/kg。其主要剖面特征：残积-坡积母质，土体厚度小于 30cm，棕色，沙壤，通体无碳酸钙反应。

典型剖面：

0～25cm：棕色，沙壤，粒状结构，松，根系多量，无碳酸钙反应。

25～50cm：浅棕色，沙壤，粒状结构，紧，根系少量，润，无碳酸钙反应。

50～70cm：浅棕色，沙壤，粒状结构，紧，无根系，润，无碳酸钙反应。

24. 砾质淡灰黄沙土 属暗栗钙土亚类，淡灰黄沙土属，主要分布于太仆寺旗红旗镇永胜村、大山村、永泉村，耕地面积 357.43hm²。耕层土壤有机质平均含量 26.42g/kg，全氮 1.41g/kg，有效磷 9.70mg/kg，速效钾 137mg/kg。其主要剖面特征：残积-坡积母质，土体厚度 30～60cm，表土层含 10%～30% 的砾石，棕色，沙壤，通体无碳酸钙反应。

典型剖面：

0～30cm：棕色，沙壤，粒状结构，松，根系多量，有 10%～30% 的砾石，无碳酸钙反应。

30～60cm：浅棕色，沙壤，粒状结构，紧，根系少量，润，无碳酸钙反应。

60～80cm：浅棕色，沙壤，粒状结构，紧，无根系，润，无碳酸钙反应。

25. 中层淡灰黄沙土 属暗栗钙土亚类，淡灰黄沙土属，主要分布于太仆寺旗红旗镇五亮村、永泉村、红旗村，宝昌镇五福村、向阳村、团结村，幸福乡共庆村、勇跃村、光明村、新德村，千斤沟镇旧营盘村、东滩村、后店村、马坊子村等，耕地面积5 084.80hm²。耕层土壤有机质平均含量 24.94g/kg，全氮 1.32g/kg，有效磷 11.00mg/kg，速效钾 124mg/kg。其主要剖面特征：腐殖质层平均厚度 35cm，土体厚度大于 60cm，钙积层灰色或灰白色，无碳酸钙反应，层次过渡明显。

典型剖面：

0～35cm：暗棕色，沙壤，粒状结构，松，根系多量，润。

35～50cm：棕色，沙壤，粒状结构，紧，根系少量，润。

50～70cm：棕色，沙壤，无碳酸钙反应，过渡明显。

26. 潮黄土 属草甸栗钙土亚类，潮黄土属，主要分布于太仆寺旗千斤沟镇德胜沟村、察布淖村、后店村，红旗镇东光村，骆驼山镇黑山庙村，耕地面积395.46hm²。耕层土壤有机质平均含量为 24.36g/kg，全氮 1.33g/kg，有效磷 11.70mg/kg，速效钾 135mg/kg。其主要剖面特征：腐殖质层厚度在 40cm 以上，是发育在丘间各地的黄土母质上的土壤。钙积层明显，具有不明显的锈纹、锈斑。通体为壤质土。

典型剖面：

0～40cm：暗灰棕，沙壤土，粒状结构，松，根系多，湿润，碳酸钙反应强烈。

40～75cm：灰黄棕，中壤土，粒状结构，紧，根系少量，湿，碳酸钙反应强烈，有锈斑。

27. 潮栗土 属草甸栗钙土亚类，潮栗土属，主要分布于太仆寺旗红旗镇红卫村、庆丰村，骆驼山镇六面井村、营盘沟村、官马沟村，幸福乡永久村等，耕地面积1 885.08hm²。耕层土壤有机质平均含量为 26.63g/kg，全氮 1.49g/kg，有效磷 10.20mg/kg，速效钾 149mg/kg。其主要剖面特征：腐殖质层平均厚度 28cm，灰棕色，沙土或沙壤土，粒状结构；钙积层栗灰色，厚 25cm，沙壤或壤土，粒状结构可见斑点状石灰淀积。

典型剖面：

0～40cm：灰棕，沙壤，粒状结构，松，根系中量，湿润，碳酸钙反应强烈。

40～90cm：棕黄色，沙壤，粒状结构，紧，根系少量，潮湿，无碳酸钙反应。

90～120cm：黄色，沙土，无结构，稍紧，无根系，湿，无碳酸钙反应，有锈纹、锈斑。

二、草甸土

草甸土是太仆寺旗耕地土壤的第二大土壤，总面积7 996.98hm²，占耕地总面积的8.5%。草甸土在全旗广泛发育于河谷阶地、碟形洼地和湖盆外围、冲积扇下部地形上。成土母质以河湖相沉积物、冲积淤积物为主。成土过程由腐殖质积累过程、潜育化过程所构成。草甸土的植被类型以中生、丛生型及根茎类多年生草本植物为主，也生长耐盐的杂类草。草甸土分布在地形缓、土质肥沃、地下水资源丰富的地形上，是发展水浇地、建设高产高效基本农田的理想之地，但在耕地的管理上要防止次生盐渍化的发生。

含灰色草甸土、碱化草甸土、盐化草甸土、暗色草甸土4个亚类，黄黏土、灰沙壤土、碱化沙质土、盐化壤质土、盐化沙质土、盐化草甸白干土、暗色草甸土7个土属，10个土种。各土种剖面性状如下：

1. 黄黏土　属灰色草甸土亚类，黄黏土属，主要分布于太仆寺旗千斤沟镇建国村、西山坡村，红旗镇平地村等，耕地面积448.74hm²。耕层土壤有机质平均含量35.02g/kg，全氮1.90g/kg，有效磷13.00mg/kg，速效钾151mg/kg。

剖面形态：是发育在黏土母质上的土壤，表土层颜色深暗，多为暗黄棕色。腐殖质层厚40cm以上，暗黄棕色，质地轻壤。

典型剖面：

0～25cm：暗黄棕色，中壤，粒状结构，松，根量多，湿，碳酸钙反应弱。

25～90cm：深棕色，中壤，块粒结构，紧，根系少量，湿，碳酸钙反应强烈，有菌丝体。

90～110cm：棕灰色，中壤，块状结构，紧，无根系，湿，碳酸钙反应强烈，有菌丝体。

2. 灰沙壤土　属灰色草甸土亚类，灰沙壤土属，主要分布于宝昌镇宏大村、东宏村、复兴村、友谊村，红旗镇跃进村、民主村、新中村，永丰镇三岔口村、河西村、三永村等，耕地面积1 975.09hm²。耕层土壤有机质平均含量30.24g/kg，全氮1.64g/kg，有效磷13.40mg/kg，速效钾135mg/kg。

剖面形态：是发育在冲积物上的土壤，腐殖质层厚20～40cm，表层为淡黄棕色，质地轻壤。

典型剖面：

0～25cm：暗黄棕色，轻壤，粒状结构，松，根量多，润，碳酸钙反应较强。

25～70cm：灰白色，轻壤，粒状结构，根系少量，润，碳酸钙反应强烈，有菌丝体。

70～120cm：浅灰色，粗沙，无结构，紧，无根系，湿，碳酸钙反应弱。

3. 轻碱化沙土　属碱化草甸土亚类，碱化沙质土属，主要分布于红旗镇丰胜村、庆丰村等，耕地面积531.48hm²。耕层有机质平均含量25.36g/kg，全氮1.40g/kg，有效磷12.60mg/kg，速效钾143mg/kg。

剖面形态：母质为冲积物，腐殖质层20cm左右，颜色为灰棕色。

典型剖面：

0～25cm：灰棕色，沙壤，粒状结构，松，根系多量，湿润，碳酸钙反应弱。

25～60cm：浅灰色，沙壤，粒状结构，松，根系少量，湿润，碳酸钙反应较强。

60～110cm：灰色，沙质，粒状结构，散，无根系，潮湿，碳酸钙反应强烈。

4. 轻盐壤质土 属盐化草甸土亚类，盐化壤质土属，主要分布于红旗镇三胜村、跃进村，万寿滩良种场、红卫村，宝昌镇城北村等，耕地面积573.13hm²。耕层土壤有机质平均含量32.11g/kg，全氮1.74g/kg，有效磷15.30mg/kg，速效钾153mg/kg。

剖面形态：发育在黏土母质上的土壤，腐殖质层厚40cm左右，质地轻壤，表层有弱盐化现象。

典型剖面：

0～40cm：灰棕色，轻壤，粒状结构，松，根系多量，润，碳酸钙反应较强。

40～70cm：灰白色，轻壤，粒状结构，紧，根系少量，湿润，碳酸钙反应强烈。

70～110cm：黑灰色，轻壤，粒状结构，紧，无根系，湿，碳酸钙反应较强。

5. 中盐壤质土 属盐化草甸土亚类，盐化壤质土属，主要分布于红旗镇三胜村、跃进村、双合村等，耕地面积295.10hm²。耕层土壤有机质平均含量34.39g/kg，全氮1.92g/kg，有效磷15.10mg/kg，速效钾171mg/kg。

剖面形态：是发育在黏土母质上的土壤，腐殖质层厚30cm以上，颜色暗灰色，质地轻壤。

典型剖面：

0～30cm：深灰色，轻壤，粒状结构，松，根系多量，润，碳酸钙反应强烈。

30～70cm：灰白色，轻壤，粒状结构，紧，根系少量，湿润，碳酸钙反应强烈。

70～110cm：黑灰色，轻壤，粒状结构，紧，无根系，湿，碳酸钙反应强烈。

6. 轻盐化沙质土 属盐化草甸土亚类，盐化沙质土属，主要分布于永丰镇三永村、河西村、三岔口村，红旗镇红卫村、红喜村、双胜村、东光村，幸福乡小营盘村、南地房村等，耕地面积2 977.72hm²。耕层土壤有机质平均含量29.02g/kg，全氮1.59g/kg，有效磷13.00mg/kg，速效钾139mg/kg。

剖面形态：是发育在冲积母质上的土壤，腐殖质层厚20～40cm，质地轻壤，表层有零星盐斑。

典型剖面：

0～43cm：浅黄棕色，轻壤，粒状结构，松，根系多量，湿润，碳酸钙反应较强。

43～88cm：灰黄棕色，沙壤，粒状结构，松，根系中量，湿润，碳酸钙反应强烈，有铁锰锈纹锈斑。

88～135cm：浅灰色，粗沙，无结构，散，无根系，潮湿，碳酸钙反应较强。

7. 中盐化沙质土 属盐化草甸土亚类，盐化沙质土属，主要分布于永丰镇、红旗镇、幸福乡的零星耕地，耕地面积105.49hm²。耕层土壤有机质平均含量24.76g/kg，全氮1.59g/kg，有效磷13.20mg/kg，速效钾101mg/kg。

剖面形态：是发育在冲积母质上的土壤，腐殖质层厚40cm，质地沙壤，表土层有明显盐斑。

典型剖面：

0～45cm：黄棕色，沙壤，粒状结构，松，根系多量，湿润，碳酸钙反应强烈。

45～90cm：黄棕色，沙壤，粒状结构，松，根系中量，湿润，碳酸钙反应强烈，有明显锈纹锈斑。

90～130cm：浅灰色，粗沙，无结构，散，无根系，潮湿，碳酸钙反应较强。

8. 重盐化沙质土 属盐化草甸土亚类，盐化沙质土属，主要分布于永丰镇、红旗镇、幸福乡的零星耕地，耕地面积 380.41hm²。耕层土壤有机质平均含量 32.25g/kg，全氮 1.81g/kg，有效磷 19.10mg/kg，速效钾 163mg/kg。

剖面形态：是发育在冲积母质上的土壤，腐殖质层厚 25cm，颜色暗灰色，表层有明显盐层。

典型剖面：

0～35cm：灰黄色，轻壤，粒状结构，松，根系多量，湿润，碳酸钙反应强烈。

35～70cm：黄棕色，沙壤，粒状结构，松，根系中量，湿润，碳酸钙反应强烈，有明显锈纹锈斑。

70～120cm：浅灰色，粗沙，无结构，散，无根系，潮湿，碳酸钙反应较强。

9. 盐化草甸白干土 属盐化草甸土亚类，盐化草甸白干土属，主要分布于万寿滩良种场、骆驼山镇楚仑乌苏村、巴音宝力格村等，耕地面积 522.90hm²。耕层土壤有机质平均含量 26.55g/kg，全氮 1.48g/kg，有效磷 11.40mg/kg，速效钾 150mg/kg。

剖面形态：是发育在冲积物母质的土壤，腐殖质层厚 25cm，表土层下为显著白干层，其下为母质层。

典型剖面：

0～25cm：浅棕色，轻壤，粒状结构，松，根量多，润，碳酸钙反应较强。

25～60cm：灰白色，中壤，粒状结构，紧，根系少量，润，碳酸钙反应较弱，有明显的白干层。

60～110cm：灰棕色，沙壤，无结构，散，无根系，湿润。

10. 暗色草甸土 属暗色草甸土亚类，暗色草甸土属，主要分布于红旗镇新建村、万寿滩良种场，耕层土壤面积186.91hm²。耕层土壤有机质平均含量 25.53g/kg，全氮 1.42g/kg，有效磷 10.80mg/kg，速效钾 115mg/kg。

剖面形态：发育在丘间谷地湖盆低地上，有机质积累丰富，表土颜色黑色。

典型剖面：

0～40cm：深棕色，轻壤，粒状结构，松，根量多，润，碳酸钙反应弱。

40～90cm：浅棕色，轻壤，粒状结构，紧，根量少，湿润，碳酸钙反应强烈，有明显的锈纹锈斑。

90～120cm：灰色，沙质，无结构，紧，无根系，湿，碳酸钙反应弱。

三、黑钙土

黑钙土是太仆寺旗耕地土壤组成之一，面积4 570.10hm²，占耕地总面积的 4.8%。黑钙土主要发育在太仆寺旗东部的低山丘陵中上部，草甸植被下的草原土壤类型之一。受垂直地带的影响特别显著，一般以岛状、片带状分布在低山丘陵的中上部，植被类型以中生杂类草草甸植物组成群落。成土母质多为花岗岩、片麻岩、凝灰岩等结晶岩风化而成的残积、坡积物和黄土及黄土状物。成土过程是由较强的腐殖质积累过程和相对其他草原土壤较弱的钙化过程为主，剖面构型明显，以腐殖质层、腐殖质层淋溶下渗的舌状过渡层、碳酸钙淀积层、母质层所构成。该土壤类型质地结构良好，自然肥力高，通透性强，但由于发育在切割强烈的低山丘陵中上部，水土流失较普遍。

含碳酸盐黑钙土、淋溶黑钙土 2 个亚类，淡黑沙土、淡黑黄土、淋溶黑钙土 3 个土属、3 个土种。各土种剖面性状如下：

1. 中层淡黑黄土　属碳酸盐黑钙土亚类，淡黑黄土属，分布于千斤沟镇六面井村、十号村、七号村、葫芦峪村，骆驼山镇黑渠山村，永丰镇馒头沟村、光林山村，耕地面积 1 866.21hm²。耕层土壤有机质平均含量为 36.81g/kg，全氮 1.92g/kg，有效磷 11.10mg/kg，速效钾 148mg/kg。

剖面形态：表层为黑灰或棕灰，土体厚度大于 60cm，质地轻壤，腐殖质层厚大于 30cm，母质为黄土或黄土状物质。

典型剖面：

0～30cm：暗棕色，沙质黏壤土，粒状结构，松，植物根系多量，湿润，无碳酸钙反应。

30～60cm：棕色，沙质黏壤土，粒状结构，紧，植物根系少，湿润，无碳酸钙反应。

60～110cm：黄棕色，壤质黏土，块状结构，极紧，植物根系无，潮湿，碳酸钙反应中等，有假菌丝体。

2. 薄层淡黑沙土　属碳酸盐黑钙土亚类，淡黑沙土属，分布于千斤沟、中河、头支箭，耕地面积1 796.53hm²。耕层土壤有机质平均含量为 33.73g/kg，全氮 1.76g/kg，有效磷 12.40mg/kg，速效钾 155mg/kg。

剖面形态：表层为暗灰或灰棕色，腐殖质层厚 30～60cm，质地沙壤，发育在洪积母质上。

典型剖面：

0～18cm：暗灰色，沙壤，团块状结构，松，根多，湿，无碳酸钙反应。

18～35cm：暗灰黄色，沙壤，块状，稍紧，根中量，碳酸钙反应中等。

35～53cm：灰黄色，沙壤，无结构，松，根少，湿，无碳酸钙反应。

3. 薄层淋溶黑钙土　属淋溶黑钙土亚类，淋溶黑钙土属，分布于千斤沟、中河、永丰，耕地面积 907.36hm²。耕层土壤有机质平均含量为 34.57g/kg，全氮 1.81g/kg，有效磷 10.90mg/kg，速效钾 139mg/kg。

剖面形态：表层为暗棕或黑色，腐殖质层厚 40～60cm，沙质黏壤土，粒状结构。母质为残积、坡积物，通体无碳酸钙反应。

典型剖面：

0～50cm：暗灰色，沙质黏壤土，粒状结构，松，根系多，润，无碳酸钙反应。

50～117cm：暗灰黄色，沙质黏壤土，粒状结构，紧，根系少量，润，无碳酸钙反应。

117～130cm：浅灰黄色，壤质黏土，块状，紧，无根系，湿润，无碳酸钙反应。

第二节　耕地土壤养分现状及评价

一、调查采样与测试分析

为明确耕地土壤的各种养分性状及其他性状，更好地实施测土配方施肥及耕地地力评价，开展了较大规模的调查采样与土壤测试分析工作。

（一）调查采样

1. 样点分布　按照"突出重点、分步推进"和样点要具有广泛代表性、兼顾均匀性以及典型性、可比性的原则，在分析全旗耕地土壤类型、作物布局、行政区划以及耕地地力水平、施肥水平等因素的基础上，以全旗土地利用现状图为工作底图，结合土壤图、地形图，勾绘采样单元。同一采样单元的地形地貌、土壤类型、地力等级、施肥水平等因素基本一致，确保样点具有代表性。

根据太仆寺旗实际情况，2006年采样点的密度为平均每20hm²一个点位，其中丘陵缓坡地带采样密度相对减少，滩地、沟谷地带采样密度相对增大。在每个采样单元的中心位置选择一个面积不等的典型地块，布设1个采样点，并在地形图上标注其明确位置。全旗7个乡镇（苏木）94 408.96hm²，耕地上共布设调查采样点4 060个；2008—2015年本着查漏补缺的原则进一步加密布设样点4 400个。

2. 土壤样品采集与调查　应用布设好的样点分布图，在野外确定具体的采样地块用GPS定位，确定准确位置。每个采样地块按照"随机"、"等量"和"多点混合"的原则，采集10个点位的样，均匀混合后用"四分法"留取1kg的样品成为1个混合样。采样深度0～20cm。

采集土壤样品的同时，调查每个采样地块的基本情况和上年度的农业生产情况，内容包括耕地的立地条件、土壤情况、施肥管理水平和生产能力等，并填写"采样地块基本情况调查表"和"采样地块农户施肥情况调查表"。重点调查农户的施肥情况，包括施用肥料的种类、品种、数量、施肥时期、施肥方法等，通过统计分析明确农户的施肥现状和存在的主要问题，为研究施肥配方、指导科学施肥及耕地地力评价提供依据。

（二）样品测试分析

采集的土壤样品，分析化验土壤质地、pH、有机质及各种大、中、微量元素19个项目，累计11.4万余项次。各项目化验土壤样品的数量、化验方法、化验项次见表2-2。

表2-2　土壤各种理化性状分析化验方法和数量

化验项目	化验方法	化验土样数量（个）	化验项次
pH	玻璃电极法	8 460	8 460
有机质	重铬酸钾-硫酸溶液—油浴法	8 460	8 460
碱解氮	碱解扩散法	8 460	8 460
全氮	中微量凯氏定氮法	8 460	8 460

（续）

化验项目	化验方法	化验土样数量（个）	化验项次
全磷	氢氧化钠熔融—钼锑抗比色法	846	846
有效磷	碳酸氢钠浸提—钼锑抗比色法	8 460	8 460
全钾	碱熔—火焰光度计法	846	846
缓效钾	硝酸提取—火焰光度计法	8 460	8 460
速效钾	乙酸铵浸提—火焰光度计法	8 460	8 460
有效硫	磷酸盐浸提—硫酸钡比浊法	8 460	8 460
有效硅	柠檬酸浸提—硅钼蓝比色法	423	423
有效铜	DTPA 浸提—原子吸收法	8 460	8 460
有效铁	DTPA 浸提—原子吸收法	8 460	8 460
有效锰	DTPA 浸提—原子吸收法	8 460	8 460
有效锌	DTPA 浸提—原子吸收法	8 460	8 460
有效硼	沸水浸提—姜黄素比色法	8 460	8 460
有效钼	草酸-草酸铵浸提—极谱法	846	846
质地	比重计法	846	846
阳离子交换量	EDTA-乙酸铵盐交换法	846	846
合计		114 663	114 633

二、耕地土壤有机质含量现状及评价

土壤有机质是土壤的重要组成部分，直接影响土壤的理化性状和生物学性状，是反映土壤肥力的综合指标。根据全旗8 460个土壤样品有机质含量的测试分析结果，统计了不同乡镇（苏木）、不同土壤类型的耕地土壤有机质含量，统计结果见表2-3、表2-4。

表 2-3 各乡镇（苏木）耕地土壤有机质含量

乡镇（苏木）	平均值（g/kg）	变幅（g/kg）	标准差（g/kg）
宝昌镇	26.77	10.5～75	7.3
贡宝拉格苏木	30.34	22.4～36.7	6.1
红旗镇	25.48	12.1～57.0	5.5
永丰镇	31.04	15.3～59.8	7.2
骆驼山镇	28.67	10.1～64.1	8.5
千斤沟镇	29.65	13.7～66.2	7.2
幸福乡	21.89	12～40.2	4.3
全旗平均	27.5	10.1～75.0	7.2

表 2-4　不同土壤类型耕地有机质含量

土壤类型	平均值（g/kg）	变幅（g/kg）	标准差（g/kg）
草甸土	29.56	13.0～65.4	8.5
黑钙土	35.16	15.3～64.1	7.9
栗钙土	26.86	10.1～75.0	6.8
全旗平均	27.5	10.1～75.0	7.2

土壤有机质含量的高低，与成土因素中的气候、植被等条件密切相关。太仆寺旗地处温带半干旱草原生物气候环境条件下，具有典型的草原土壤特征环境，有利于土壤腐殖质的形成和积累，形成的耕地地带性土壤主要有黑钙土、栗钙土和隐育性的草甸土。全旗耕地土壤有机质平均含量为 27.5g/kg，变幅 10.1～75.0g/kg，不同乡镇（苏木）之间土壤有机质的平均含量有一定差异，永丰镇最高，平均含量为 31.04g/kg；幸福乡最低，平均含量为 21.89g/kg，相差 9.15g/kg。

不同土类间耕地土壤有机质平均含量也有一定差异，黑钙土最高，为 35.16g/kg，栗钙土最低，为 26.86g/kg。不同土类有机质含量平均值大小顺序为：黑钙土＞草甸土＞栗钙土。

按照全国第二次土壤普查分级标准，统计了不同土壤类型耕地有机质含量分级面积（表 2-5），各乡镇（苏木）不同土壤类型耕地养分含量及分级面积、比例等详见附录 1 耕地资源数据册之附表 3、附表 4。

表 2-5　不同土壤类型耕地有机质、全氮含量分级面积统计

土壤类型	项　　目	有机质（g/kg）			全氮（g/kg）	
		＞40	30～40	≤30	＞2.0	≤2.0
草甸土	面积（hm²）	1 109.87	2 481.46	4 405.66	2 046.51	5 950.47
	占土类面积（%）	13.89	31.05	55.07	25.60	74.40
黑钙土	面积（hm²）	1 144.01	2 463.24	962.85	1 323.93	3 246.17
	占土类面积（%）	24.38	54.53	21.08	28.97	71.03
栗钙土	面积（hm²）	3 293.12	20 792.88	57 755.87	5 997.50	75 844.38
	占土类面积（%）	3.99	24.97	71.04	7.33	92.67
全旗	面积（hm²）	5 547.00	25 737.58	63 124.38	9 367.94	85 041.02
	占总面积（%）	5.9	27.2	66.9	9.9	90.1

全旗耕地土壤有机质含量大于 40.0g/kg 的耕地面积 2 815hm²，占总耕地面积的 3.5%；30.0～40.0g/kg 的面积 19 989hm²，占总耕地面积的 25%；小于 30.0g/kg 的耕地面积高达 57 196hm²，占总耕地面积的 71.5%。由此可见，全旗耕地土壤有机质含量水平一般。

三、耕地土壤大量元素养分含量现状及评价

根据土壤样品的测试分析结果，统计了不同乡镇（苏木）不同土壤类型的耕地土壤大

量元素养分含量，统计结果见表 2-6、表 2-7，各乡镇（苏木）不同土壤类型耕地大量元素养分含量及分级面积、比例等详见附录 1 耕地资源数据册之附表 3、附表 4。

表 2-6　各乡镇（苏木）耕地土壤大量元素养分含量统计

乡镇（苏木）	项　　目	全氮（g/kg）	碱解氮（mg/kg）	有效磷（mg/kg）	速效钾（mg/kg）
宝昌镇	平均值	1.47	108.99	12.42	121
	变幅	0.67～3.72	50～291	2.20～64.2	57～251
	标准差	0.39	31.40	7.67	32
贡宝拉格苏木	平均值	1.71	109.20	19.04	120
	变幅	1.38～2.06	80～129	7.20～26.5	74～152
	标准差	0.32	18.96	8.43	34
红旗镇	平均值	1.41	95.57	9.93	143
	变幅	0.57～3.32	44～193	1.50～50.30	50～284
	标准差	0.34	22.79	6.08	37
骆驼山镇	平均值	1.55	97.47	9.11	138
	变幅	0.66～3.49	34～281	1.60～44.40	70～259
	标准差	0.45	31.04	5.48	32
千斤沟镇	平均值	1.56	102.96	12.86	128
	变幅	0.67～3.60	45～217	3.00～61.20	55～285
	标准差	0.38	26.15	7.25	35
幸福乡	平均值	1.17	79.25	12.16	110
	变幅	0.59～2.11	31～134	1.40～69.30	50～229
	标准差	0.23	15.36	7.24	32
永丰镇	平均值	1.63	101.09	12.37	141
	变幅	0.85～3.46	45～248	2.70～41.70	63～252
	标准差	0.40	28.73	6.33	35
全旗	平均值	1.48	98.61	11.32	133
	变幅	0.57～3.72	31～291	1.40～69.30	50～285
	标准差	0.39	27.23	6.83	36

表 2-7　不同土壤类型耕地大量元素养分含量统计

土壤类型	项　　目	全氮（g/kg）	碱解氮（mg/kg）	有效磷（mg/kg）	速效钾（mg/kg）
草甸土	平均值	1.62	105.53	13.44	142
	变幅	0.63～3.60	34～291	1.90～69.30	65～285
	标准差	0.47	32.58	8.14	36

（续）

土壤类型	项　目	全氮（g/kg）	碱解氮（mg/kg）	有效磷（mg/kg）	速效钾（mg/kg）
黑钙土	平均值	1.83	119.99	11.58	149
	变幅	0.88～3.35	52～242	3.00～32.00	73～259
	标准差	0.38	27.8	4.83	34
栗钙土	平均值	1.44	96.82	11.08	131
	变幅	0.57～3.72	31～282	1.40～64.20	50～284
	标准差	0.37	25.97	6.71	35
全旗	平均值	1.48	98.61	11.32	133
	变幅	0.57～3.72	31～291	1.40～69.30	50～285
	标准差	0.39	27.23	6.83	36

（一）全氮及碱解氮

土壤中的氮素可分为有机态和无机态两大部分，两者之和称为全氮。全氮水平高的土壤，土壤供氮能力强，应酌情减少氮肥用量；相反，全氮水平低的土壤，土壤供氮能力相对较差，应适当增施氮肥，才能获得较高的产量。土壤碱解氮也称土壤水解性氮或土壤有效氮，它包括无机态氮和部分有机物质中易分解的比较简单的有机态氮，是铵态氮、硝态氮、氨基酸、酰胺和易水解的蛋白质氮的总和。碱解氮作为植物氮素营养较无机氮有更好的相关性，所以测定碱解氮比测定铵态氮和硝态氮更能确切地反映出土壤的供氮水平。

1. 全氮 太仆寺旗耕地土壤的全氮含量偏低，平均为1.48g/kg，变幅为0.57～3.72g/kg。

不同土类间耕地土壤全氮平均含量有一定差异，黑钙土最高，为1.83g/kg，栗钙土最低，为1.44g/kg，最高与最低相差0.39g/kg。不同土类全氮含量平均值大小排序为：黑钙土＞草甸土＞栗钙土。各乡镇（苏木）间土壤全氮平均含量变化也有一定差异，贡宝拉格苏木最高，为1.71g/kg，幸福乡最低，为1.17g/kg，相差0.54g/kg。

按照全国第二次土壤普查分级标准，统计了不同土壤类型耕地及全旗耕地全氮含量分级面积。全旗耕地土壤全氮含量大于2.0g/kg的面积9 367.94hm²，占总耕地面积的9.9％；1.5～2.0g/kg的面积33 146.45hm²，占总耕地面积的35.1％；小于1.50g/kg的面积51 894.58hm²，占总耕地面积的55.0％。可见全旗耕地土壤全氮含量总体偏低。

2. 碱解氮 全旗耕地土壤的碱解氮含量平均为98.61mg/kg，变幅为31～291mg/kg，相差260mg/kg。

不同土类间耕地土壤碱解氮平均含量差异不大，黑钙土最高，为119.99mg/kg，栗钙土最低，为96.82mg/kg，最高与最低相差23.17mg/kg。不同土类土壤碱解氮含量平均值大小排序为：黑钙土＞草甸土＞栗钙土。各乡镇（苏木）间土壤碱解氮含量平均值变化不大，贡宝拉格苏木最高，为109.2mg/kg；幸福乡最低，为79.25mg/kg，相差29.95mg/kg。

按照全国第二次土壤普查分级标准，统计了不同土壤类型耕地及全旗耕地碱解氮含量分级面积（表2-8）。耕地土壤碱解氮含量大于 200mg/kg 的面积仅为 349.5hm²，占总耕地面积的 0.40%；含量 150～200mg/kg 的面积3 352.09hm²，占总耕地面积的 3.6%；含量 100～150mg/kg 的面积36 853.68hm²，占总耕地面积的 39.0%；含量小于 100mg/kg 的面积53 853.69hm²，占总耕地面积的 57.0%。由此可见全旗耕地土壤碱解氮含量普遍偏低。

表 2-8　不同土壤类型耕地碱解氮含量分级面积统计

土壤类型	项目	碱解氮分级（mg/kg）					
		>300	250～300	200～250	150～200	100～150	≤100
草甸土	面积（hm²）		27.54	89.27	661.27	3 501.62	3 717.28
	占土类面积（%）		0.3	1.1	8.3	43.8	46.5
黑钙土	面积（hm²）			15.19	477.96	3 061.92	1 015.02
	占土类面积（%）			0.3	10.5	67.0	22.2
栗钙土	面积（hm²）		13.21	204.29	2 212.86	30 290.11	49 121.40
	占土类面积（%）		0.0	0.2	2.7	37.0	60.0
全旗	面积（hm²）		40.74	308.76	3 352.09	36 853.66	53 853.71
	占总面积（%）		0.0	0.3	3.6	39.0	57.0

（二）有效磷

有效磷是评价土壤磷素供应能力的重要指标。全旗耕地土壤的有效磷含量平均为 11.32mg/kg，变幅为 1.4～69.3mg/kg，极差为 67.9mg/kg，变化幅度相当大。

不同土类间耕地土壤有效磷平均含量变化不大，草甸土最高，为 13.44mg/kg，栗钙土最低，为 11.08mg/kg，最高与最低相差 2.36mg/kg。不同土类土壤有效磷含量平均值大小排序为：草甸土＞黑钙土＞栗钙土。各乡镇（苏木）间土壤有效磷平均含量有一定差异，贡宝拉格苏木最高，为 19.04mg/kg，骆驼山镇最低，为 9.11mg/kg，最高与最低相差 9.93mg/kg。

按照全国第二次土壤普查分级标准，统计了不同土壤类型耕地及全旗耕地有效磷含量分级面积（表2-9）。耕地土壤有效磷含量大于 40mg/kg 的面积仅为 545.13hm²，占总耕地面积的 0.6%；含量 20～40mg/kg 的面积8 520.03hm²，占总耕地面积的 9.0%；含量 10～20mg/kg 的面积34 370.72hm²，占总耕地面积的 36.4%；含量 5～10mg/kg 的面积 42 409.21hm²，占总耕地面积的 44.9%；含量小于 5mg/kg 的面积8 563.88hm²，占总耕地面积的 9.1%。耕地土壤有效磷含量主要集中在 5～10mg/kg 和 10～20mg/kg，两者耕地面积76 779.93hm²，占总耕地面积的 81.3%。

不同土类耕地有效磷含量的分级面积有一定变化，土壤有效磷含量范围主要集中在 5～10mg/kg 和 10～20mg/kg，含量在 10～20mg/kg 的面积占该土类耕地面积的比例分别为：草甸土 43.9%，黑钙土 54.3%，栗钙土 34.7%；含量在 5～10mg/kg 的面积占该土类耕地面积的比例分别为：草甸土 36.1%，黑钙土 38.2%，栗钙土 46.2%。

表 2-9　不同土壤类型耕地有效磷含量分级面积统计

土壤类型	项目	有效磷分级				
		>40	20~40	10~20	5~10	≤5
草甸土	面积（hm²）	159.35	1 056.46	3 512.09	2 879.74	389.33
	占土类面积（%）	2.0	13.2	43.9	36.0	4.9
黑钙土	面积（hm²）	0.00	205.57	2 482.28	1 746.42	135.84
	占土类面积（%）	0.0	4.5	54.3	38.2	3.0
栗钙土	面积（hm²）	385.77	7 257.99	28 376.34	37 783.05	8 038.71
	占土类面积（%）	0.5	8.9	34.7	46.2	9.8
全旗	面积（hm²）	545.13	8 520.03	34 370.72	42 409.21	8 563.88
	占总面积（%）	0.6	9.0	36.4	44.9	9.1

（三）速效钾

速效钾包括土壤胶体吸附的钾和土壤溶液中的钾，一般占全钾的 1‰~2‰，易被作物吸收。全旗耕地土壤的速效钾含量较高，平均含量为 133mg/kg，变幅为 50~285mg/kg，极差为 235mg/kg，变异幅度较大。

不同土类间耕地土壤速效钾平均含量变化不大，比较相近。黑钙土最高，为149mg/kg，栗钙土最低，为 131mg/kg，草甸土为 142mg/kg，最高与最低相差仅为18mg/kg。各乡镇（苏木）间土壤速效钾平均含量有一定差异，红旗镇最高，为143mg/kg，幸福乡最低，为 110mg/kg，最高与最低相差 33mg/kg。

按照全国第二次土壤普查分级标准，统计了不同土壤类型耕地及全旗耕地速效钾含量分级面积（表 2-10）。耕地土壤速效钾含量大于 200mg/kg 的面积3 057.92hm²，占总耕地面积的 3.2%；含量 150~200mg/kg 的面积22 394.95hm²，占总耕地面积的 23.7%；含量 100~150mg/kg 的面积50 801.69hm²，占总耕地面积的 53.8%；含量 50~100mg/kg的面积18 140.25hm²，占总耕地面积的 19.2%；含量小于 50mg/kg 的面积14.15hm²。

不同土壤类型耕地速效钾含量主要集中在 100~150mg/kg 和 150~200mg/kg。不同土壤类型耕地速效钾含量在 100~150mg/kg 的面积占该土类耕地面积的比例分别为：草甸土 49.6%，黑钙土 44.6%，栗钙土 54.7%；含量在 150~200mg/kg 的面积占该土类耕地面积的比例分别为：草甸土 33.4%，黑钙土 41.3%，栗钙土 21.8%。

表 2-10　不同土壤类型耕地速效钾含量分级面积统计

土壤类型	项目	速效钾分级（mg/kg）				
		>200	150~200	100~150	50~100	≤50
草甸土	面积（hm²）	535.63	2 667.62	3 966.77	826.98	
	占土类面积（%）	6.7	33.4	49.6	10.3	
黑钙土	面积（hm²）	219.92	1 886.71	2 037.90	425.57	
	占土类面积（%）	4.8	41.3	44.6	9.3	

（续）

土壤类型	项　目	速效钾分级（mg/kg）				
		>200	150～200	100～150	50～100	≤50
栗钙土	面积（hm²）	2 302.38	17 840.62	44 797.02	16 887.70	14.15
	占土类面积（%）	2.8	21.8	54.7	20.6	0.0
全旗	面积（hm²）	3 057.92	22 394.95	50 801.69	18 140.25	14.15
	占土类面积（%）	3.2	23.7	53.8	19.2	0.0

四、耕地土壤有机质及大量元素养分变化趋势及原因

（一）耕地土壤有机质及大量元素养分变化趋势

根据第二次土壤普查与本次调查的耕地土壤 3 个土类、40 个土种、8 460 个土壤样品的测试分析数据的相互比较（表 2-11），第二次土壤普查至今 30 余年，耕地土壤的有机质、速效钾平均含量明显下降，有效磷平均含量显著提高，全氮平均含量略有提高，基本维持相对平稳。有机质含量由 31.98g/kg 降低到 27.5g/kg，降低了 14.0%；全氮由 1.42g/kg 提高到 1.48g/kg，提高了 4.2%；而有效磷含量由 7.21mg/kg 提高到 11.32mg/kg，提高了 57.0%；速效钾含量由 213mg/kg 降低到 133mg/kg，降低了 37.6%。

表 2-11　耕地土壤养分含量变化对照

土壤类型	第二次土壤普查结果				2006—2015 年调查结果			
	有机质（g/kg）	全氮（g/kg）	有效磷（mg/kg）	速效钾（mg/kg）	有机质（g/kg）	全氮（g/kg）	有效磷（mg/kg）	速效钾（mg/kg）
草甸土	33.66	1.78	7.40	155	29.56	1.62	13.44	142
黑钙土	34.92	1.67	7.90	257	35.16	1.83	11.58	149
栗钙土	27.35	1.16	6.33	227	26.86	1.44	11.08	131
平均	31.98	1.42	7.21	213	27.5	1.48	11.32	133

土壤类型	增减量				增减百分数（%）			
	有机质（g/kg）	全氮（g/kg）	有效磷（mg/kg）	速效钾（mg/kg）	有机质	全氮	有效磷	速效钾
草甸土	−4.1	−0.16	+6.04	−13	−12.2	−9.0	+81.6	−8.4
黑钙土	+0.24	+0.16	+3.68	−108	+0.7	+9.6	+46.6	−42.0
栗钙土	−0.49	+0.28	+4.75	−96	−1.8	+24.1	+75.0	−42.3

不同土类耕地养分含量之间，土壤有机质含量除黑钙土外，草甸土、栗钙土分别下降了 12.2%、1.8%，黑钙土略有提升，提高了 0.7%；全氮除草甸土下降 9.0%，黑钙土、栗钙土分别提高了 9.6%、24.1%；有效磷在草甸土、黑钙土、栗钙土中的含量全部增加，分别提高了 81.6%、46.6%、75.0%；速效钾在草甸土、黑钙土、栗钙土中的含量明显下降，分别下降了 8.4%、42.0%、42.3%。

（二）耕地土壤主要养分含量变化原因分析

太仆寺旗现有耕地主要开垦于 20 世纪 60～80 年代，耕地开垦年代较短，土壤肥力还保持一定潜力。特别是近年来随着化肥施用量的不断增加和种植结构的多样化造成土壤的

供肥能力和结构也发生了明显的变化，基本趋势是有机质含量明显下降，全氮含量保持平衡并略有提升，有效磷含量则显著增加，速效钾含量急剧减少。造成土壤主要养分含量变化的原因有：

1. 有机质

（1）大风　春季是出现大风的主要季节，特别是干旱的春季，耕地土壤表层松散，细土颗粒轻易被风吹走，使土壤养分损失，质地变粗，这是有机质及其他养分含量下降的原因之一。

（2）掠夺式经营，投入不足　随着种植结构的调整，一批优质高产、高效的农作物广泛种植，产量不断提高，效益不断增加，用地与养地矛盾日益突出，从土壤中带走大量的养分，而没有得到及时补充。特别是化肥的大量使用，而忽视了有机肥的投入，使土壤中的有机质失去平衡，导致土壤有机质含量下降。

2. 全氮　虽然大风、水土流失等对耕地土壤的全氮含量造成一定损失，但近30年的化肥施用，在一定程度上补充了氮素流失，使耕地土壤全氮含量基本保持稳定。

3. 有效磷　20世纪80年代后期，由于大面积开始推广施用化肥，特别是磷酸二铵增产效果显著，致使磷肥长时期成为化肥使用的主导品种。连年大量地施用磷酸二铵导致耕地土壤中有效磷富集，含量较二次土壤普查时明显提高。

4. 速效钾　近年来，由于种植结构的调整，种植业以种植马铃薯、蔬菜为经济收入增长的主要来源，而这些作物对钾素的摄取量比较大，加之磷酸二铵的普遍使用，导致耕地土壤钾素得不到补充，因而耕地土壤速效钾含量出现明显下降。

五、耕地土壤中量元素养分含量现状及评价

根据土壤样品有效硫、有效硅含量的测试分析结果，统计了不同乡镇（苏木）、不同土壤类型的耕地土壤中量元素含量，结果见表2-12、表2-13。

表2-12　不同土壤类型耕地中量元素养分含量统计

土壤类型	项　目	有效硫（mg/kg）	有效硅（mg/kg）
草甸土	平均值	15.26	163.61
	变幅	3.18~172.26	56.34~347.81
	标准差	13.93	37.50
黑钙土	平均值	13.48	237.49
	变幅	5.29~49.59	128.63~402.57
	标准差	5.08	45.55
栗钙土	平均值	12.90	178.54
	变幅	3.32~224.08	92.01~404.65
	标准差	9.44	39.45
全旗	平均值	13.15	179.53
	变幅	3.18~224.08	56.34~404.65
	标准差	9.86	41.55

表 2-13 各乡镇（苏木）耕地土壤中量元素养分含量统计

乡镇（苏木）	项 目	有效硫（mg/kg）	有效硅（mg/kg）
宝昌镇	平均值	12.49	165.64
	变幅	3.94～90.55	90.98～274.48
	标准差	6.72	33.68
贡宝拉格苏木	平均值	15.00	157.52
	变幅	9.19～19.79	139.63～187.75
	标准差	4.11	21.82
红旗镇	平均值	13.75	169.56
	变幅	3.49～146.78	104.14～328.61
	标准差	10.56	28.72
骆驼山镇	平均值	12.79	178.39
	变幅	4.19～50.8	92.01～375.02
	标准差	6.43	48.92
千斤沟镇	平均值	14.84	202.38
	变幅	3.77～224.08	56.34～404.65
	标准差	13.50	46.83
幸福乡	平均值	10.30	151.33
	变幅	3.18～47.46	92.46～244.73
	标准差	4.75	22.44
永丰镇	平均值	11.14	197.67
	变幅	3.32～64.75	96.77～329.38
	标准差	5.79	38.42
全旗	平均值	13.15	179.53
	变幅	3.18～224.08	56.34～404.65
	标准差	9.86	41.55

（一）有效硫

硫是组成植物生命基础物质蛋白质、核酸不可缺少的元素，作物需硫量大致与磷相当，硫被认为是植物第四大元素。

全旗耕地土壤有效硫平均含量为 13.15mg/kg，变幅 3.18～224.08mg/kg，极差为 220.9mg/kg，变异幅度相当大。不同土类间耕地土壤的有效硫平均含量差异不大，草甸土最高，为 15.26mg/kg，栗钙土最低，为 12.90mg/kg，最高与最低相差 2.36mg/kg。不同土类有效硫含量平均值大小顺序为：草甸土＞黑钙土＞栗钙土。各乡镇（苏木）间耕地土壤有效硫含量存在一定差异，贡宝拉格苏木最高，为 15.0mg/kg，幸福乡最低，为

太仆寺旗耕地与科学施肥

10.3mg/kg，相差 4.7mg/kg。

按照行业土壤有效硫划分标准，统计了不同土壤类型耕地及全旗耕地的有效硫含量分级面积（表 2-14），全旗有 88.9％的耕地土壤有效硫含量低于临界值（20mg/kg），面积达84 004.72hm²，总体含量水平较低。因此，在施肥实践中要注意硫肥的施用。

表 2-14　不同土壤类型耕地有效硫含量分级面积统计

土壤类型	项　　目	有效硫分级（mg/kg）						
		≤10	10～20	20～30	30～40	40～50	50～60	＞60
草甸土	面积（hm²）	2 582.09	3 939.43	945.15	265.53	62.54	55.43	146.81
	占土类面积（％）	32.3	49.3	11.8	3.3	0.8	0.7	1.8
黑钙土	面积（hm²）	1 060.68	3 183.18	263.73	42.14	20.37		
	占土类面积（％）	23.2	69.7	5.8	0.9	0.4		
栗钙土	面积（hm²）	33 410.80	39 828.54	5 756.45	1 429.50	624.59	442.13	349.86
	占土类面积（％）	40.8	48.7	7.0	1.7	0.8	0.5	0.4
全旗	面积（hm²）	37 053.57	46 951.15	6 965.34	1 737.16	707.49	497.56	496.67
	占总面积（％）	39.2	49.7	7.4	1.8	0.7	0.5	0.5

（二）有效硅

全旗耕地土壤有效硅平均含量为 179.53mg/kg，变幅 56.34～404.65mg/kg，极差为 348.31mg/kg，变异幅度比较大。不同土类间耕地土壤有效硅平均含量存在一定差异，黑钙土最高，为 237.49mg/kg，草甸土最低，为 163.61mg/kg，相差 73.88mg/kg。不同土类有效硅平均含量大小顺序为：黑钙土＞栗钙土＞草甸土。各乡镇（苏木）间耕地土壤有效硅含量也存在一定差异，千斤沟镇最高，为 202.38mg/kg，幸福乡最低，为 151.33mg/kg，相差 51.05mg/kg。

按照行业土壤有效硅划分标准，统计了不同土壤类型耕地及全旗耕地土壤的有效硅含量分级面积（表2-15），全旗有 98.1％的耕地土壤有效硅含量都低于临界值（300mg/kg），面积达92 632.04hm²，总体含量水平较低。

表 2-15　不同土壤类型耕地有效硅含量分级面积统计

土壤类型	项　　目	有效硅分级（mg/kg）						
		≤100	100～200	200～300	300～400	400～500	500～600	＞600
草甸土	面积（hm²）	108.31	6 706.42	1 008.97	173.27			
	占土类面积（％）	1.4	83.9	12.6	2.2			
黑钙土	面积（hm²）		828.08	3 365.26	365.38	11.38		
	占土类面积（％）		18.1	73.6	8.0	0.2		
栗钙土	面积（hm²）	255.49	62 145.54	18 213.97	1 218.27	8.60		
	占土类面积（％）	0.3	75.9	22.3	1.5	0.0		
全旗	面积（hm²）	363.8	69 680.04	22 588.2	1 756.92	19.98		
	占总面积（％）	0.4	73.8	23.9	1.9	0.0		

六、耕地土壤微量元素养分含量现状及评价

土壤微量元素含量的分级标准和临界指标采用第二次土壤普查时的分级标准和临界指标值(表2-16)。根据土壤样品微量元素养分含量的测试分析结果,统计了不同乡镇(苏木)、不同土壤类型的耕地土壤微量元素含量,统计结果见表2-17、表2-18,各乡镇(苏木)不同土壤类型耕地微量元素养分含量及分级面积、比例等详见附录1耕地资源数据册之附表3、附表4。

表 2-16　土壤微量元素含量的分级标准　　　　　　单位：mg/kg

养分元素	很高	高	中等	低	很低	临界值
硼	≥2.0	1.0~2.0	0.5~1.0	0.2~0.5	<0.2	0.5
钼	≥0.3	0.2~0.3	0.15~0.2	0.1~0.15	<0.1	0.15
锌	≥3.0	1.0~3.0	0.5~1.0	0.3~0.5	<0.3	0.5
铜	≥1.8	1.0~1.8	0.2~1.0	0.1~0.2	<0.1	0.2
铁	≥20.0	10.0~20.0	4.5~10.0	2.5~4.5	<2.5	2.5
锰	≥30.0	15.0~30.0	5.0~15.0	1.0~5.0	<1.0	7.0

表 2-17　各乡镇（苏木）耕地土壤微量元素养分含量统计

乡镇（苏木）	项目	硼（mg/kg）	钼（mg/kg）	锌（mg/kg）	铜（mg/kg）	铁（mg/kg）	锰（mg/kg）
宝昌镇	平均值	0.56	0.14	0.70	0.50	8.71	8.69
	变幅	0.30~2.27	0.07~0.26	0.14~7.89	0.25~3.55	4.09~22.42	4.34~26.62
	标准差	0.16	0.03	0.54	0.18	2.55	3.82
贡宝拉格苏木	平均值	0.58	0.15	0.86	0.49	8.58	9.33
	变幅	0.40~0.70	0.15~0.15	0.47~1.25	0.42~0.58	6.53~12.15	6.84~12.67
	标准差	0.13	0	0.37	0.07	2.11	2.14
红旗镇	平均值	0.54	0.16	0.62	0.55	7.44	7.64
	变幅	0.22~1.46	0.12~0.36	0.08~7.38	0.20~6.53	3.91~17.02	3.91~20.78
	标准差	0.13	0.03	0.58	0.43	1.43	1.83
骆驼山镇	平均值	0.52	0.14	0.54	0.49	8.29	9.49
	变幅	0.24~1.28	0.07~0.31	0.11~2.88	0.25~1.01	3.76~31.38	4.22~36.18
	标准差	0.15	0.04	0.26	0.13	3.59	5.33
千斤沟镇	平均值	0.59	0.15	0.62	0.51	9.42	9.45
	变幅	0.28~1.83	0.07~0.40	0.15~2.14	0.24~2.67	4.95~32.81	4.87~30.23
	标准差	0.13	0.03	0.24	0.14	2.76	2.78
幸福乡	平均值	0.54	0.15	0.56	0.48	8.25	6.97
	变幅	0.23~1.39	0.07~0.23	0.14~1.45	0.24~0.97	4.40~18.96	3.64~15.99
	标准差	0.13	0.02	0.18	0.11	1.65	1.54

（续）

乡镇（苏木）	项目	硼（mg/kg）	钼（mg/kg）	锌（mg/kg）	铜（mg/kg）	铁（mg/kg）	锰（mg/kg）
永丰镇	平均值	0.59	0.15	0.67	0.52	8.95	9.1
	变幅	0.31~1.19	0.07~0.25	0.17~3.21	0.22~0.97	3.75~25.1	4.22~28.92
	标准差	0.12	0.03	0.27	0.09	2.42	4.31
全旗	平均值	0.56	0.15	0.62	0.52	8.43	8.56
	变幅	0.22~2.27	0.07~0.4	0.08~7.89	0.20~6.53	3.75~32.8	3.64~36.18
	标准差	0.14	0.03	0.42	0.26	2.54	3.38

表 2-18　不同土壤类型耕地微量元素养分含量统计

土壤类型	项目	硼（mg/kg）	钼（mg/kg）	锌（mg/kg）	铜（mg/kg）	铁（mg/kg）	锰（mg/kg）
草甸土	平均值	0.59	0.15	0.67	0.59	8.75	8.26
	变幅	0.27~2.19	0.07~0.36	0.11~7.89	0.28~5.52	3.75~25.10	4.60~19.57
	标准差	0.16	0.03	0.61	0.39	2.43	2.40
黑钙土	平均值	0.67	0.13	0.68	0.55	11.29	12.52
	变幅	0.37~1.28	0.07~0.31	0.29~2.03	0.33~0.90	5.56~32.48	4.84~36.18
	标准差	0.14	0.04	0.24	0.09	4.53	6.64
栗钙土	平均值	0.55	0.15	0.61	0.51	8.26	8.40
	变幅	0.22~2.27	0.07~0.40	0.08~7.38	0.20~6.53	3.76~32.81	3.64~35.71
	标准差	0.13	0.03	0.39	0.25	2.32	3.12
全旗	平均值	0.56	0.15	0.62	0.52	8.43	8.56
	变幅	0.22~2.27	0.07~0.40	0.08~7.89	0.20~6.53	3.75~32.8	3.64~36.18
	标准差	0.14	0.03	0.42	0.26	2.54	3.38

（一）有效硼

硼是农作物正常生长发育不可缺少和不可代替的，对农作物的生长发育有着良好的作用，能够改善植株各器官有机物的供应状况，增加作物的结实率。

全旗耕地土壤有效硼平均含量为 0.56mg/kg，高于临界指标 0.5mg/kg，变幅为 0.22~2.27mg/kg，极差为 2.05mg/kg，变异幅度较大。不同土类间耕地土壤有效硼平均含量变化不大，黑钙土最高，为 0.67mg/kg，栗钙土最低，为 0.55mg/kg，相差 0.12mg/kg。不同土类有效硼含量平均值大小顺序为：黑钙土＞草甸土＞栗钙土。各乡镇（苏木）间耕地土壤有效硼平均含量差异不大，千斤沟镇、永丰镇最高，为 0.59mg/kg，骆驼山镇最低，为 0.52mg/kg，最高与最低相差 0.07mg/kg。

按照全国第二次土壤普查时的分级标准，统计了不同土壤类型耕地及全旗耕地土壤的有效硼含量分级面积（表 2-19）。耕地土壤有效硼含量大于临界值 0.5mg/kg 的耕地面积 57 877.09hm²，占耕地面积的 61.3%，说明太仆寺旗大部分耕地不缺硼。

不同土类耕地土壤有效硼含量低于临界值 0.5mg/kg 的面积比例差异较大，分别占该土类：草甸土 26.4％，黑钙土 11.6％，栗钙土 41.4％。耕地土壤有效硼含量主要集中在 0.5～1.0mg/kg，占总耕地面积的 60.8％，含量水平较高。

表 2-19 不同土壤类型耕地有效硼含量分级面积统计

土壤类型	项　目	有效硼分级 (mg/kg)				
		＞2.0	1.0～2.0	0.5～1.0	0.2～0.5	≤0.2
草甸土	面积 (hm²)	13.67	94.88	5 780.28	2 108.16	
	占土类面积 (％)	0.2	1.2	72.3	26.4	
黑钙土	面积 (hm²)		36.58	4 004.34	529.18	
	占土类面积 (％)		0.8	87.6	11.6	
栗钙土	面积 (hm²)	4.39	340.82	47 602.13	33 894.53	
	占土类面积 (％)	0.0	0.4	58.2	41.4	
全旗	面积 (hm²)	18.06	472.28	57 386.75	36 531.87	
	占总面积 (％)	0.0	0.5	60.8	38.7	

（二）有效钼

钼虽在农作物中含量很少，但其作用非常重要，它能参与豆科植物氮的固定，能增加植物中维生素 C 的含量，能促使作物合成蛋白质。

全旗耕地土壤有效钼平均含量为 0.15mg/kg，与临界指标 0.15mg/kg 持平，变幅为 0.07～0.40mg/kg，极差为 0.33mg/kg，变异幅度很大。耕地土壤有效钼含量大于 0.2mg/kg 的面积6 748.0hm²，占总耕地面积的 7.1％；高于临界值 0.15mg/kg 的耕地面积47 683.61hm²，占总耕地面积的 50.5％，有近半数的耕地面积缺钼，说明太仆寺旗耕地钼含量总体一般。不同土类间耕地土壤的有效钼平均含量差异不大，草甸土和栗钙土最高，均为 0.15 mg/kg；黑钙土最低，为 0.13mg/kg，最高与最低相差 0.02mg/kg。不同土类有效钼含量平均值大小基本相等。各乡镇（苏木）间耕地土壤有效钼平均含量几乎相等，都在 0.14～0.16mg/kg。

按照全国第二次土壤普查分级标准，统计了不同土壤类型耕地及全旗耕地土壤有效钼的分级面积（表 2-20）。

不同土类间耕地土壤有效钼含量大于临界值 0.15mg/kg 的面积比例有一定差异，分别占该土类：草甸土 56.5％，黑钙土 29.4％，栗钙土 51.1％。

表 2-20 不同土壤类型耕地有效钼含量分级面积统计

土壤类型	项　目	有效钼分级 (mg/kg)				
		≥0.3	0.2～0.3	0.15～0.2	0.1～0.15	＜0.1
草甸土	面积 (hm²)	19.76	630.78	3 869.69	3 071.99	404.77
	占土类面积 (％)	0.2	7.9	48.4	38.4	5.1
黑钙土	面积 (hm²)	39.70	104.32	1 195.35	2 338.60	892.12
	占土类面积 (％)	0.9	2.3	26.2	51.2	19.5

（续）

土壤类型	项　目	有效钼分级（mg/kg）				
		≥0.3	0.2～0.3	0.15～0.2	0.1～0.15	<0.1
栗钙土	面积（hm²）	89.93	5 863.51	35 870.57	33 879.53	6 138.34
	占土类面积（%）	0.1	7.2	43.8	41.4	7.5
全旗	面积（hm²）	149.39	6 598.61	40 935.61	39 290.12	7 435.23
	占总面积（%）	0.1	7.0	43.4	41.6	7.9

（三）有效锌

锌在作物体内的含量极少，但作用较大，能增强作物的光合作用，能使体内的核糖核酸含量增加，促进植物生长发育。

全旗耕地土壤的有效锌平均含量为 0.62mg/kg，高于临界指标 0.5mg/kg，变幅为 0.08～7.89mg/kg，极差为 7.81mg/kg，变异幅度大。不同土类间耕地土壤的有效锌平均含量差异不大，黑钙土最高，为 0.68mg/kg；栗钙土最低，为 0.61mg/kg，二者相差 0.07mg/kg。不同土类有效锌含量平均值大小顺序为：黑钙土＞草甸土＞栗钙土。各乡镇（苏木）间耕地土壤有效锌平均含量存在一定差异，贡宝拉格苏木最高，为 0.86mg/kg；骆驼山镇最低，为 0.54mg/kg，二者相差 0.32mg/kg。

按照全国第二次土壤普查分级标准，统计分析了不同土壤类型耕地及全旗耕地土壤有效锌含量分级面积（表 2-21）。

表 2-21　不同土壤类型耕地有效锌含量分级面积统计

土壤类型	项　目	有效锌分级（mg/kg）				
		>3.0	1.0～3.0	0.5～1.0	0.3～0.5	≤0.3
草甸土	面积（hm²）	133.84	488.39	4 518.52	2 427.80	428.43
	占土类面积（%）	1.7	6.1	56.5	30.4	5.4
黑钙土	面积（hm²）		453.12	3 096.89	963.89	56.20
	占土类面积（%）		9.9	67.8	21.1	1.2
栗钙土	面积（hm²）	295.12	4 452.83	40 905.61	31 511.33	4 676.99
	占土类面积（%）	0.4	5.4	50.0	38.5	5.7
全旗	面积（hm²）	428.96	5 394.34	48 521.02	34 903.02	5 161.62
	占总面积（%）	0.5	5.7	51.4	37.0	5.5

耕地土壤有效锌含量大于 1.0mg/kg 的耕地面积 5 823.30hm²，占总耕地面积的 6.2%；含量 0.5～1.0mg/kg 的耕地面积 48 521.02hm²，占总耕地面积的 51.4%；小于 0.5mg/kg 的耕地面积 40 064.64hm²，占总耕地面积的 42.4%，可见全旗有 1/3 多耕地土壤缺锌。

耕地土壤有效锌含量小于临界指标 0.5mg/kg 的土类中：草甸土面积占该土类的 35.8%，黑钙土面积占该土类的 22.3%，栗钙土面积占该土类的 44.2%。可见全旗耕地土壤有效锌含量总体偏低。

（四）有效铜

铜在植物体内的功能是多方面的，与植物的碳素同化、氮素代谢、吸收作用以及氧化还原过程均有密切联系。

全旗耕地土壤的有效铜平均含量为 0.52mg/kg，高于临界指标值 0.20mg/kg，变幅为 0.20～6.53mg/kg，极差为 6.33mg/kg，变异幅度很大。不同土类间耕地土壤的有效铜平均含量差异不大，草甸土最高，为 0.59mg/kg；栗钙土最低，为 0.51mg/kg，二者相差 0.08mg/kg。不同土类有效铜含量平均值大小顺序为：草甸土＞黑钙土＞栗钙土。各乡镇（苏木）间耕地土壤有效铜含量差异不大，贡宝拉格苏木最高，为 0.55mg/kg；幸福乡最低，为 0.48mg/kg，二者相差 0.07mg/kg。

按照全国第二次土壤普查分级标准，统计分析了不同土壤类型耕地及全旗耕地土壤有效铜含量分级面积（表 2-22）。

表 2-22　不同土壤类型耕地有效铜含量分级面积统计

土壤类型	项　　目	有效铜分级 （mg/kg）			
		＞1.8	1.0～1.8	0.2～1.0	≤0.2
草甸土	面积（hm²）	54.40	89.51	7 853.07	
	占土类面积（%）	0.7	1.1	98.2	
黑钙土	面积（hm²）			4 570.10	
	占土类面积（%）			100.0	
栗钙土	面积（hm²）	229.68	583.73	81 026.58	1.89
	占土类面积（%）	0.3	0.7	99.0	0.0
全旗	面积（hm²）	284.08	673.24	93 449.75	1.89
	占总面积（%）	0.3	0.7	99.0	0.0

耕地土壤有效铜含量大于 1.8mg/kg 的耕地面积 284.08hm²，占总耕地面积的 0.3%；含量 1.0～1.8mg/kg 的耕地面积 673.24hm²，占总耕地面积的 0.7%，含量 0.2～1.0mg/kg 的耕地面积93 449.75hm²，占总耕地面积的 99.0%。从全旗来看，所有耕地土壤的有效铜含量均高于临界指标值 0.2mg/kg，说明耕地土壤有效铜含量较丰富，不缺铜。

（五）有效铁

铁比较集中分布在叶绿体中，对叶绿素的形成起酶促作用，缺铁时造成植株"缺绿"或"黄化"。

全旗耕地土壤的有效铁平均含量为 8.43mg/kg，高于临界指标值 2.5mg/kg，变幅 3.75～32.80mg/kg，极差 29.05mg/kg，变异幅度较大。不同土类间耕地土壤的有效铁平均含量差异不大，黑钙土最高，为 11.29mg/kg；栗钙土最低，为 8.26mg/kg，二者相差 3.03mg/kg。不同土类有效铁含量平均值大小顺序为：黑钙土＞草甸土＞栗钙土。各乡镇（苏木）间耕地土壤有效铁平均含量差异不大，千斤沟镇最高，为 9.42mg/kg；红旗镇最低，为 7.44mg/kg，二者相差 1.98mg/kg。

按照全国第二次土壤普查时的分级标准，统计了不同土壤类型耕地及全旗耕地土壤有效铁含量分级面积（表2-23）。

表 2-23　不同土壤类型耕地有效铁含量分级面积统计

土壤类型	项　　目	有效铁分级（mg/kg）				
		≥20	10～20	4.5～10	2.5～4.5	<2.5
草甸土	面积（hm²）	19.30	2 029.59	5 936.17	11.93	
	占土类面积（%）	0.2	25.4	74.2	0.1	
黑钙土	面积（hm²）	220.92	2 359.97	1 989.21		
	占土类面积（%）	4.8	51.6	43.5		
栗钙土	面积（hm²）	250.91	12 856.33	68 628.72	105.92	
	占土类面积（%）	0.3	15.7	83.9	0.1	
全旗	面积（hm²）	491.13	17 245.89	76 554.09	117.85	
	占总面积（%）	0.5	18.3	81.1	0.1	

　　耕地土壤有效铁含量全部高于临界值指标2.5mg/kg的水平，含量4.5～10mg/kg的耕地面积76 554.09hm²，占总耕地面积的81.1%。说明太仆寺旗耕地土壤有效铁含量比较丰富，不缺铁。

（六）有效锰

　　锰是作物必需元素，也是作物组成元素和多种酶活性核心元素。

　　全旗耕地土壤的有效锰平均含量为8.56mg/kg，高于临界指标值7.0mg/kg，变幅3.64～36.18mg/kg，极差为32.54mg/kg。不同土类间耕地土壤的有效锰平均含量有一定差异，黑钙土最高，为12.52mg/kg；草甸土最低，为8.26mg/kg，二者相差4.26mg/kg。不同土类有效锰含量平均值大小顺序为：黑钙土>栗钙土>草甸土。各乡镇（苏木）间耕地土壤有效锰平均含量也有一定变化，骆驼山镇最高，为9.49mg/kg；幸福乡最低，为6.97mg/kg，二者相差2.52mg/kg。

　　按照全国第二次土壤普查时的分级标准，统计了不同土壤类型耕地及全旗耕地土壤有效锰含量分级面积（表2-24）。耕地有效锰含量5～15mg/kg的面积88 264.14hm²，占总耕地面积的93.5%，说明太仆寺旗耕地土壤有效锰的含量也是比较丰富的。

表 2-24　不同土壤类型耕地有效锰含量分级面积统计

土壤类型	项　　目	有效锰分级（mg/kg）			
		>30	15～30	5～15	≤5
草甸土	面积（hm²）		186.53	7 699.60	110.85
	占土类面积（%）		2.3	96.3	1.4
黑钙土	面积（hm²）	100.94	1 128.73	3 331.75	8.67
	占土类面积（%）	2.2	14.1	41.7	0.1
栗钙土	面积（hm²）	85.21	3 406.79	77 232.79	1 117.08
	占土类面积（%）	0.1	4.2	94.4	1.4

（续）

土壤类型	项　目	有效锰分级（mg/kg）			
		＞30	15～30	5～15	≤5
全旗	面积（hm²）	186.15	4 722.06	88 264.14	1 236.60
	占总面积（%）	0.2	5.0	93.5	1.3

第三节　耕地土壤其他性状

一、pH

土壤 pH 反映土壤酸碱程度，主要取决于土壤溶液中氢离子的浓度，它对土壤肥力及作物生长有较大影响。

全旗土壤 pH 6.5～9.1，呈弱酸性—碱性反应，各土类间除盐化类型的耕地土壤外，变化不大。黑钙土、栗钙土、草甸土平均 pH 为 8.0、8.1、8.2，其中栗钙土 pH 6.5～9.0，黑钙土 pH 7.2～8.4，草甸土 pH 7.3～9.1。

二、土体构型

土体构型是指不同土层之间的质地构造变化，是成土过程的综合反映和人类定向培育土壤的产物，是评价土壤肥力和耕地地力的重要指标。太仆寺旗耕地土壤土体构型主要有7种，即：薄层型、夹层型、漏沙型、松散型、通体壤、通体沙、障碍型，以松散型和障碍型为主。各质地构型面积和占比见表2-25。

表 2-25　不同质地构型面积和占比

质地构型	面积（hm²）	比例（%）
薄层型	8 929.38	9.5
夹层型	6 760.72	7.2
漏沙型	80.96	0.1
松散型	36 774.12	39.0
通体壤	9 993.74	10.6
通体沙	9 525.94	10.1
障碍型	22 344.10	23.7
合　计	94 408.96	100.00

三、容重

土壤容重是指单位体积自然状态下土壤（包括土壤孔隙的体积）的干重，是土壤紧实度的一个指标。

全旗针对不同土壤类型、不同土壤质地测定了 65 个土壤容重样，全旗耕地的容重 0.82～1.58g/cm³，平均为 1.24g/cm³。不同土类耕地土壤中，草甸土平均容重为

1.43g/cm³，黑钙土平均为 1.28g/cm³，栗钙土平均为 1.14g/cm³。

四、质地

土壤质地即土壤机械组成，是根据土壤的颗粒组成划分的土壤类型，是土壤物理性状之一，对土壤肥力有很大影响。土壤质地对土壤结构、孔隙状况、保肥性、保水性、耕性均有重要影响。

全旗耕地土壤质地主要有沙质土、沙壤、轻壤、中壤、沙质黏土 5 种。沙壤面积最大，分布于全旗；沙质土主要分布于骆驼山北部、红旗镇北部等；轻壤、中壤主要分布于千斤沟镇、宝昌镇等；沙质黏土主要分布于幸福乡、贡宝拉格苏木。

第三章

耕地地力现状

第一节 耕地地力评价

耕地地力调查与评价是继第二次土壤普查之后，为适应新形势下农业生产的发展，急需查清耕地生产能力和耕地使用中存在的问题而开展的一项基础性工作。太仆寺旗耕地地力调查与评价自 2006 年 5 月开始，至 2015 年 12 月，历时 116 个月，完成了全部的调查内容和地力的评价工作，整个过程经历了资料收集、野外调查采样、样品测试分析、耕地资源管理信息系统的建立、评价与汇总等几个主要阶段。

一、资料收集

耕地地力调查与评价是在充分利用现有资料的基础上，结合本次调查结果，利用计算机等高新技术来综合分析和评价的，因此资料收集是其中一项重要内容。

（一）图件资料

根据调查工作需要，收集了土壤图（1：50 000）、土地利用现状图（1：50 000）、行政区划图（1：50 000）、地形图（1：50 000）、地貌类型图等图件。

（二）数据及文本资料

收集了第二次土壤普查的有关文字和养分数据资料，历年的农业统计资料，近年的肥料试验资料，历年来的土壤肥力监测点田间记载资料及化验结果资料，植保部门的农药使用数量及品种资料，水利部门的水资源开发、水土保持资料，农业部门的农田基础设施建设、旱作农业示范区建设、农业综合开发等方面的资料，林业部门的生态建设总体规划资料及气象资料等。

（三）资料整理与统计

对野外调查信息相关数据和土样测试分析数据进行核对、审核和相应统计整理后，录入计算机，归入测土配方施肥项目数据库；对收集的数据、文本及图件资料，按耕地地力评价技术规程要求，经相应整理、统计、分析和处理后，录入相应计算机数据库，以建立耕地资源管理信息系统，进行评价。

二、耕地资源管理信息系统建立

县域耕地资源管理信息系统是以一个县行政区域内耕地资源为管理对象，应用 RS、GPS 等现代化技术采集信息，应用 GIS 技术构建耕地资源基础信息系统，该系统的基本管理单元由土壤图、土地利用现状图叠加形成，每个管理单元四至明确、土壤类型一致、土地利用方式以及农民的种田习惯也基本一致，对辖区内的地形、地貌、土壤、土地利用、土壤污染、农业生产基本情况等资料进行统一管理，以此为平台结合各类管理模型，对辖区内的耕地资源进行系统的动态管理。为政府部门制定农业发展规划、土地利用规划、种植业规划等宏观决策提供支持，为基层农业技术推广人员、农民进行科学施肥等农事操作，以及获取耕地质量动态变化、土壤适宜性、施肥咨询、作物营养诊断等多方位的信息服务。

太仆寺旗耕地资源管理信息系统基本管理单元为土壤图、土地利用现状图、行政区划图、采样点位图叠加形成的评价单元。建立耕地资源管理信息系统的工作流程和结构见图3-1和图3-2。

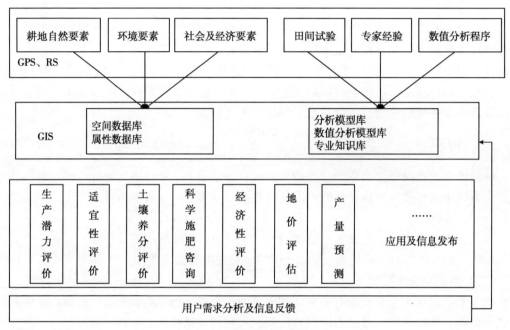

图 3-1　地理信息系统结构

（一）属性数据建立

1. 属性数据的内容

（1）湖泊、面状河流属性数据。

（2）堤坝、渠道、线状河流属性数据。

（3）交通道路属性数据。

（4）行政界线属性数据。

（5）旗、乡镇（苏木）、村（嘎查）编码表。

（6）土地利用现状属性数据。

（7）土地分类名称编码表。

（8）土种属性数据表。

（9）土壤分析化验结果。

（10）地貌类型数据。

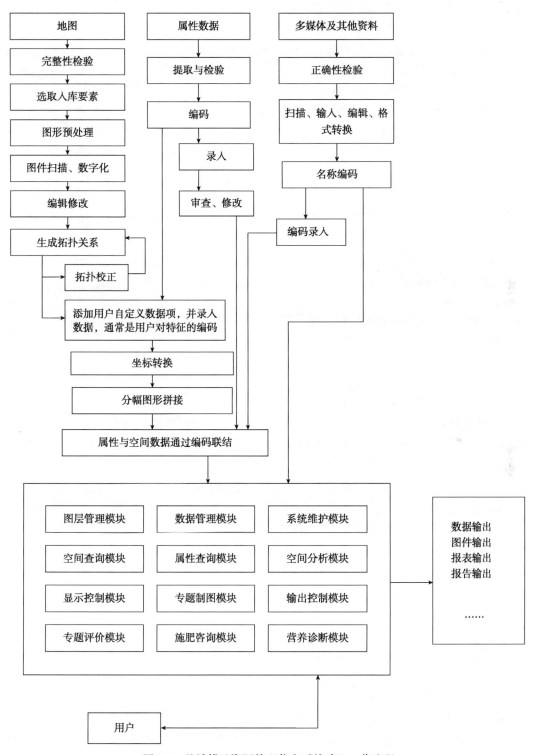

图 3-2　县域耕地资源管理信息系统建立工作流程

（11）大田采样点基本情况调查数据。

（12）大田采样点农户调查数据。

（13）田面坡度数据。

（14）潜水埋深数据表。

2. 数据的审核、分类编码、录入　在录入数据库前，对所有调查表和分析数据等资料进行了系统的审查。对每个调查项目的描述进行了规范化和标准化，对所有农化分析数据进行了相应的统计分析，发现异常数据，分析原因，酌情处理。数据的分类编码是对数据资料进行有效管理的重要依据，本系统采用数字表示的层次型分类编码体系，对属性数据进行分类编码，建立了编码字典。采用 ACCESS 进行数据录入，最终以 DBASE 的 dbf 格式保存入库，文字资料以 txt 文件格式保存，超文本资料以 html 格式保存，图片资料以 jpg 格式保存。这些文件分别保存在相应的子目录下，其相对路径和文件名录入相应的属性数据库中。

（二）空间数据库的建立

1. 空间数据库资料

（1）全旗 1∶50 000 的土壤图。

（2）全旗 1∶50 000 的土地利用现状图。

（3）全旗 1∶50 000 的行政区划图。

（4）全旗 1∶50 000 的潜水埋深图。

（5）全旗 1∶50 000 的地貌类型图。

（6）全旗 1∶50 000 的沙化程度图。

2. 图形数字化　首先进行图层要素的整理和筛选，然后将原始图件扫描成 300dpi 的栅格地图，采用 Arcinfo 软件，在屏幕上手动跟踪图形要素完成数字化工作。数字化后，按顺序对所有特征进行编辑，建立拓扑关系，对特征进行编码。后分别以 coverage 和 shape 格式保存入库，建立空间数据库。再对数字化地图进行坐标转换和投影变换，统一采取高斯投影、1954 年北京大地坐标系，保存入库，形成标准完整的数字化图层。

（三）属性数据库和空间数据库的链接

以建立的数码字典为基础，在数据化图件时对点、线、面（多边形）均赋予相应的属性编码，如数字化土地利用现状图时，对每一多边形同时输入土地利用编码，从而建立空间数据库与属性数据库具有连接的共同字段和唯一索引。数字化完成后，在 Arcinfo 下调入相应的属性库，完成库间的连接，并对属性字段进行相应的整理，使其标准化，最终建立完整的具有相应属性要素的数字化地图。

（四）评价单元的确定及各评价因素的录入

1. 评价单元的确定　将土壤图、土地利用现状图、行政区划图叠加，生成基本评价单元图。这样形成的评价单元空间界限行政隶属关系明确，有准确的面积，地貌类型及土壤类型一致，利用方式及耕作方法基本相同，得出的评价结果不仅可应用于农业布局规划等农业决策，还可以用于指导农业生产，为实施精准农业奠定良好的基础。

2. 评价要素的录入　数字化各个专题图层，建立相应的属性数据，并将样点图通过

Kriging 插值（图 3-3）换成 Grid 数据格式，然后分别与基本评价单元图进行区域统计叠加，获取挂接在这些图层上的属性数据，使得基本评价单元图的每个图斑都有相应的 14 个评价因素的属性资料。

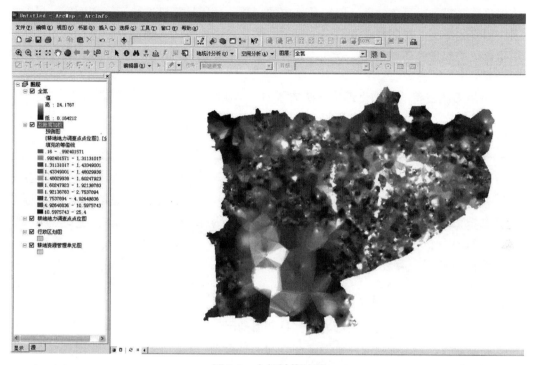

图 3-3　全氮插值过程

以"县域耕地资源管理信息系统 V4.2"，对上述数字化图件进行管理和专题评价，同时还收集、整理并调入反映太仆寺旗基本情况和土壤性状的文本资料、图片资料和录像资料，最终建立太仆寺旗耕地资源管理信息系统。

三、耕地地力评价方法

（一）评价依据及原则

耕地地力指由土壤本身特性、自然背景条件和耕作管理水平等要素综合构成的耕地生产能力。评价是通过调查获得的耕地自然环境要素、耕地土壤的理化性状、耕地的农田基础设施和管理水平为依据进行的科学评定。通过各因素对耕地地力影响的大小进行综合评定，确定不同的地力等级。耕地的自然环境要素包括耕地所处的地形地貌、气象条件等；耕地土壤的理化性状包括土体构型、有效土层厚度、质地等物理性状和有机质、氮、磷、钾及中微量元素、pH 等化学性状；农田基础设施建设和管理水平等。评价时遵循以下几方面的原则：

1. 综合因素研究与主导因素分析相结合的原则　耕地地力是各类要素的综合体现，综合因素研究是对地形地貌、土壤理化性状以及相关的社会经济因素进行综合研究、分析与评价，以全面了解耕地地力状况。主导因素是指对耕地地力起决定作用的、相对稳定的因子，在评价中要着重对其进行研究分析。

2. 定性与定量相结合的原则　影响耕地地力的因素有定性的和定量的，评价时定量和定性相结合。总体上，为了保证评价结果的客观合理，尽量采用可定量的评价因子如有机质含量、有效土层厚度等按其数值参与计算评价，对非数量化的定性因子如地貌类型、土体构型等要素进行量化处理，确定其相应的指数，运用计算机进行运算和处理，尽量避免人为因素的影响。在评价因素筛选、权重、评价评语、等级的确定等评价过程中，尽量采用定量化的数学模型，在此基础上，充分应用专家知识，对评价的中间过程和评价结果进行必要的定性调整。

3. 采用 GIS 支持的自动化评价方法的原则　本次耕地地力评价充分应用计算机技术，通过建立数据库、评价模型，实现了全数字化、自动化的评价技术流程，在一定程度上代表了耕地地力评价的最新技术方法。

（二）评价技术流程

地力评价的整个过程主要包括三方面的内容，一是相关资料的收集、计算机软硬件的准备及建立相关的数据库；二是耕地地力评价，包括划分评价单元、选择评价因素并确定单因素评价评语和权重、计算耕地地力综合指数、确定耕地地力等级；三是评价结果分析，即依据评价结果，计算各等级的面积，编制耕地地力等级分布图，分析耕地使用中存在的问题，提出耕地资源可持续利用的措施建议。评价的技术流程见图 3-4。

1. 评价指标的确定　耕地地力评价指标的确定主要遵循以下几方面的原则：一是选取的因子对耕地地力有比较大的影响；二是选取的因子在评价区域内的变异较大，便于划分耕地地力等级；三是选取的评价因素在时间上具有相对的稳定性，评价结果能够有较长的有效期。根据上述原则，聘请对当地情况比较熟悉的有关专家组成专家组，从全国耕地地力评价指标体系框架中，选择适合本地并对耕地地力影响较大的指标作为评价因素。最终确定立地条件、耕地管理、理化性状、土壤养分 4 个项目的 10 个因素作为太仆寺旗耕地地力的评价指标。

（1）立地条件　地形部位、成土母质、质地构型、沙化程度。

（2）耕地管理　坡度级别、耕地类型。

（3）理化性状　有机质、质地。

（4）土壤养分　有效磷、速效钾。

2. 评价单元的划分　评价单元是评价的最基本单位，评价单元划分得合理与否直接关系到评价结果的准确性。本次耕地地力评价采用土壤图、土地利用现状图和行政区划图叠加形成的图斑作为评价单元。土壤图划分到土种，土地利用现状图划分到二级利用类型，同一评价单元的土种类型、利用方式一致，不同评价单元之内既有差异性，又有可比性。

3. 评价单元获取数据　每个评价单元都必须有参与地力评价指标的属性数据。数据类型不同，评价单元获取数据的途径也不同，分为以下几种途径：

（1）土壤有机质、有效磷、速效钾由点位图利用空间插值法，采用 Kriging 插值使评价单元获取相应的属性数据。

（2）坡度、地貌类型、耕地类型利用对应的矢量化图件与评价单元图叠加，为每个评

图 3-4　耕地地力评价技术流程

价单元赋值。

（3）质地、成土母质根据不同的土种类型给评价单元赋值。

4. 评价过程　应用层次分析法和模糊评价法计算各因素的权重和评价评语，在耕地资源管理信息系统支撑下，以评价单元图为基础，计算耕地地力综合指数，应用累计频率曲线法确定分级方案，评价出耕地的地力等级。

5. 归入国家地力等级体系　选择 10％的评价单元，调查近 3 年的粮食产量水平，与用自然要素评价的地力综合指数进行相关分析，找出两者之间的对应关系，以粮食产量水平为引导，归入全国耕地地力等级体系（NY/T 309—1996《全国耕地类型区、耕地地力等级划分》）。

（三）耕地地力评价方法

根据耕地地力评价技术流程，在建立空间数据库和属性数据库的基础上进行评价。首先确定各评价因素的隶属关系，并计算各因素的隶属度和权重，最终通过管理系统完成评价工作。

1. 单因素评价隶属度的计算——模糊评价法　应用模糊评价法，根据模糊数学的基本原理，一个模糊性概念就是一个模糊子集，模糊子集的取值为 0～1 之间的任一数值（包括 0 与 1），隶属度是元素 x 符合这个模糊性概念的程度。完全符合时为 1，完全不符合时为 0，部分符合即取 0～1 之间的一个值。隶属函数表示 x_i 与隶属度之间的解析函数，根据函数可以算出 x_i 对应的隶属度 u_i。单因素评价隶属度的确定分为如下几个步骤。

（1）隶属函数模型的选择　根据太仆寺旗评价指标的类型，选定的表达评价指标与耕地生产能力关系的函数模型为戒上型函数、戒下型函数和概念型三种，其表达式分别为：

戒上型函数（如有机质、有效磷等）：

$$y_i = \begin{cases} 0 & u_i \leqslant u_t \\ 1/[1+a_i(u_i-c_i)^2] & u_t < u_i < c_i (i=1, 2, \cdots, m) \\ 1 & c_i \leqslant u_i \end{cases}$$

式中：y_i 为第 i 个因素的评语；u_i 为样品观察值；c_i 为标准指标；a_i 为系数；u_t 为指标下限值。

概念型指标（如质地构型，成土母质等）：这类指标其性状是定性的、综合性的，与耕地的生产能力之间是一种非线性的关系。

（2）专家评估值　由专家组对各评价指标与耕地地力的隶属度进行评估，给出相应的评估值，作为拟合函数的原始数据。

（3）隶属函数的拟合　根据专家给出的评估值与对应评价因素指标值，分别应用戒上型函数模型进行回归拟合，建立回归函数模型，并经拟合检验达显著水平者用以进行隶属度的计算。10 项评价因素中 3 项为数量型指标，可以应用模型进行模拟计算，7 项为概念型指标，由专家根据各评价指标与耕地地力的相关性，通过经验直接给出隶属度。

2. 单因素权重的计算——层次分析法　应用层次分析法，把各个评价因素按照相互之间的隶属关系排成从高到低的若干层次，根据实际判断，对同一层次相对重要性进行相互比较，最后给出一定的分值，经统计分析决定各层次元素重要性的先后次序。根据层次分析法的原理，把 10 个评价因素按照相互之间的隶属关系排成从高到低的 3 个层次（图 3-5），A 层为耕地地力，B 层为相对共性的因素，C 层为各单项因素。目标层为耕地地力，准则层为相对共性的因素，指标层为各单项因素。根据层次结构图，请专家组就同一层次对上一层次的相对重要性给出数量化的评估，经统计汇总构成判断矩阵，通过矩阵求得各因素的权重（特征向量），计算结果见表 3-1。

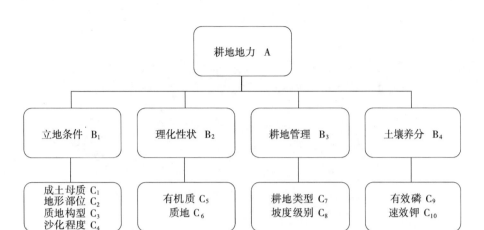

图 3-5 耕地地力评价要素结构

表 3-1 层次分析结果

层次 A	特征向量				
层次 B	立地条件	理化性状	耕地管理	土壤养分	组合权重
	0.343 2	0.282 2	0.211 7	0.162 9	$\sum C_i B_i$
成土母质	0.356 3				0.122 3
地形部位	0.268 6				0.092 2
质地构型	0.231 5				0.079 5
沙化程度	0.143 5				0.049 3
有机质		0.555 6			0.156 8
质地		0.444 4			0.125 4
耕地类型			0.625 0		0.132 3
坡度级别			0.375 0		0.079 4
有效磷				0.588 2	0.095 8
速效钾				0.411 8	0.067 1

3. 计算耕地地力综合指数（IFI） 用累加法模型计算耕地地力综合指数，公式为：

$$IFI = \sum f_i c_i (i = 1, 2, 3, \cdots, m)$$

式中：IFI 代表地力综合指数，f_i 为第 i 个因素评语（隶属度），c_i 为第 i 个因素的组合权重。

应用耕地资源管理信息系统中的模块计算，得出耕地地力综合指数的最大值为 0.920 46，最小值为 0.449 26。

4. 确定耕地地力综合指数分级方案 用样点数与耕地地力综合指数制作累积频率曲线图，根据样点分布频率，分别用耕地地力综合指数（≤0.574 99、0.574 99~0.619 98、0.619 98~0.681 98、0.681 98~0.732 98、0.732 98~0.920 46）将太仆寺旗的耕地分为 5 个等级。

四、耕地地力评价结果

根据太仆寺旗实际情况，选取了 10 个对耕地地力影响较大的因素，建立评价指标体系，应用模糊数学法和层次分析法计算各评价因素的评价评语和组合权重，应用加法模型计算耕地地力综合指数，应用累积频率曲线法，对耕地进行了评价，评价结果见图3-6。

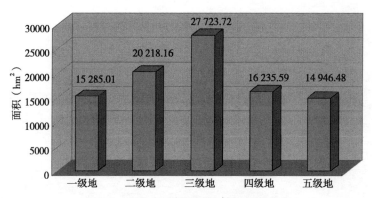

图3-6　太仆寺旗耕地地力等级面积分布

全旗总耕地面积94 408.96 hm²，占总土地面积的27.6％。其中一级地15 285.01hm²，占总耕地面积的 16.2％；二级地20 218.16hm²，占总耕地面积的 21.4％；三级地27 723.72hm²，占总耕地面积的29.4％；四级地16 235.59hm²，占总耕地面积的17.2％；五级地14 946.48hm²，占总耕地面积的15.8％。

五、归入全国地力等级体系

在上述根据自然要素评价的各地力等级中，分别选取各地力等级典型地块，采用典型种植制度下的马铃薯实地调查耕地地力图斑的实际产量状况，进行产量与地力的评价得分，并进行函数拟合（图3-7），根据拟合结果进行全国地力等级归并。按《全国耕地类型区、耕地地力等级划分》（NY/T 309—1996）标准，将本旗地力等级评价结果的一级地归入全国地力等级体系的六等地，面积15 285.01hm²；二级地归入全国地力等级体系的七等地，面积20 218.16hm²；三级地归入八等地，面积27 723.72hm²；四级地归入九等地，面积16 235.59hm²；五级地归入十等地，面积14 946.48hm²（表3-2）。

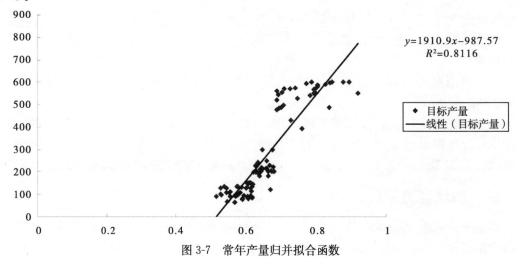

$$y=1910.9x-987.57$$
$$R^2=0.8116$$

图3-7　常年产量归并拟合函数

表3-2　地力等级归并结果表

县地力等级	一级地	二级地	三级地	四级地	五级地
全国地力等级	五等地	六等地	七等地	八等地	九等地
面积（hm²）	15 285.01	20 218.16	27 723.72	16 235.59	14 946.48
产量水平（kg/hm²）	6 000～7 500	4 500～6 000	3 000～4 500	1 500～3 000	<1 500
比例（%）	16.2	21.4	29.4	17.2	15.8

第二节　各等级耕地基本情况

全旗及各土壤类型不同地力等级耕地面积统计结果见表3-3，不同地力等级耕地土壤养分含量分级面积见附录1耕地资源数据册之附表5。

表3-3　全旗及各土类不同地力等级耕地面积统计

土壤类型	项目	合计	地力等级				
			一	二	三	四	五
草甸土	面积（hm²）	7 996.99	1 181.50	1 486.01	2 251.69	1 301.13	1 776.66
	比例（%）	8.5	14.8	18.6	28.2	16.3	22.2
黑钙土	面积（hm²）	4 570.10	749.66	1 156.22	1 440.34	674.46	549.40
	比例（%）	4.8	16.4	25.3	31.5	14.8	12.0
栗钙土	面积（hm²）	81 841.88	13 353.84	17 575.94	24 031.69	14 260.00	12 620.41
	比例（%）	86.7	16.3	21.5	29.4	17.4	15.4
全旗合计	面积（hm²）	94 408.96	15 285.01	20 218.17	27 723.72	16 235.59	14 946.48
	比例（%）	100.0	16.2	21.4	29.4	17.2	15.8

一、一级地

（一）面积与分布

一级地面积15 285.01hm²，占全旗耕地总面积的16.2%。全旗各乡镇（苏木）均有分布，但主要分布在太仆寺旗的中东部地区和局部的节水灌溉区，种植作物以蔬菜、马铃薯等经济作物为主，有少量小麦、莜麦。

（二）主要属性

一级地主要分布于中东部沟谷平地、河流阶地、黑钙土区域，或地下水资源丰富、易开采、坡度小于7°的缓坡平地，该区域占一级地面积的98%，土壤类型主要以栗钙土类中的草甸栗钙土、草甸土和黑钙土组成，土体构型主要为松散型和通体壤。一级地土壤受侵蚀程度较弱，人为定向培肥特征显著，土体构型无明显影响生产的障碍层次，有效土层厚度均在60cm以上。土壤养分含量较高（表3-4），中、微量元素平均含量高于临界值。

表 3-4　一级地土壤养分含量统计

项　目	有机质（g/kg）	全氮（g/kg）	碱解氮（mg/kg）	有效磷（mg/kg）	速效钾（mg/kg）	有效硼（mg/kg）
含量范围	13.3～64.1	0.6～3.4	44.0～281.0	1.8～55.3	52.0～280.0	0.24～1.35
平均值	29.2	1.6	103.1	13.4	137.4	0.57

项　目	有效锌（mg/kg）	有效钼（mg/kg）	有效铜（mg/kg）	有效铁（mg/kg）	有效锰（mg/kg）
含量范围	0.09～4.39	0.07～0.4	0.24～3.78	4.16～32.8	4.4～31.19
平均值	0.63	0.15	0.53	8.75	8.99

（三）生产性能与障碍因素

一级地耕作环境优良，地势平坦，土体深厚，土壤理化性状好，大部分具有灌溉条件，耕地生产能力强，适合各种农作物种植，产量水平一般春小麦在 4 500～5 250kg/hm²，油料 3 750～4 500kg/hm²，马铃薯 37 500～52 500kg/hm²。松散型土壤易漏水漏肥，通体壤耕地土壤透气、透水性稍差，应加强深耕、深松、增施有机肥等，以改善土壤结构，提高土壤肥力有效性，做到用养结合，持续利用。目前施肥存在重化肥轻有机肥，农田防护林建设滞后，防风蚀沙化能力薄弱等现象。今后在利用上要注意合理的轮作，要充分利用测土配方施肥技术，提高肥料利用率，要重视增施有机肥，以培肥土壤。

二、二级地

（一）面积与分布

二级地面积 20 218.16hm²，占全旗耕地总面积的 21.4%，全旗各乡镇（苏木）均有分布。二级地中有一定面积的灌溉用地，约占二级地面积的 23.3%，其余 76.7% 为旱作耕地。种植作物比较广泛，主要有小麦、莜麦、胡麻、油菜、豆类、马铃薯、蔬菜等。

（二）主要属性

二级地主要分布在丘陵缓坡、阶地、湖盆外围地形上，局部地下水资源较丰富，具有开采前景，且能达到灌溉用水标准和要求。二级地以旱地为主，耕地坡度一般为 3°～5°。土壤类型以栗钙土为主，有少量黑钙土。土壤侵蚀程度较弱，轻度侵蚀面积 1 742.29hm²，占二级地面积的 8.6%；中度以上侵蚀面积 661.6hm²，占二级地面积的 3.3%；无侵蚀面积 17 814.27hm²，占二级地面积的 88.1%。土体构型以松散型、通体壤、薄层型为主，分别占该土体构型的 38.4%、17.6%、13.0%。质地类型以轻壤、中壤为主，土层深厚，无明显障碍层，有效土层厚度 50～100cm。土壤养分含量较高，中微量元素含量均高出临界值（表 3-5）。

表 3-5　二级地土壤养分含量统计

项　目	有机质（g/kg）	全氮（g/kg）	碱解氮（mg/kg）	有效磷（mg/kg）	速效钾（mg/kg）	有效硼（mg/kg）
含量范围	10.5～66.2	0.6～3.3	31.0～282.0	1.8～53.9	58.0～254.0	0.23～1.83
平均值	28.1	1.5	100.8	11.6	134.7	0.56

（续）

项 目	有效锌 (mg/kg)	有效钼 (mg/kg)	有效铜 (mg/kg)	有效铁 (mg/kg)	有效锰 (mg/kg)
含量范围	0.13～7.38	0.07～0.31	0.25～6.53	3.76～32.48	4.25～36.18
平均值	0.65	0.15	0.54	8.59	8.89

（三）生产性能与障碍因素

二级地多分布在丘陵缓坡下部、河谷阶地的上部，风蚀沙化、水土流失较轻。耕地以旱作为主，生产能力低于一级地，一般产量水平是小麦3 000～4 500kg/hm²，油菜籽3 000～3 750kg/hm²，马铃薯30 000～37 500kg/hm²。二级地栗钙土钙化过程趋于加强，质地中物理性黏粒含量偏少，较一级地保水保肥能力稍差，部分耕地常受到干旱因素影响而导致生产能力下降。二级地地下水资源相对开发较少，应在有条件的区域加大水资源开发力度，种植高产、优质、高效的经济作物。另一方面要积极开展旱作基本农田建设，深耕改土，增施有机肥，增厚活土层，提高土壤的蓄水保墒能力，防止风蚀侵害，因地制宜地调整种植结构，达到增产、增效目的。

三、三级地

（一）面积与分布

三级地面积27 723.72hm²，占全旗耕地总面积的29.4%，是面积最大的一个地力等级，全旗各乡镇（苏木）均有分布，其中以红旗镇、千斤沟镇分布面积较大，占三级地总面积的51.1%。种植作物以小麦、莜麦、油菜、马铃薯为主。

（二）主要属性

三级地主要分布在丘陵中下部的缓坡地段和河谷冲积平地，其中河谷平地面积15 043.90hm²，占三级地面积的54.3%，丘陵缓坡地面积8 864.63hm²，占三级地面积的32.0%。耕地土壤主要由暗栗钙土亚类、栗钙土亚类、草甸栗钙土亚类及盐化草甸土亚类组成。土体构型以障碍型和松散型为主，面积分别为18 432.46hm²和5 071.8hm²，各占三级地面积的66.5%和18.3%。水资源状况相对较差，属典型的旱作农业区。土壤质地类型以沙壤、轻壤为主，土层厚度50～80cm。土壤理化性状中等，养分中有效磷、有效硼缺乏，除有效锌略高于二级地外，其他各养分含量均低于二级地（表3-6）。

表3-6 三级地土壤养分含量统计

项 目	有机质 (g/kg)	全氮 (g/kg)	碱解氮 (mg/kg)	有效磷 (mg/kg)	速效钾 (mg/kg)	有效硼 (mg/kg)
含量范围	10.9～75.1	0.6～3.7	34.0～276.0	1.6～64.2	50.0～258.0	0.22～2.27
平均值	27.3	1.5	98.2	11.2	131.2	0.56

项 目	有效锌 (mg/kg)	有效钼 (mg/kg)	有效铜 (mg/kg)	有效铁 (mg/kg)	有效锰 (mg/kg)
含量范围	0.11～7.89	0.07～0.35	0.20～5.52	4.28～32.31	3.91～33.57
平均值	0.63	0.15	0.51	8.39	8.47

（三）生产性能与障碍因素

三级地所处地下水资源开发利用难度大，水利基础设施条件差，为典型的旱作农业，产量水平一般为小麦2 250~3 000kg/hm²，油菜籽1 500~2 250kg/hm²，马铃薯15 000~22 500kg/hm²。农业生产中的主要障碍因素为土壤质地较粗，物理性黏粒含量不足，土壤吸附能力弱。土壤弱盐化过程较显著，钙化过程增强。在改良利用上要积极开发地下水资源，扩大灌溉面积，以提高土壤的生产能力；在坡耕地上等高种植，深耕改土，防止水土流失；通过增施有机肥、秸秆还田、草田轮作等措施逐步培肥土壤，提高土壤的蓄水保墒能力。

四、四级地

（一）面积与分布

四级地面积16 235.59hm²，占全旗耕地总面积的17.2%，全旗各乡镇（苏木）均有分布，其中主要分布在红旗镇、骆驼山镇、幸福乡，面积12 138.98hm²，占四级地面积的74.8%。种植作物以小麦、莜麦、杂粮及豆类为主。

（二）主要属性

四级地主要分布在丘陵缓坡上部、河谷平地，面积11 487.32hm²，占四级地面积的70.8%；其次是坡耕地，面积3 906.68hm²，占四级地面积的24.1%；丘间平地面积最小，为841.59hm²，占四级地面积的5.1%。四级地土壤侵蚀严重，轻度侵蚀面积2 935.19hm²，占四级地面积的18.1%；中度以上侵蚀面积517.86hm²，占四级地面积的3.2%。土壤类型主要为栗钙土，土体构型以障碍型、通体沙为主，面积13 728.36hm²，占四级地面积的84.6%；薄层型面积2 073.42hm²，占四级地面积的12.8%。土壤质地类型以沙壤为主，有部分轻壤、中壤。有效土层厚度在50cm左右。四级地土壤养分含量见表3-7。

表3-7 四级地土壤养分含量统计

项　目	有机质（g/kg）	全氮（g/kg）	碱解氮（mg/kg）	有效磷（mg/kg）	速效钾（mg/kg）	有效硼（mg/kg）
含量范围	10.1~74.0	0.6~3.7	45.0~258.0	1.5~61.2	54.0~284.0	0.23~2.25
平均值	26.9	1.45	96.9	10.4	131.9	0.55

项　目	有效锌（mg/kg）	有效钼（mg/kg）	有效铜（mg/kg）	有效铁（mg/kg）	有效锰（mg/kg）
含量范围	0.14~6.10	0.07~0.36	0.23~5.28	3.75~29.05	3.64~35.71
平均值	0.6	0.15	0.51	8.22	8.29

（三）生产性能与障碍因素

四级地土体厚度、腐殖质层厚度都较薄，各种理化指标都较差，综合生产性能也很低，产量水平一般为小麦1 500~2 250kg/hm²，其他杂粮1 200~2 250kg/hm²。主要障碍因素为栗钙土耕地中耕作层不足30cm，且土壤耕层多砾石，钙积层紧实致密，通透性差，保水保肥能力低；阶地上盐化过程显著，坡耕地多为通体沙，砾石含量高，耕性差，易风蚀。利用方向上走农牧结合的路子，为牧而种，种养结合，局部侵蚀严重地块可退耕还林还草，恢复生态。

五、五级地

（一）面积与分布

五级地面积14 946.48hm²，占全旗耕地总面积的 15.8％，全旗各乡镇（苏木）均有分布，但主要集中在西部、北部风蚀盐化严重地段和东部水土流失严重或极端缺水地段，在区域上以草牧场结合地带及北部、东部沿交界走向地段为最聚多。种植作物不稳定，多为牧草、小麦、莜麦、杂粮等。

（二）主要属性

五级地主要分布在低山丘陵及缓坡上部。五级地中坡耕地面积6 270.79hm²，占五级地面积的 42.0％；受侵蚀面积5 162.34hm²，占五级地面积的 34.5％，其中度以上侵蚀面积1 345.18hm²，占 9.0％。土壤类型主要以典型残坡积栗钙土和盐化类型的土壤为主。土体构型主要是薄层型、松散型、通体沙，面积14 587.76hm²，占五级地面积的 97.6％。其中薄层型面积6 359.65hm²，占五级地面积的 42.5％；松散型面积4 985.25hm²，占五级地面积的 33.4％；通体沙面积3 247.24hm²，占五级地面积的 21.7％。耕层厚度小于20cm，有效土层 30～60cm，砾石含量较高，耕性差，质地粗糙，极易产生侵蚀。五级地土壤养分含量最低，见表3-8。

表 3-8　五级地土壤养分含量统计

项　　目	有机质（g/kg）	全氮（g/kg）	碱解氮（mg/kg）	有效磷（mg/kg）	速效钾（mg/kg）	有效硼（mg/kg）
含量范围	10.8～57.4	0.6～2.9	34.0～291.0	1.4～69.3	53.0～285.0	0.25～1.76
平均值	25.9	1.4	94.4	10.4	129.6	0.55

项　　目	有效锌（mg/kg）	有效钼（mg/kg）	有效铜（mg/kg）	有效铁（mg/kg）	有效锰（mg/kg）
含量范围	0.08～6.61	0.07～0.32	0.22～5.78	4.02～29.95	4.22～34.97
平均值	0.59	0.15	0.49	8.21	8.18

（三）生产性能与障碍因素

五级地所处的地势较高，坡度大，土壤质地粗，水土流失、风蚀沙化严重，次生盐渍化过程显著，土层薄且含砾石较多，土壤养分含量低，生产经营粗放，产量低而不稳，抵御自然灾害能力差，种植作物产量一般在1 500kg/hm²以下，一遇干旱减产幅度大，甚至绝产，不适合作为农业生产用地，应全部进行退耕还林还草，以发展林牧业生产为主，恢复植被，加强环境治理。

第三节　各乡镇（苏木）耕地地力现状

全旗及各乡镇（苏木）不同地力等级耕地面积统计结果见表3-9。

表3-9　全旗及各乡镇（苏木）不同地力等级耕地面积统计

乡镇（苏木）	项目	合计	地力等级				
			一	二	三	四	五
宝昌镇	面积	8 786.87	1 432.26	2 064.91	2 899.67	1 230.16	1 159.87
	比例（%）	9.3	16.3	23.5	33.0	14.0	13.2
贡宝拉格苏木	面积	3 205.14	536.20	760.44	1 025.41	408.03	475.06
	比例（%）	3.4	16.7	23.7	32.0	12.7	14.8
红旗镇	面积	24 185.26	3 555.23	5 586.80	6 675.13	4 546.83	3 821.27
	比例（%）	25.6	14.7	23.1	27.6	18.8	15.8
骆驼山镇	面积	17 236.76	2 637.22	3 206.04	5 222.74	3 619.72	2 551.04
	比例（%）	18.3	15.3	18.6	30.3	21.0	14.8
千斤沟镇	面积	23 355.85	4 904.73	4 858.01	6 819.91	3 550.09	3 223.11
	比例（%）	24.7	21.0	20.8	29.2	15.2	13.8
幸福乡	面积	7 215.34	541.15	1 125.60	2 005.86	1 327.62	2 215.11
	比例（%）	7.6	7.5	15.6	27.8	18.4	30.7
永丰镇	面积	10 423.74	1 678.22	2 616.36	3 075.00	1 553.14	1 501.02
	比例（%）	11.0	16.1	25.1	29.5	14.9	14.4
全旗	面积	94 408.96	15 285.01	20 218.16	27 723.72	16 235.59	14 946.48
	比例（%）	100.0	16.2	21.4	29.4	17.2	15.8

一、宝昌镇

宝昌镇地处太仆寺旗中部低山丘陵及冲洪积阶地，是旗政府所在地，是全旗经济较发达地区，农业开发相对较早，现有耕地面积8 786.87hm²，占全旗耕地面积的9.3%。耕地主要分布在丘陵中下部及湖盆外围河流阶地上，土壤类型以栗钙土为主，草甸土、黑钙土有小面积呈零星分布。在该区评出5个地力等级，一至三级地面积6 396.84hm²，占该镇耕地面积的72.8%；四级地面积1 230.16hm²，占14.0%；五级地面积1 159.87hm²，占13.2%。可见耕地地力总体水平属中等偏上。宝昌镇耕地土壤养分含量见表3-10，不同地力等级耕地理化性状见附录1耕地资源数据册之附表6。

表3-10　宝昌镇不同土壤类型耕地面积及养分含量

土壤类型	草甸土	黑钙土	栗钙土
面积（hm²）	984.13	228.46	7 574.28
pH	8.2	8.0	8.1
有机质（g/kg）	31.6	34.2	27.3
全氮（g/kg）	1.69	1.80	1.43

（续）

土壤类型	草甸土	黑钙土	栗钙土
有效磷（mg/kg）	14.2	10.1	12.3
速效钾（mg/kg）	141.8	119.4	118.3
有效硼（mg/kg）	0.62	0.56	0.55
有效铁（mg/kg）	9.15	12.26	8.52
有效锰（mg/kg）	8.10	15.27	8.53
有效铜（mg/kg）	0.59	0.53	0.49
有效锌（mg/kg）	0.84	0.61	0.69
有效钼（mg/kg）	0.15	0.12	0.14

二、千斤沟镇

千斤沟镇地处太仆寺旗东部、东南部低山丘陵区，耕地主要分布在丘陵缓坡、河谷阶地上，耕地土壤类型主要是栗钙土中的暗栗钙土和受垂直地带影响发育的淡黑钙土。耕地面积23 355.85hm²，占全旗总耕地面积的24.7％。全镇共评出5个地力等级，其中一至三级耕地面积16 582.65hm²，占全镇耕地面积的71.0％；四级地面积3 550.09hm²，占15.2％；五级地面积3 223.11hm²，占13.8％。可见耕地地力水平总体较高。千斤沟镇耕地土壤养分含量见表3-11，不同地力等级耕地理化性状见附录1耕地资源数据册之附表6。

表3-11　千斤沟镇不同土壤类型耕地面积及养分含量

土壤类型	草甸土	黑钙土	栗钙土
面积（hm²）	1 377.00	1 214.50	20 764.35
pH	8.1	8.0	8.0
有机质（g/kg）	32.8	35.3	29.1
全氮（g/kg）	1.80	1.78	1.53
有效磷（mg/kg）	16.4	11.0	12.6
速效钾（mg/kg）	151.3	131.5	125.9
有效硼（mg/kg）	0.62	0.70	0.59
有效铁（mg/kg）	9.79	12.35	9.27
有效锰（mg/kg）	9.72	11.52	9.34
有效铜（mg/kg）	0.61	0.52	0.50
有效锌（mg/kg）	0.65	0.72	0.61
有效钼（mg/kg）	0.14	0.14	0.15

三、骆驼山镇

骆驼山镇地处太仆寺旗东部及东北部低山丘陵缓坡和台地地形区，主要耕地土壤类型为栗钙土类的暗栗钙土亚类、黑钙土类的碳酸盐黑钙土亚类，还零星分布小面积的草甸土类。全镇耕地总面积17 236.76hm²，占全旗耕地总面积的18.3%。共评价出5个地力等级，其中一至三级耕地面积11 066.00hm²，占该镇耕地面积的64.2%；四级地面积3 619.72hm²，占21.0%；五级地面积2 551.04hm²，占14.8%。由此可见骆驼山镇耕地地力总体水平属中等。骆驼山镇耕地土壤养分含量见表3-12，不同地力等级耕地理化性状见附录1耕地资源数据册之附表6。

表3-12 骆驼山镇不同土壤类型耕地面积及养分含量

土壤类型	草甸土	黑钙土	栗钙土
面积（hm²）	586.05	1 637.49	15 013.22
pH	8.2	8.0	8.2
有机质（g/kg）	25.7	36.7	27.7
全氮（g/kg）	1.47	1.95	1.50
有效磷（mg/kg）	9.1	10.9	8.9
速效钾（mg/kg）	157.8	154.7	134.6
有效硼（mg/kg）	0.61	0.70	0.50
有效铁（mg/kg）	7.12	11.92	7.86
有效锰（mg/kg）	7.52	14.01	8.98
有效铜（mg/kg）	0.51	0.57	0.48
有效锌（mg/kg）	0.48	0.63	0.53
有效钼（mg/kg）	0.14	0.14	0.14

四、红旗镇

红旗镇地处太仆寺旗西部、西北部的丘陵、湖盆河流阶地地形区，耕地土壤以栗钙土类的暗栗钙土亚类、栗钙土亚类组成。全镇耕地总面积24 185.26hm²，占全旗耕地面积的25.6%。共评价出5个地力等级，其中一至三级耕地面积15 817.16hm²，占该镇耕地面积的65.4%；四级地面积4 546.83hm²，占18.8%；五级地面积3 821.27hm²，占15.8%。可见红旗镇耕地地力总体水平中等。红旗镇耕地土壤养分含量见表3-13，不同地力等级耕地理化性状见附录1耕地资源数据册之附表6。

表3-13 红旗镇不同土壤类型耕地面积及养分含量

土壤类型	草甸土	黑钙土	栗钙土
面积（hm²）	1 886.45	96.74	22 202.07
pH	8.2	8.2	8.1
有机质（g/kg）	26.8	28.5	25.3
全氮（g/kg）	1.48	1.50	1.40
有效磷（mg/kg）	11.3	9.8	9.8

（续）

土壤类型	草甸土	黑钙土	栗钙土
速效钾（mg/kg）	146.5	186.4	142.3
有效硼（mg/kg）	0.56	0.61	0.53
有效铁（mg/kg）	7.67	6.91	7.41
有效锰（mg/kg）	7.84	8.87	7.61
有效铜（mg/kg）	0.64	0.49	0.54
有效锌（mg/kg）	0.71	0.79	0.61
有效钼（mg/kg）	0.17	0.14	0.15

五、幸福乡

幸福乡地处太仆寺旗南部、西南部的丘陵、湖盆谷地、河流阶地地形区，耕地土壤类型以栗钙土为主，间或有少量草甸土。全乡耕地面积7 215.34hm²，占全旗耕地面积的7.6％。共评价出5个地力等级，其中一级地面积541.15hm²，占全乡耕地面积的7.5％；二级地面积1 125.60hm²，占15.6％；三级地面积2 005.86hm²，占27.8％；四级地面积1 327.62hm²，占18.4％；五级地面积2 215.11hm²，占30.7％。可见幸福乡耕地地力水平总体较低。幸福乡耕地土壤养分含量见表3-14，不同地力等级耕地理化性状见附录1耕地资源数据册之附表6。

表3-14 幸福乡不同土壤类型耕地面积及养分含量

土壤类型	草甸土	栗钙土
面积（hm²）	1 039.00	6 776.34
pH	8.4	8.3
有机质（g/kg）	23.5	21.6
全氮（g/kg）	1.29	1.15
有效磷（mg/kg）	13.8	11.8
速效钾（mg/kg）	121.6	108.3
有效硼（mg/kg）	0.59	0.53
有效铁（mg/kg）	8.86	8.13
有效锰（mg/kg）	7.27	6.91
有效铜（mg/kg）	0.54	0.47
有效锌（mg/kg）	0.52	0.56
有效钼（mg/kg）	0.15	0.15

六、永丰镇

永丰镇地处太仆寺旗中部低山丘陵及冲洪积阶地，全镇农业开发相对较早，现有耕地面积10 423.74hm²，占全旗耕地面积的11.0％。土壤类型以栗钙土为主，北部有部分黑钙土和草甸土。在该区共评出5个地力等级，一至三级地面积7 369.58hm²，占该镇耕地面积的70.7％；四级地面积1 553.14hm²，占14.9％；五级地面积1 501.02hm²，占14.4％。可见耕地地力总体水平属中上等。永丰镇耕地土壤养分含量见表3-15，不同地力等级耕地理化性状见附录1耕地资源数据册之附表6。

表3-15 永丰镇不同土壤类型耕地面积及养分含量

土壤类型	草甸土	黑钙土	栗钙土
面积（hm²）	1 186.24	1 652.68	6 655.28
pH	8.2	8.0	8.1
有机质（g/kg）	35.9	34.4	28.8
全氮（g/kg）	1.97	1.80	1.54
有效磷（mg/kg）	14.1	13.6	11.9
速效钾（mg/kg）	138.1	160.9	138.6
有效硼（mg/kg）	0.59	0.67	0.58
有效铁（mg/kg）	9.56	10.01	8.68
有效锰（mg/kg）	8.62	11.03	8.89
有效铜（mg/kg）	0.56	0.56	0.50
有效锌（mg/kg）	0.67	0.71	0.67
有效钼（mg/kg）	0.16	0.11	0.15

七、贡宝拉格苏木

贡宝拉格苏木是太仆寺旗唯一一个以畜牧业为主的苏木，地处该旗中南部、西南部的丘陵及湖盆地形区，耕地土壤以栗钙土为主，面积2 903.85hm²，占该苏木耕地面积的90.6％，草甸土也有一定面积的零星分布。全苏木耕地面积3 205.14hm²，占全旗耕地面积的3.4％。共评价出5个地力等级，一至三级耕地面积2 322.05hm²，占该苏木耕地面积的72.4％；四级地面积408.03hm²，占12.7％；五级地面积475.06hm²，占14.8％。可见贡宝拉格苏木耕地地力水平总体中等偏高。贡宝拉格苏木耕地土壤养分含量见表3-16，不同地力等级耕地理化性状见附录1耕地资源数据册之附表6。

表3-16 贡宝拉格苏木不同土壤类型耕地面积及养分含量

土壤类型	草甸土	栗钙土
面积（hm²）	301.29	2 903.85
pH	8.2	7.9
有机质（g/kg）	25.4	24.4
全氮（g/kg）	1.46	1.29
有效磷（mg/kg）	9.05	9.93

（续）

土壤类型	草甸土	栗钙土
速效钾（mg/kg）	124.0	118.0
有效硼（mg/kg）	0.55	0.51
有效铁（mg/kg）	7.26	7.54
有效锰（mg/kg）	7.16	7.31
有效铜（mg/kg）	0.49	0.47
有效锌（mg/kg）	0.59	0.57
有效钼（mg/kg）	0.16	0.16

第四节　耕地环境质量评价

进入 21 世纪以来，环境污染、耕地退化现象日趋严重，农产品质量安全问题越来越凸显，为广大消费者提供质量安全的农产品已成为非常迫切的需要，而农产品的质量安全、无污染与产地环境状况特别是耕地质量有着极为密切的直接关系。为此，结合耕地地力评价开展了耕地环境质量评价。

评价中，选择可能造成点、面源污染的地区，采集土样 12 个，分析土壤点、面源污染程度；同时在相应地区采集地下水水样 5 个，分析水资源污染情况。根据土样、水样的分析化验结果，综合评价太仆寺旗耕地和地下水资源的质量状况。耕地土壤 12 个样点的重金属含量见表 3-17。

耕地土壤中汞（Hg）及镉（Cd）、铅（Pb）、砷（As）、铬（Cr）、铜（Cu）等重金属的含量，无论变幅、最高值，还是平均值，都低于或远低于《土壤环境质量标准》（GB 15618—1995）自然背景的极限值，符合我国《绿色食品　产地环境质量》（NY/T 391—2013）标准之规定指标或绿色食品产地环境条件要求。

表 3-17　土壤重金属含量分析化验结果　　　单位：mg/kg

取样地点	pH	汞（Hg）	镉（Cd）	铅（Pb）	砷（As）	铬（Cr）	铜（Cu）
骆驼山镇榆树洼 1#	7.21	0.02	0.03	13.70	5.79	17.00	5.00
骆驼山镇榆树洼 2#	7.66	0.01	0.03	12.60	5.88	19.00	5.00
千斤沟镇西大井 1#	6.47	0.02	0.04	16.10	5.55	21.00	6.00
千斤沟镇西大井 2#	6.85	0.02	0.05	15.40	6.42	19.00	6.00
千斤沟镇西大井 3#	7.24	0.02	0.04	12.70	6.58	17.00	7.00
千斤沟镇水井子 1#	7.59	0.04	0.04	17.20	7.18	28.00	8.00
千斤沟镇水井子 2#	7.67	0.02	0.03	17.30	6.92	29.00	8.00
千斤沟镇东圪梁 1#	7.88	0.01	0.04	18.30	5.50	21.00	7.00
千斤沟镇东圪梁 2#	7.82	0.02	0.04	16.00	6.97	19.00	8.00

（续）

取样地点	pH	汞（Hg）	镉（Cd）	铅（Pb）	砷（As）	铬（Cr）	铜（Cu）
千斤沟镇东圪梁 3#	7.65	0.03	0.06	15.30	6.44	24.00	8.00
骆驼山镇骆驼山村 1#	7.65	0.01	0.03	8.80	5.94	18.00	8.00
骆驼山镇骆驼山村 2#	7.69	0.01	0.03	8.20	6.68	20.00	8.00
平　均	7.45	0.02	0.04	14.30	6.34	21.00	7.00

一、水资源质量情况

5 个样点地下水的水质监测结果见表 3-18。地下水的 pH 7.49～7.84，呈偏碱性反应。各样点的重金属、氯化物、氰化物等各项污染物均不超标，氟化物只有千斤沟镇东圪梁村样点超过《农田灌溉水质标准》之规定限值 2.0mg/L，达 2.78mg/L，其余全部符合农田灌溉水质标准及绿色食品生产的水质标准要求。

表 3-18　地下水水质监测结果　　　　　单位：mg/L

水样来源	pH	铅	镉	汞	铬	氟化物	氯化物	氰化物
千斤沟镇东圪梁村	7.50	0.001L	0.000 1L	0.000 05L	0.004L	2.78	162.61	0.001L
千斤沟镇西大井村	7.70	0.001L	0.000 1L	0.000 05L	0.004L	0.61	22.50	0.001L
千斤沟镇水井子村	7.60	0.001L	0.000 1L	0.000 05L	0.004L	0.66	38.16	0.001L
骆驼山镇骆驼山村	7.80	0.001L	0.000 1L	0.000 05L	0.004L	1.55	47.36	0.001L
骆驼山镇榆树洼村	7.60	0.001L	0.000 1L	0.000 05L	0.004L	1.00	32.19	0.001L
平　均	7.60	0.001L	0.000 1L	0.000 05L	0.004L	1.32	60.56	0.001L

注：L 前为方法检出限。

二、耕地环境质量评价

根据土样、水样的分析化验结果，对耕地的环境质量进行综合评价，明确耕地水环境和土壤环境污染的程度及空间分布，为绿色食品生产的合理布局，以及制定耕地环境状况修复计划提供科学依据。

（一）评价标准

1. 土壤污染评价标准　根据国家和有关行业部门制定的《土壤环境质量标准》（GB 15618—1995）、《绿色食品　产地环境质量》（NY/T 391—2013）等标准要求，将土壤环境分为 3 级标准。不同 pH 条件、不同利用方式的 3 级土壤污染物的含量指标见表3-19。

表 3-19　耕地土壤单项指标评价标准　　　　　单位：mg/kg

级　别	耕地类型	pH		铜(Cu)	铅(Pb)	镉(Cd)	铬(Cr)	砷(As)	汞(Hg)	六六六(BHC)	滴滴涕(DDT)
一级，优 （NY/T 391—2000）	旱田	<6.5	≤	50	50	0.30	120	25	0.25	0.1	0.1
		6.5～7.5	≤	60	50	0.30	120	20	0.30	0.1	0.1
		>7.5	≤	60	50	0.40	120	20	0.35	0.1	0.1
	水田	<6.5	≤	50	50	0.30	120	20	0.30	0.1	0.1
		6.5～7.5	≤	60	50	0.30	120	20	0.40	0.1	0.1
		>7.5	≤	60	50	0.40	120	15	0.40	0.1	0.1
二级，良 （GB/T 18407.1—2001）		<6.5	≤	—	100	0.30	150	40	0.30	0.5	0.5
		6.5～7.5	≤	—	150	0.30	200	30	0.50	0.5	0.5
		>7.5	≤	—	150	0.60	250	25	1.00	0.5	0.5
三级，不合格		<6.5	>	—	150	0.30	150	40	0.30	0.5	0.5
		6.5～7.5	>	—	150	0.30	200	30	0.50	0.5	0.5
		>7.5	>	—	150	0.60	250	25	1.00	0.5	0.5

2. 灌溉水污染评价标准　灌溉水依据《农田灌溉水质标准》（GB 5084—2005）、《绿色食品　产地环境质量》（NY/T 391—2013）等标准，将灌溉水质分为 3 级标准（表 3-20）。

表 3-20　灌溉水单项指标评价标准　　　　　单位：mg/L

级　别		pH	COD_{Cr}	Hg	Cd	As	Pb	Cr^{6+}	F
一级、二级	≤	5.5～8.5	150	0.001	0.005	0.05	0.1	0.1	2.0
三级，不合格	>	5.5～8.5	150	0.001	0.005	0.05	0.1	0.1	2.0

（二）评价方法

1. 评价指标分类　由于不同环境要素的各项指标对人体及生物的危害程度不同，如土壤中镉的生物学危害大于铜，因而把水、土等各环境要素的评价指标分为两类，一类为严控指标，另一类为一般控制指标（表 3-21）。严控指标只要有一项超标即视为该级别不合格，应相应降级；一般控制指标若有一项或多项超标，只要综合污染指数小于 1，可不降级，综合污染指数大于 1 时则降级。

表 3-21　评价指标分类

环境要素	严控指标	一般控制指标
土壤	Cd、Hg、As、Cr	Cu、Pb、BHC、DDT
灌溉水	Pb、Cd、Hg、As、Cr^{6+}	pH、COD_{Cr}

2. 污染指数计算方法

（1）单因子污染指数计算　采用分指数法计算单因子污染指数。

$$P_i = C_i / S_i$$

式中：P_i 为单项污染指数；C_i 为某污染物实测值；S_i 为某污染物评价标准。

$P_i < 1$ 为未污染；$P_i > 1$ 为污染；P_i 越大污染越严重。

（2）多因子综合污染指数计算　采用尼梅罗污染指数法计算多因子综合污染指数。

$$P_{综} = \sqrt{\frac{P_{平均}^2 + P_{max}^2}{2}}$$

式中：$P_{综}$ 为综合污染指数；$P_{平均}$ 为各单项污染指数的平均值；P_{max} 为各单项污染指数的最大值。

（3）水、土环境要素综合指数计算　选择土壤和水质两者环境要素的最低级别，并在该级别标准计算水、土环境要素综合指数。

$$P_{土、水} = W_土 P_土 + W_水 P_水 \quad (W_水 \text{ 和 } W_土 \text{ 为权重})$$

（4）综合污染分级　根据综合污染指数大小，对污染程度进行分级（表 3-22）。

表 3-22　综合污染分级

综合污染等级	综合污染指数	污染程度	污染水平
一	$P_{综} \leqslant 0.7$	安全	清洁
二	$0.7 < P_{综} \leqslant 1.0$	警戒限	尚清洁
三	$1.0 < P_{综} \leqslant 2.0$	轻污染	开始污染作物
四	$2.0 < P_{综} \leqslant 3.0$	中污染	土壤和作物污染明显
五	$P_{综} > 3.0$	重污染	土壤和作物污染严重

（三）评价结果

1. 土壤环境质量评价结果　土壤污染调查的监测结果见表 3-17，根据土壤污染评价方法计算各点的单因子污染指数和多因子综合污染指数（表 3-23）。结果表明，土壤污染调查的 12 个样点中，单因子污染指数都小于 1，多因子综合污染指数均小于 0.7，达到 1级标准，属清洁，符合绿色食品产地土壤环境条件要求。

表 3-23　土壤污染评价结果

取样地点	单项污染指数 P_i						综合污染指数		
	汞	镉	铅	砷	铬	铜	$P_{平均}$	P_{max}	$P_{综}$
骆驼山镇榆树洼 1#	0.06	0.10	0.27	0.29	0.14	0.08	0.16	0.29	0.23
骆驼山镇榆树洼 2#	0.04	0.08	0.25	0.29	0.16	0.08	0.15	0.29	0.23
千斤沟镇西大井 1#	0.06	0.13	0.32	0.22	0.18	0.12	0.17	0.32	0.26
千斤沟镇西大井 2#	0.08	0.17	0.31	0.32	0.16	0.10	0.19	0.32	0.26
千斤沟镇西大井 3#	0.07	0.13	0.30	0.33	0.11	0.12	0.17	0.33	0.26
千斤沟镇水井子 1#	0.12	0.10	0.34	0.36	0.23	0.13	0.21	0.36	0.29
千斤沟镇水井子 2#	0.07	0.08	0.35	0.35	0.24	0.10	0.20	0.35	0.28
千斤沟镇东圪梁 1#	0.04	0.08	0.37	0.28	0.18	0.12	0.18	0.37	0.29
千斤沟镇东圪梁 2#	0.05	0.08	0.32	0.35	0.16	0.14	0.19	0.35	0.28
千斤沟镇东圪梁 3#	0.07	0.13	0.31	0.32	0.20	0.14	0.20	0.32	0.27
骆驼山镇骆驼山村 1#	0.02	0.08	0.18	0.30	0.15	0.13	0.14	0.30	0.23
骆驼山镇骆驼山村 2#	0.03	0.08	0.16	0.34	0.17	0.13	0.15	0.34	0.26

2. 水资源环境质量评价结果　地下水的监测结果见表 3-18。根据水质污染评价方法计算单因子污染指数和综合污染指数（表 3-24）。结果表明，地下水污染调查的 5 个样点

中，只有千斤沟镇东圪梁村氟化物单项污染指数超过1，达到1.39，其综合污染指数超过0.7达到1，水质属二级标准，尚清洁；其他样点单因子污染指数都小于1，多因子综合污染指数均小于0.7，水质达一级标准，属清洁。地下灌溉水没有受到污染，符合灌溉用水水质标准。

表3-24 农田灌溉地下水污染评价结果

水样来源	单项污染指数 P_i								综合污染指数		
	铅	镉	汞	砷	铬	氟化物	氯化物	氰化物	$P_{平均}$	P_{max}	$P_{综}$
东圪梁村	0.01	0.02	0.05	0.02	0.04	1.39	0.65	0.02	0.28	1.39	1.00
西大井村	0.01	0.02	0.05	0.03	0.04	0.31	0.09	0.02	0.07	0.31	0.22
水井子村	0.01	0.02	0.05	0.02	0.04	0.33	0.15	0.02	0.08	0.33	0.24
骆驼山村	0.01	0.02	0.05	0.02	0.04	0.77	0.19	0.02	0.14	0.77	0.55
榆树洼村	0.01	0.02	0.05	0.02	0.04	0.50	0.13	0.02	0.10	0.50	0.36

3. 水、土综合评价结果 根据土壤和灌溉地下水资源的评价结果，计算土、水综合指数。土和水的权重分别为0.65和0.35。

$$P_{土、水}=W_土 P_土+W_水 P_水=0.65×0.29+0.35×1.00=0.54$$

综合评价结果表明，$P_{土、水}$小于0.7，耕地综合环境质量状况达一级标准，属清洁，符合绿色食品产地环境质量要求。按规程规定的污染类划分，太仆寺旗耕地土壤单项因素和综合因素评价均为非污染，属于无污染类。

(四) 结论

太仆寺旗是一个以农业为主、农牧结合的旗县，现有耕地94 408.96hm²，农业生产由传统农业和现代农业相结合并重发展；工业发展相对比较落后，工矿企业较少，工业"三废"排放总量甚微，没有对耕地环境质量造成直接影响。在农业生产中，旱耕地年平均施肥量只有94.5kg/hm²，水浇地较高，达450kg/hm²，但基本被作物吸收或自然挥发，没有残留，没有给环境带来污染。

根据耕地环境质量评价结果，太仆寺旗耕地土壤和水资源中的各类污染物都不超标，属于近似于自然背景状态，是发展绿色食品生产的良好基地。

第四章

耕地施肥与现状

太仆寺旗在 2006—2009 年采集土壤样品的同时，对 5 255 户农户进行了施肥情况的调查。调查内容包括有机肥和各种化肥的施肥品种、数量、施肥时期、施肥方法等；调查作物包括小麦、莜麦、马铃薯、西芹、油菜 5 种作物，这 5 种作物占总播面积的 80% 以上；调查范围包括 4 个镇、1 个乡、1 个苏木及两个良种繁育场；调查方法为采集土样时，现场问询当地有种植经验的农民，并填写"农户施肥情况调查表"，通过问询和实地观察、调查，然后对调查数据进行梳理和统计分析。通过农民施肥调查，明确了各种肥料的施肥现状、施肥水平和施肥当中存在的主要问题，为开方配肥、指导农民合理施肥提供科学依据。

第一节 有机肥施肥现状及施用水平

一、有机肥施肥现状

有机肥既可以为作物提供多种养分，又具有培肥土壤，提高土壤肥力的作用，肥效表现长、稳、缓的特点。

太仆寺旗有机肥种类主要是牛、羊、猪、禽类等粪便的堆沤肥及少数商品有机肥。在调查的 5 255 个样点中，有 852 个样点施用有机肥，占调查样点数的 16.2%，其中主栽作物中旱地马铃薯调查样点 390 个，施有机肥样点 390 个，施肥率 100%；西芹调查样点 462 个，施有机肥样点 462 个，施肥率 100%；小麦、莜麦、油菜不施用有机肥（表 4-1）。

表 4-1 主要作物有机肥施用现状

作物	灌溉情况	调查样点（个）	不施肥			施有机肥					
			样点（个）	百分率（%）	样点（个）	百分率（%）	每667m² 平均实物量（kg）	每667m² 折有机质（kg）	每667m² 折N（kg）	每667m² 折P_2O_5（kg）	每667m² 折K_2O（kg）
小麦	旱地	2 608	2 608	100	0	0	0	0	0	0	0
莜麦	旱地	1 065	1 065	100	0	0	0	0	0	0	0
马铃薯	旱地	390	0	0	390	100	2 500	75	3.8	2.25	5.5
西芹	水浇地	462	0	0	462	100	2 700	81	4.1	2.4	5.9
油菜	旱地	730	730	100	0	0	0	0	0	0	0
合计		5 255	4 403	83.8	852	16.2	2 650	77	3.9	2.3	5.7

二、有机肥施用水平

从调查样点统计，太仆寺旗有 16.2％的农户施用有机肥，施肥作物主要在旱地马铃薯和西芹（蔬菜）中；旱地马铃薯施有机肥平均每 667m² 施用量为 2 500kg。小麦、莜麦、油菜均不施有机肥。

据 5 255 个调查样点的有机质测试数据，宝昌镇土壤有机质含量较 1983 年土壤普查时显著提高，这是由于该镇近年来大力开发水浇地，增加蔬菜种植面积，大量投入有机肥的作用，也充分说明有机肥对培肥土壤有不可替代的作用，由此要把改变农民施肥观念和积极开发有机肥源等方面作为提高土壤肥力的重要问题加以解决。

第二节　化肥施肥现状及施用水平

一、氮肥施肥现状及施用水平

（一）氮肥施肥现状

太仆寺旗主要作物的氮素化肥施用现状及施用水平见表 4-2、表 4-3。生产中提供氮素的化肥主要有尿素（N46％）、磷酸二铵（N18％）及复混肥料（配方肥）。表 4-2 表明，在调查农户中，种植小麦、莜麦、油菜的农户全部施用氮肥；种植西芹的农户有 71 户不施肥，占调查样点的 15.4％；种植旱地马铃薯的农户 86 户不施肥，占调查样点的 22.0％。不同作物之间化肥施肥量差异较大，西芹由于是水浇地，用量最大，每 667m² 平均为 7.04kg，其次为旱地马铃薯，每 667m² 平均为 4.16kg，小麦、莜麦、油菜的施肥量相同，每 667m² 为 0.89kg；在整个施肥过程中，西芹和旱地马铃薯以施农家肥（有机肥）为主，施化肥为辅。

表 4-2　主要作物氮素化肥施用现状

作物	灌溉情况	调查样点（个）	不 施 肥		施氮肥（N）		
			样点（个）	百分率（％）	样点（个）	百分率（％）	每 667m² 平均用量（kg）
小麦	旱地	2 608	0	0	2 608	100	0.89
莜麦	旱地	1 065	0	0	1 065	100	0.89
马铃薯	旱地	390	86	22	304	78	4.16
西芹	水浇地	462	71	15.4	391	84.6	7.04
油菜	旱地	730	0	0	730	100	0.89
合　计		5 255	157	3	5 098	97	1.28

（二）氮肥施用水平

从表 4-3 可以看出，太仆寺旗主要作物小麦、莜麦、油菜、西芹、马铃薯的氮肥施用水平集中分布在每 667m² 0.5～1.0kg，占调查样点总数的 70.5％。小麦、莜麦、油菜全部农户施氮肥，集中分布在每 667m² 0.5～1.0kg，分别占该调查总数的 88.3％、61.2％、89.5％；马铃薯有 22.0％的调查农户不施氮肥，施氮肥农户中，施用水平分布在每

667m² 1.0~5.0kg 和每 667m² 大于 5.0kg 的范围内，分别占该调查总数的 29.7％和 42.1％；西芹有 15.4％的调查农户不施肥，施氮肥水平主要集中在大于每 667m² 5.0kg 的范围内，占该调查数的 49.8％。

表 4-3　主要作物氮素化肥不同施用水平

作物	灌溉情况	项目	每 667m² 施氮（N）水平（kg）				调查样点（个）
			不施肥 0	0.5~1.0 0.89	1.0~5.0 1.32	≥5.0 6.84	
小麦	旱地	样点（个）	0	2 303	173	132	2 608
		百分率（％）	0	88.3	6.6	5.1	
		每667m²用量（kg）	0	0.89	1.39	5.67	
莜麦	旱地	样点（个）	0	652	370	43	1 065
		百分率（％）	0	61.2	34.7	4.1	
		每667m²用量（kg）	0	0.88	4.16	9.12	
马铃薯	旱地	样点（个）	86	24	116	164	390
		百分率（％）	22	6.2	29.7	42.1	
		每667m²用量（kg）	0.0	0.9	3.4	7.04	
西芹	水浇地	样点（个）	71	74	87	230	462
		百分率（％）	15.4	16.0	18.8	49.8	
		每667m²用量（kg）	0.0	0.89	1.47	0	
油菜	旱地	样点（个）	0	653	77	0	730
		百分率（％）	0	89.5	10.5	0	
		每667m²用量（kg）	0.0	0.89	1.97	7.16	
合　计		样点（个）	157	3 706	823	569	5 255
		百分率（％）	3.0	70.5	15.7	10.8	

二、磷肥施肥现状及施用水平

（一）磷肥施肥现状

太仆寺旗主要作物的磷肥施肥现状及施用水平见表 4-4、表 4-5。生产中提供磷素的化肥主要有磷酸二铵（P_2O_5 46％）及复混肥料（配方肥）。表 4-4 表明，在调查农户中，种植小麦、莜麦、油菜的农户全部施用磷肥；种植西芹的农户有 91 户不施磷肥，占调查样点数的 19.7％；种植马铃薯的有 93 户不施磷肥，占调查样点数的 23.9％。不同作物间磷肥施用量有一定差异，马铃薯磷肥施用量最大，为每 667m² 4.05kg，其次为西芹，磷肥施用量为每 667m² 2.62kg；小麦、莜麦、油菜的磷肥施用量分别为每 667m² 2.34kg、2.2kg、2.17kg。磷肥一般都是作为种肥一次性施入。在不施磷肥的马铃薯和西芹作物中，主要靠大量的有机肥施入。

表 4-4 主要作物磷素化肥施用现状

作物	灌溉情况	调查样点（个）	不施肥		施磷肥（P₂O₅）		
			样点（个）	百分率（%）	样点（个）	百分率（%）	每667m² 平均用量（kg）
小麦	旱地	2 608	0	0	2 608	100	2.34
莜麦	旱地	1 065	0	0	1 065	100	2.20
马铃薯	旱地	390	93	23.9	297	76.1	4.05
西芹	水浇地	462	91	19.7	371	80.3	2.62
油菜	旱地	730	0	0	730	100	2.17
合　计		5 255	184	3.5	5 071	96.5	2.38

（二）磷肥施用水平

从表 4-5 中看出，太仆寺旗磷肥施用水平集中分布在每 667m² 小于 5.0kg 的范围内，占调查样点数的 87.9%；马铃薯、西芹的磷肥施用水平在每 667m² 5.0～10.0kg 也有一定分布。

小麦调查农户全部施磷肥，施用水平集中分布在每 667m² 小于 5.0kg 的范围内，占该调查样点数的 95.2%；莜麦调查农户全部施磷肥，施用水平集中在每 667m² 小于 5.0kg 的范围内，占该调查样点数的 97.8%；油菜施用水平全部在每 667m² 小于 5.0kg 的范围内；马铃薯调查农户的各施肥水平均有分布，其中不施肥占 23.9%，每 667m² 小于 5.0kg 的占 33.6%，每 667m² 5.0～10.0kg 的占 17.2%，每 667m² 大于 10.0kg 的占 25.3%；西芹调查农户中有 19.7% 不施肥，施磷肥水平在每 667m² 小于 5.0kg 范围内的占该调查数的 50.6%，施磷肥水平在每 667m² 5.0～10.0kg 的占 29.7%。

表 4-5 主要作物磷素化肥不同施用水平

作物	灌溉情况	项目	每667m² 施磷（P₂O₅）水平（kg）				调查样点（个）
			不施肥 0.0	≤5.0 2.34	5.0～10.0 6.02	≥10.0 0	
小麦	旱地	样点（个）	0	2 484	124	0	2 608
		百分率（%）	0	95.2	4.8	0	
		每667m² 用量（kg）	0.0	2.2	5.2	0	
莜麦	旱地	样点（个）	0	1 042	23	0	1 065
		百分率（%）	0	97.8	2.2	0	
		每667m² 用量（kg）	0.0	4.05	7.01	16.46	
马铃薯	旱地	样点（个）	93	131	67	99	390
		百分率（%）	23.9	33.6	17.2	25.3	
		每667m² 用量（kg）	0.0	2.62	7.03	0	
西芹	水浇地	样点（个）	91	234	137	0	462
		百分率（%）	19.7	50.6	29.7	0	
		每667m² 用量（kg）	0.0	2.17	0	0	

（续）

作物	灌溉情况	项目	每667m² 施磷（P₂O₅）水平（kg）				调查样点（个）
			不施肥 0.0	≤5.0 2.34	5.0～10.0 6.02	≥10.0 0	
油菜	旱地	样点（个）	0	730	0	0	730
		百分率（%）	0.0	100	0	0	
		每667m² 用量（kg）	0.0	2.38	6.82	16.46	
合　计		样点（个）	184	4 621	351	99	5 255
		百分率（%）	3.5	87.9	6.7	1.9	

三、钾肥施肥现状及施用水平

（一）钾肥施肥现状

太仆寺旗主要作物的钾肥施肥现状及施用水平见表4-6、表4-7。生产中提供钾素的化肥主要是硫酸钾及复混肥料（配方肥）。表4-6表明，太仆寺旗大部分农户都施用钾肥，占调查农户总数的89.1%。马铃薯施用钾肥的农户占调查点数的91.0%；西芹施用钾肥的农户占调查点数的76.4%；小麦、莜麦、油菜大部分施用钾肥，分别占调查点数的89.2%、88.6%、96.4%。不同作物之间的施肥水平有一定差异，马铃薯的施用量最大，每667m² 平均为3.20kg，莜麦最低，每667m² 平均1.01kg，西芹、小麦、油菜每667m² 分别为2.43kg、1.24kg、1.26kg。钾肥主要作为种肥一次性施入。

表4-6　主要作物钾素化肥施用现状

作物	灌溉情况	调查样点（个）	不施肥		施钾肥（K₂O）		
			样点（个）	百分率（%）	样点（个）	百分率（%）	每667m² 平均用量（kg）
小麦	旱地	2 608	282	10.8	2 326	89.2	1.24
莜麦	旱地	1 065	121	11.4	944	88.6	1.01
马铃薯	旱地	390	35	8.9	355	91.0	3.20
西芹	水浇地	462	109	23.6	353	76.4	2.43
油菜	旱地	730	26	3.6	704	96.4	1.26
合　计		5 255	573	10.9	4 682	89.1	1.24

（二）钾肥施用水平

从表4-7可以看出，太仆寺旗钾肥的施用水平主要分布在每667m² 小于3.0kg的范围内，占调查样点数的75.8%，其次分布在每667m² 3.0～6.0kg，占调查样点数的10.5%，每667m² 大于6.0kg的范围仅占调查样点数的2.80%，不施肥调查户占调查样点数的10.9%。

表 4-7 主要作物钾素化肥不同施用水平

作物	灌溉情况	项目	每 667m² 施钾（K₂O）水平（kg）				调查样点（个）
			不施肥 0.0	≤3.0 1.24	3.0～6.0 5.29	≥6.0 0	
小麦	旱地	样点（个）	282	2 155	171	0	2 608
		百分率（%）	10.8	82.6	6.6	0	
		每 667m² 用量（kg）	0.0	1.01	4.34	0	
莜麦	旱地	样点（个）	121	881	63	0	1 065
		百分率（%）	11.4	82.7	5.9	0	
		每 667m² 用量（kg）	0.0	2.89	4.8	13.5	
马铃薯	旱地	样点（个）	35	14	230	111	390
		百分率（%）	8.9	3.6	59.0	28.5	
		每 667m² 用量（kg）	0.0	2.4	5.16	6.6	
西芹	水浇地	样点（个）	109	228	86	39	462
		百分率（%）	23.6	49.4	18.6	8.4	
		每 667m² 用量（kg）	0.0	1.24	0	0	
油菜	旱地	样点（个）	26	704	0	0	730
		百分率（%）	3.6	96.4	0	0	
		每 667m² 用量（kg）	0.0	1.24	4.88	11.82	
合 计		样点（个）	573	3 982	550	150	5 255
		百分率（%）	10.9	75.8	10.5	2.80	

不同作物钾肥的施用水平存在一定差异，马铃薯钾肥施用水平主要分布在每 667m²
3.0～6.0kg，占该调查样点数的 59.0%，施用水平每 667m² 大于 6.0kg 的范围占调查点
数的 28.5%；小麦调查农户有 89.2%施钾肥，施用水平主要分布在每 667m² 小于 3.0kg
的范围内，占调查点数的 82.6%，每 667m² 平均施用量 1.24kg；莜麦调查农户有 88.6%
施钾肥，施用水平主要分布在每 667m² 小于 3.0kg 的范围内，占调查点数的 82.7%，每
667m² 平均施用量 1.01kg；油菜调查农户有 96.4%施钾肥，施用水平集中分布在每
667m² 小于 3.0kg 的范围内，占调查点数的 96.4%，每 667m² 平均施用量 1.24kg；西芹
调查农户有 76.4%施钾肥，主要分布在每 667m² 小于 3.0kg 的范围内，占调查点数的
49.4%，施用水平在每 667m² 3.0～6.0kg 也有分布，占调查点数的 18.6%，每 667m² 大
于 6.0kg 的范围仅占 8.4%。

第三节 习惯施肥模式及存在的问题

一、主要作物习惯施肥组合模式

施肥组合模式是指农户对某种作物施用有机肥数量和施用氮、磷、钾化肥数量的组合
模式。这里中、微量元素肥料农户用量很少，所以没有考虑它们的组合。太仆寺旗各乡镇

（苏木）和良种场的地力水平、农业生产条件、经济条件等都存在很大差异，于是形成不同的施肥习惯，有的单一使用有机肥或化肥，有的是有机肥与氮、磷、钾各种化肥的某一种组合，但大部分是氮、磷、钾之间的相互组合，在各种组合中的肥料用量也不相同，形成了各种各样的施肥组合。

根据有机肥和化肥的施用量范围，将单位面积有机肥用量和氮、磷、钾肥用量划分为4个施肥水平，并分别用1、2、3、4代表不同的施肥水平（表4-8）。施肥组合模式是指有机肥、氮肥（N）、磷肥（P_2O_5）、钾肥（K_2O）不同施用量的组合，它的组合代码用4位阿拉伯数字表示。

表4-8 有机肥和化肥不同施肥水平及代码

有机肥		化肥 N		化肥 P_2O_5		化肥 K_2O	
每 667m² 施肥水平（kg）	代码	每 667m² 施肥水平（kg）	代码	每 667m² 施肥水平（kg）	代码	每 667m² 施肥水平（kg）	代码
不施肥	1	不施肥	1	不施肥	1	不施肥	1
≤1 500	2	≤1.0	2	≤5.0	2	≤3.0	2
1 500～2 000	3	1.0～5.0	3	5.0～10.0	3	3.0～6.0	3
≥2 000	4	≥5.0	4	≥10.0	4	≥6.0	4

根据全旗5 255个样点的施肥情况调查结果，统计了小麦、莜麦、马铃薯、西芹、油菜5种作物农户习惯施肥组合模式，结果见表4-9。

表4-9 主要作物习惯施肥组合模式

作物	灌溉情况	组合模式代码	每 667m² 施用量（kg）				样点（个）	占调查样点百分率（%）	每 667m² 产量（kg）
			有机肥	N	P_2O_5	K_2O			
小麦	旱地	1221	0	0.89	2.34	0	282	10.8	139
		1222	0	1.16	2.68	1.24	2 155	82.6	162
		1232	0	2.64	5.42	2.16	171	6.6	191
莜麦	旱地	1222	0	1.16	2.68	1.24	944	88.6	148
		1221	0	0.89	2.34	0	121	11.4	132
马铃薯	旱地	4111	2 500	0	0	0	45	11.5	1 740
		3322	1600	2.86	2.34	2.83	288	73.9	1 660
		1434	0	5.50	7.50	7.50	57	14.6	1 624
西芹	水浇地	4111	2 700	0	0	0	71	15.4	4 624
		3422	1 800	6.84	2.34	2.4	228	49.4	5 133
油菜	旱地	1222	0	0.89	2.17	1.24	704	96.4	112

从表4-9可以看出，太仆寺旗主要作物习惯施肥组合模式存在一定的变化。小麦习惯施肥模式组合有3种，即1221、1222和1232，分别占调查样点的10.8%、82.6%、6.6%。小麦种植不施有机肥；氮肥（N）每 667m² 用量小于1.0kg的农户占10.8%，每 667m² 用量1.0～5.0kg的农户占89.2%；磷肥（P_2O_5）每 667m² 用量小于5kg的农

户占93.4％，每667m²用量5.0～10.0kg的占6.6％；钾肥（K₂O）有89.2％的农户每667m²用量小于3kg，有10.8％的农户不施钾肥。莜麦的习惯施肥组合模式有两种，即1222、1221，分别占调查样点的88.6％和11.4％。莜麦种植不施有机肥；氮肥（N）每667m²用量小于1.0kg，磷肥（P₂O₅）每667m²用量小于5kg，钾肥（K₂O）每667m²用量小于3.0的农户占调查样点的88.6％，有11.4％不施钾肥。马铃薯的习惯施肥组合模式有3种，即4111、3322、1434，分别占调查样点的11.5％、73.9％、14.6％。马铃薯种植85.4％施有机肥，其中每667m²用量大于2 000kg的占11.5％，每667m²用量在1 500～2 000kg的占73.9％；氮肥（N）每667m²用量在1.0～5.0kg的占73.9％，大于5.0kg的占14.6％；磷肥（P₂O₅）每667m²用量小于5.0kg的占73.9％，5.0～10.0kg的占14.6％；钾肥（K₂O）每667m²用量小于3.0kg的占73.9％，大于6.0kg的占14.6％。64.8％农户的西芹习惯施肥组合模式有两种，即4111和3422，分别占调查样点的15.4％和49.4％。西芹种植施有机肥，其中每667m²用量大于2 000kg的占15.4％，1 500～2 000kg的占49.4％；氮肥（N）每667m²用量大于5.0kg的占49.4％，磷肥（P₂O₅）和钾肥（K₂O）每667m²用量分别小于5.0kg和3.0kg。油菜习惯施肥模式只有1种，即1222，占调查样点的96.4％。油菜种植不施有机肥；氮肥（N）每667m²用量小于1.0kg；磷肥（P₂O₅）每667m²用量小于5.0kg；钾肥（K₂O）每667m²用量小于3.0kg。

二、习惯施肥模式存在的主要问题

根据上述分析结果，太仆寺旗施肥现状主要存在以下几方面问题：

（1）全旗农户有机肥施用数量相对偏少，只占调查样点数的16.2％，有机肥的种类单一，大部分是以畜禽粪便及农作物秸秆为主的堆沤肥，商品有机肥用量极少；有机肥在作物施用上主要是马铃薯和蔬菜，小麦、莜麦、油菜等主要作物种植均不施有机肥。

（2）太仆寺旗施肥现状总体偏低，除马铃薯和蔬菜外，其他旱地农作物的化肥（实物量）每667m²用量均在6.0kg左右，与配方施肥推荐量相比，氮、钾肥用量相差很多。

（3）作物之间施肥不平衡，马铃薯施肥量最高，旱地每667m²平均施肥量12.4kg，小麦、莜麦、油菜相对较低，每667m²平均施肥量都在6.0kg。

（4）施肥比例不合理，小麦、莜麦、油菜表现为钾肥比例偏低。

第五章

主要作物施肥指标体系建立

自 2006 年，太仆寺旗开展了马铃薯和西芹的测土配方施肥"3414"田间肥效试验 63 个、西芹中微量元素试验 46 个、马铃薯氮肥施肥时期试验 2 个。各年度试验实施见表5-1。

通过对试验结果进行统计分析，建立了马铃薯和西芹的施肥指标体系，确定了马铃薯氮肥的合理追肥时期。

表 5-1　2006—2011 年太仆寺旗肥效田间试验

试验名称	肥效试验数量（个）						合计
	2006 年	2007 年	2008 年	2009 年	2010 年	2011 年	
马铃薯"3414"肥效试验	2	3		2		6	13
西芹"3414"肥效试验	15	19	16				50
西芹中微量肥效试验			16	15	15		46
马铃薯氮肥施用时期试验				1	1		2
合　计	17	22	32	18	16	6	111

第一节　田间试验设计与实施

一、试验设计

（一）"3414"试验设计

"3414"指氮、磷、钾 3 因素、4 水平、14 个处理，见表5-2。其中 2 水平根据当地实际施肥水平确定，1 水平（指施肥不足）＝2 水平×0.5，3 水平（指施肥过量）＝2 水平×1.5。为确定有机肥效应，增加 N2P2K2＋有机肥处理。

表 5-2　"3414"试验方案处理设计

试验编号	处理	N	P_2O_5	K_2O
1	N0P0K0	0	0	0
2	N0P2K2	0	2	2
3	N1P2K2	1	2	2

（续）

试验编号	处理	N	P_2O_5	K_2O
4	N2P0K2	2	0	2
5	N2P1K2	2	1	2
6	N2P2K2	2	2	2
7	N2P3K2	2	3	2
8	N2P2K0	2	2	0
9	N2P2K1	2	2	1
10	N2P2K3	2	2	3
11	N3P2K2	3	2	2
12	N1P1K2	1	1	2
13	N1P2K1	1	2	1
14	N2P1K1	2	1	1
15	N2P2K2＋M	2	2	2

　　试验不设重复，分散分布在全旗不同土壤肥力水平的地块上。地块的肥力水平根据土壤分析化验结果和前3年的平均产量水平确定。

　　"3414"肥料效应田间试验供试作物为马铃薯和西芹，供试品种为当地主栽品种，分别为荷兰十五和文图拉。根据马铃薯和西芹的习惯施肥水平，确定了各处理施肥水平，见表5-3。

表5-3　"3414"田间肥效试验方案

作物	2水平每667m²施肥量（kg）			施肥方式		
	N	P_2O_5	K_2O	氮肥	磷肥	钾肥
马铃薯	12	18	15	基肥＋追肥（60%）	基肥	基肥
西芹	9	4.5	6	基肥＋追肥（70%）	基肥	基肥

　　马铃薯小区面积72m²，长14.4m、宽5m，西芹小区面积9m²，长5m、宽1.8m。小区采用随机排列，各试验小区除施肥量不同外，其他管理措施保持一致。施用肥料种类：氮肥为尿素（N46%），磷肥为重过磷酸钙（$P_2O_5$46%），钾肥为硫酸钾（K_2O50%）。

（二）马铃薯氮肥施肥时期试验

　　采用单因子试验设计，试验选择在中等肥力土壤上进行，重复3次。供试马铃薯品种为荷兰十五。

　　试验共设10个处理，其中设两个对照，即无肥区（空白）和无氮区，另有不同氮肥施肥时期处理。各处理施肥量是根据前几年"3414"试验建立的马铃薯施肥指标体系确定的氮、磷、钾肥施用量。本试验氮、磷、钾每667m²用量分别为N 12kg、$P_2O_5$18kg、K_2O15kg。试验中的肥料应用46%尿素、46%重过磷酸钙、50%硫酸钾。根据各处理氮、磷、钾施用量计算各肥料施用量，各处理见表5-4。尿素在同一用量的基础上设计不同的施肥时期，磷、钾肥以基（种）肥的方式一次深施。

表 5-4　马铃薯氮肥施肥时期试验各处理施肥方法

处理	施肥方法	每 667m² 施肥量（kg）			施肥时期
		N	P₂O₅	K₂O	
1	无肥区	0	0	0	
2	无氮区	0	18	15	
3	基肥一次施用	12	18	15	播前全部施入
4	第一次追肥施用	12	18	15	现蕾期全部施入
5	第二次追肥施用	12	18	15	块茎形成期全部施入
6	基施 1/3，第一次追施 2/3	12	18	15	播前、现蕾期施入
7	基施 1/3，第二次追施 2/3	12	18	15	播前、块茎形成期施入
8	基施 2/3，第一次追施 1/3	12	18	15	播前、现蕾期施入
9	基施 2/3，第二次追施 1/3	12	18	15	播前、块茎形成期施入
10	基施 1/3，第一、二次追施各 1/3	12	18	15	播前、现蕾、块茎形成期施入

试验小区面积 31.5m²（长 7m×宽 4.5m），3 次重复，为了便于进行田间观察，小区顺序排列。各处理除氮肥施肥时期不同外，其余田间管理均一致。

（三）西芹中微量元素试验

试验采用多点分散方法，各试验点分布在不同土壤条件、中微量元素含量差异较大的地块上。试验作物为西芹，品种为文图拉。试验共设 11 个处理，不设重复，小区随机排列，小区面积 6m²（长 3m×宽 2m），试验设计见表 5-5。试验中栽培措施和肥料品种、施肥时期、方法、方式等，均保持一致。底肥选用配方肥（11-16-13）每 667m² 用量 20kg。

表 5-5　西芹中微量元素试验各处理施肥量

处　　理	每 667m² 施肥量（kg）									
	底肥	硫酸锌	硼砂	钼酸铵	硫酸锰	硫酸铁	硫酸铜	氯化镁	硫酸钾	硅酸钠
空白	0	—	—	—	—	—	—	—	—	—
底肥区	20	—	—	—	—	—	—	—	—	—
底肥＋硫酸锌	20	0.5	—	—	—	—	—	—	—	—
底肥＋硼砂	20	—	0.5	—	—	—	—	—	—	—
底肥＋钼酸铵	20	—	—	0.5	—	—	—	—	—	—
底肥＋硫酸锰	20	—	—	—	0.5	—	—	—	—	—
底肥＋硫酸铁	20	—	—	—	—	0.5	—	—	—	—
底肥＋硫酸铜	20	—	—	—	—	—	0.5	—	—	—
底肥＋氯化镁	20	—	—	—	—	—	—	0.5	—	—
底肥＋硫酸钾	20	—	—	—	—	—	—	—	0.5	—
底肥＋硅酸钠	20	—	—	—	—	—	—	—	—	0.5

二、取样测试

每个试验在播种之前，采集 0～20cm 的耕层土壤混合样，分析化验土壤 pH 及有机质、全氮、有效磷、速效钾含量。

各试验根据实际需要以及要求，进行植株、果实的分析检测。植株、果实的采集需在作物成熟后进行全株采集，并将经济器官、茎叶烘干后分别粉碎，交给有资质部门进行水分、全氮、全磷、全钾检测分析。

三、收获测产

收获时去除边行，按小区单打单收，折算出单位产量，并对相关性状进行调查考种。

四、试验结果统计分析

试验结果应用 Excel、VF 进行统计分析，就施肥量与产量、植株施肥量与检测结果进行相关分析，建立肥料效应方程，最终将施肥量与产量、施肥时期与产量等建立相关方程得出相应的结果。

第二节 肥料肥效分析

一、马铃薯"3414"肥效试验结果分析

将历年马铃薯"3414"肥效试验按照高、中、低产田划分，并分类统计，表 5-6 是马铃薯"3414"田间试验施肥量和产量统计结果。

表 5-6 马铃薯不同肥力水平、不同处理的施肥量、产量

每 667m² 产量水平（kg）	试验数（个）	每 667m² 产量（kg）					每 667m² 施肥量（kg）			
		N0P0K0	N0P2K2	N2P0K2	N2P2K0	N2P2K2	N	P_2O_5	K_2O	$N+P_2O_5+K_2O$
高 >2 500	5	1 986.2	2 208.0	2 591.0	2 685.0	2 845.0	12	18	15	45
中 1 500~2 500	4	1 474.3	1 875.6	1 918.0	1 956.0	2 013.0	12	18	15	45
低 <1 500	3	926.5	1 330.5	1 445.1	1 349.2	1 454.0	12	18	15	45
平均		1 462.3	1 838.0	1 984.7	1 996.7	2 104.0	12	18	15	45

马铃薯"3414"肥效试验分析结果见表 5-7。从表 5-7 可以看出，马铃薯施用氮磷钾肥的增产效果显著，增产率平均为 43.9%。其中增产作用最大的是氮肥，增产率平均为 14.5%；其次是磷肥，平均增产 6.0%；最小的是钾肥，平均增产 5.4%，磷、钾肥增产效果相近。

表 5-7 马铃薯不同产量、施肥量养分肥效分析

每 667m² 产量水平（kg）	增产率（%）				千克养分增产（kg）				化肥贡献率（%）
	N	P_2O_5	K_2O	$N+P_2O_5+K_2O$	N	P_2O_5	K_2O	$N+P_2O_5+K_2O$	$N+P_2O_5+K_2O$
高 >2 500	28.8	9.8	6.0	43.2	53.1	14.1	10.7	19.1	30.2
中 1 500~2 500	7.3	5.0	2.9	36.5	11.5	5.3	3.8	12.0	26.8
低 <1 500	9.3	0.6	7.8	56.9	10.3	0.5	7.0	11.7	36.3

（续）

每667m² 产量水平（kg）	增产率（%）				千克养分增产（kg）				化肥贡献率（%）
	N	P₂O₅	K₂O	N+P₂O₅+K₂O	N	P₂O₅	K₂O	N+P₂O₅+K₂O	N+P₂O₅+K₂O
平均	14.5	6.0	5.4	43.9	22.2	6.6	7.2	14.3	30.5

马铃薯氮磷钾肥的千克养分增产量为 11.7～19.1kg，平均为 14.3kg。增产作用最大的是氮肥，其千克养分增产量为 10.3～53.1kg，平均为 22.2kg；其次为钾肥，千克养分增产量为 3.8～10.7kg，平均为 7.2kg；最小的为磷肥，千克养分增产量为 0.5～14.1kg，平均为 6.6kg。马铃薯产量化肥贡献率平均为 30.5%，土壤贡献率为 69.5%。

不同肥力水平的地块，肥料的增产效应有较大差异。随着产量水平的提高，马铃薯施用氮磷钾的综合增产率呈下降趋势，由低肥力水平的 56.9% 下降到中肥力的 36.5%；氮磷肥的增产率呈上升趋势，由低肥力水平的 9.3% 和 0.6% 分别上升到高肥力水平的 28.8% 和 9.8%，钾肥的增产率变化不规律；千克养分增产量氮磷钾肥综合趋势不明显，氮、磷肥呈上升趋势；化肥贡献率变化不明显。

二、西芹"3414"肥效试验结果分析

将历年西芹"3414"试验按照高、中、低产田划分，并分类统计，表 5-8 是西芹"3414"田间试验施肥量、产量统计结果。

表 5-8　西芹不同肥力水平、不同处理的产量和施肥量

每667m² 产量水平（kg）	试验数量（个）	每667m² 产量（kg）					每667m² 施肥量（kg）			
		N0P0K0	N0P2K2	N2P0K2	N2P2K0	N2P2K2	N	P₂O₅	K₂O	N+P₂O₅+K₂O
高 >8 500	12	6 330	6 962	7 900	8 089	8 748	9.0	4.5	6.0	19.5
中 7 000～8 500	15	5 143	5 688	6 455	6 591	7 241	9.0	4.5	6.0	19.5
低 <7 000	11	3 958	4 300	5 071	5 186	5 773	9.0	4.5	6.0	19.5
平均		5 175	5 689	6 511	6 657	7 292	9.0	4.5	6.0	19.5

西芹"3414"肥效试验分析结果见表 5-9。从表 5-9 可以看出西芹氮磷钾肥的千克养分增产量为 93.1～124.0kg，平均 108.6kg，增产作用最大的是氮肥，其千克养分增产量为 163.7～198.4kg，平均 178.1kg；其次是磷肥，其千克养分增产量为 156.0～188.4kg，平均 173.6kg；最小的是钾肥，其千克养分增产量为 97.8～109.8kg，平均 105.8kg。

表 5-9　西芹不同产量、施肥量养分肥效分析

每667m² 产量水平（kg）	增产率（%）				千克养分增产（kg）				化肥贡献率（%）	土壤贡献率（%）
	N	P₂O₅	K₂O	N+P₂O₅+K₂O	N	P₂O₅	K₂O	N+P₂O₅+K₂O	N+P₂O₅+K₂O	
高 >8 500	25.7	10.7	8.1	38.2	198.4	188.4	109.8	124.0	27.6	72.4
中 7 000～8 500	27.3	12.2	9.9	40.8	172.6	174.7	108.3	107.6	29.0	71.0
低 <7 000	34.3	13.8	11.3	45.9	163.7	156.0	97.8	93.1	31.4	68.6
平均	28.2	12.2	9.5	40.9	178.1	173.6	105.8	108.6	29.0	71.0

在高产量水平土壤上，氮磷钾肥的增产率平均为38.2％，氮肥增产率平均为25.7％，磷肥增产率平均为10.7％，钾肥增产率平均为8.1％；氮磷钾肥的贡献率为27.6％，土壤贡献率为72.4％。在中等产量水平的土壤上，氮磷钾肥的增产率平均为40.8％，其中氮肥增产率平均为27.3％，磷肥增产率平均为12.2％，钾肥增产率平均为9.9％；氮磷钾肥的贡献率为29.0％，土壤贡献率为71.0％。在低产量水平的土壤上，氮磷钾肥的增产率平均为45.9％，氮肥增产率平均为34.2％，磷肥增产率平均为13.8％，钾肥增产率平均为11.3％；氮磷钾肥的贡献率为31.4％，土壤贡献率为68.6％。另外，随着产量水平的降低，化肥的增产率和贡献率呈上升趋势，千克养分增产量和土壤贡献率呈下降趋势。

三、马铃薯氮肥施肥时期试验结果分析

马铃薯氮肥施肥时期试验结果见表5-10。从表5-10看出，处理间差异极显著，重复间差异不明显，说明同等量的氮肥在不同时期施用，对马铃薯的增产效果有较大影响。

表 5-10　马铃薯氮肥施肥时期试验结果分析

试验处理	每667m² 产量 （kg）				增产 （%）	
	Ⅰ	Ⅱ	Ⅲ	平均	与无肥区比较	与无氮区比较
无肥区 （不施任何肥）	1 080.4	1 102.3	1 067.0	1 083.2		
无氮区 （基施磷钾肥）	1 560.0	1 674.2	1 458.1	1 564.1	44.4	
基肥区 （氮、磷、钾肥一次施入）	1 785.0	1 809.2	1 743.0	1 779.1	64.2	13.7
第一次追肥施用	1 854.0	1 899.1	1 930.0	1 894.4	74.9	21.1
第二次追肥施用	1 966.1	1 798.0	1 891.2	1 885.1	74.0	20.5
基施1/3，第一次追施2/3	2 214.0	2 300.0	2 145.2	2 219.7	104.9	41.9
基施1/3，第二次追施2/3	2 146.0	2 298.1	2 088.0	2 177.4	101.0	39.2
基施2/3，第一次追施1/3	2 538.2	2 610.2	2 469.0	2 539.1	134.4	62.3
基施2/3，第二次追施1/3	2 698.0	2 754.3	2 542.0	2 664.8	146.0	70.4
基施、第一和第二次追施各1/3	2 745.2	2 839.4	2 694.0	2 759.5	154.8	76.4

对于马铃薯，氮肥部分做基肥、部分做追肥比单纯做基肥或追肥增产作用大，其中以基肥1/3、现蕾期1/3、块茎形成期1/3增产作用最大，增产率达76.4％。单纯做基肥或追肥增产作用不大，增产率为13.7％和21.1％，而2/3做底肥无论是现蕾期追肥，还是块茎形成期追肥，增产率都达到60％以上。

因此，马铃薯氮肥合理施用时期，以基肥1/3、现蕾期追施1/3、块茎形成期追施1/3效果最佳。

第三节　施肥模型分析

应用数理统计或数学回归分析方法对"3414"肥料试验结果进行整理分析，建立作物

产量与施肥量之间的数学模型，即施肥效应函数或肥料效应方程式。通过建立的方程式可以直接获得某一区域、某种作物的氮磷钾肥料经济合理施肥量，进而为肥料配方和施肥推荐提供依据。

一、三元二次肥料效应方程建立及合理施肥量

根据各年度马铃薯、西芹"3414"试验结果，建立每个试验点的三元二次施肥模型，并计算了最佳经济施肥量和最高产量施肥量。三元二次肥料效应方程模型为：

$$y = b_0 + b_1x_1 + b_2x_2 + b_3x_3 + b_4x_1^2 + b_5x_2^2 + b_6x_3^2 + b_7x_1x_2 + b_8x_1x_3 + b_9x_2x_3$$

式中：y 为每 $667m^2$ 产量（kg）；x_1、x_2、x_3 分别为 N、P_2O_5、K_2O 的每 $667m^2$ 施用量（kg）；b_0 至 b_9 为回归系数。

经回归分析，马铃薯拟合典型方程 3 个，占试验点数的 23%；西芹拟合典型方程 8 个，占试验点数的 16%。三元二次肥料效应方程见表 5-11。

表 5-11　"3414"肥料试验三元二次模型典型方程

作物	试验编号	肥料效应模型方程
马铃薯	200602	$y = 1857.2 + 4.82x_1 + 56.46x_2 + 55.93x_3 - 1.92x_1^2 - 26.01x_2^2 - 5.01x_3^2 + 9.2x_1x_2 + 0.90x_1x_3 + 4.1x_2x_3$
	200701	$y = 878.5 + 127.4x_1 + 81.5x_2 + 46.94x_3 - 16.5x_1^2 - 28.9x_2^2 - 6.71x_3^2 + 13.2x_1x_2 + 2.87x_1x_3 + 14.5x_2x_3$
	200901	$y = 1876.1 + 5.1x_1 + 64.5x_2 + 51.1x_3 - 1.9x_1^2 - 24.5x_2^2 - 5.1x_3^2 + 9.6x_1x_2 + 0.84x_1x_3 + 4.2x_2x_3$
西芹	200603	$y = 3980.5 + 4.91x_1 + 56.4x_2 + 60.1x_3 - 2.18x_1^2 - 30.5x_2^2 - 6.8x_3^2 + 9.5x_1x_2 + 1.3x_1x_3 + 5.6x_2x_3$
	200711	$y = 3045.4 + 5.1x_1 + 131.1x_2 + 50.2x_3 - 18.3x_1^2 - 40.1x_2^2 - 7.5x_3^2 + 8.7x_1x_2 + 2.5x_1x_3 + 6.1x_2x_3$
	200715	$y = 4563.1 + 6.2x_1 + 136.7x_2 + 72.1x_3 - 20.3x_1^2 - 50.23x_2^2 - 8.4x_3^2 + 9.4x_1x_2 + 3.61x_1x_3 + 7.2x_2x_3$
	200716	$y = 2083.5 + 7.1x_1 + 186.9x_2 + 85.1x_3 - 31.4x_1^2 - 55.43x_2^2 - 9.24x_3^2 + 11.3x_1x_2 + 6.5x_1x_3 + 8.1x_2x_3$
	200718	$y = 3001.5 + 5.6x_1 + 137.9x_2 + 60.2x_3 - 20.4x_1^2 - 41.22x_2^2 - 8.14x_3^2 + 9.2x_1x_2 + 3.6x_1x_3 + 7.5x_2x_3$
	200805	$y = 1964.6 + 10.5x_1 + 200.15x_2 + 30.7x_3 - 18.36x_1^2 - 35.45x_2^2 - 8.4x_3^2 + 0.96x_1x_2 + 5.33x_1x_3 + 9.4x_2x_3$
	200810	$y = 4103.4 + 5.1x_1 + 113.5x_2 + 65.4x_3 - 25.8x_1^2 - 17.9x_2^2 - 3.94x_3^2 + 3.24x_1x_2 + 0.49x_1x_3 + 7.33x_2x_3$
	200813	$y = 2576.6 + 5.32x_1 + 93.6x_2 + 29.5x_3 - 17.54x_1^2 - 22.23x_2^2 - 7.36x_3^2 + 6.54x_1x_2 + 1.74x_1x_3 + 4.53x_2x_3$

马铃薯、西芹三元二次施肥模型拟合方程的最佳经济产量施肥量、最高产量施肥量见表 5-12。

表 5-12　"3414"肥效试验三元二次模型典型方程施肥量

作物	试验编号	土壤养分测试值			每 667m² 最佳经济产量（kg）			每 667m² 最高产量施肥量（kg）		
		全氮 (g/kg)	有效磷 (mg/kg)	速效钾 (mg/kg)	N	P_2O_5	K_2O	N	P_2O_5	K_2O
马铃薯	200602	1.46	23.70	188.60	14.93	4.79	5.42	16.82	10.30	6.94
	200701	1.08	20.80	245.70	5.21	4.30	4.86	5.45	7.86	9.45
	200901	2.14	31.60	294.50	15.10	4.60	8.64	18.72	5.76	10.43
西芹	200603	2.50	36.50	176.50	12.56	6.40	6.55	15.16	8.40	9.32
	200711	2.31	20.20	184.60	9.85	6.70	6.01	12.14	8.54	10.12
	200715	3.20	31.40	225.40	−38.45	−25.45	6.94	11.35	−27.35	−19.45
	200716	1.94	16.90	301.50	12.50	6.84	7.11	15.34	9.13	8.29
	200718	3.20	29.40	194.40	7.65	5.21	6.50	10.45	7.24	9.24
	200805	3.46	22.60	220.40	−46.82	−36.41	6.72	−59.11	−28.51	7.45
	200810	1.85	15.40	321.50	12.40	7.20	10.40	14.50	9.44	11.40
	200813	3.97	36.80	269.70	6.45	4.85	5.89	9.44	6.45	8.54

　　虽然马铃薯、西芹三元二次施肥模型拟合方程成功，但是由此方程计算的经济施肥量和最高产量施肥量部分偏离生产实际，施肥量过高或者过低，甚至出现负值。

二、一元二次肥料效应方程建立及合理施肥量

　　根据各年度马铃薯、西芹"3414"试验结果，建立每个试验点的一元二次施肥模型，计算最佳经济产量施肥量和最高产量施肥量。一元二次肥料效应方程模型为：

$$y = b_0 + b_1 x + b_2 x^2$$

　　式中：y 为每 667m² 产量（kg）；x 为 N 或 P_2O_5 或 K_2O 的每 667m² 施用量（kg）；b_0、b_1、b_2 为回归系数。

　　经回归分析，马铃薯、西芹"3414"肥效试验氮肥肥料效应一元二次肥效方程见表 5-13。其中马铃薯拟合典型方程 3 个，占试验点数的 23%；西芹拟合典型方程 8 个，占试验点数的 16%。一元二次方程计算的氮肥施用量比三元二次方程计算的氮肥施用量更接近实际生产。

表 5-13　氮肥一元二次模型典型方程及合理施肥量

作物	试验编号	全氮 (g/kg)	肥料效应方程	每 667m² 最佳产量施肥量（kg）	每 667m² 最高产量施肥量（kg）
马铃薯	200602	1.46	$y = -6.417x^2 + 186.76x + 1935.9$	6.84	7.23
	200701	1.08	$y = -2.503x^2 + 136.65x + 1864$	7.24	8.21
	200901	2.14	$y = -2.267x^2 + 119.5x + 2054$	8.50	9.02
西芹	200603	2.50	$y = -8.5104x^2 + 179.65x + 4025.8$	5.96	6.45
	200711	2.31	$y = -2.4032x^2 + 133.94x + 3960.7$	6.24	6.58
	200715	3.20	$y = -3.445x^2 + 205.82x + 3785.7$	5.45	5.87

（续）

作物	试验编号	全氮 (g/kg)	肥料效应方程	每 667m² 最佳产量施肥量（kg）	每 667m² 最高产量施肥量（kg）
西	200716	1.94	$y=-3.556x^2+200.46x+3476.5$	6.55	6.87
	200718	3.20	$y=-1.667x^2+231.22x+4321.1$	5.85	6.02
	200805	3.46	$y=-1.779x^2+156.45x+4221.6$	5.12	5.65
芹	200810	1.85	$y=-8.443x^2+179.66x+3346.4$	6.50	7.12
	200813	3.97	$y=-2.99x^2+173.2x+4500.1$	5.54	5.85

经回归分析，马铃薯、西芹"3414"肥效试验磷肥肥料效应一元二次肥效方程见表 5-14。其中马铃薯拟合典型方程 3 个，占试验点数的 23%；西芹拟合典型方程 6 个，占试验点数的 12%。一元二次方程计算的磷肥施用量比三元二次方程计算的磷肥施用量更接近实际生产。

表 5-14　磷肥一元二次模型典型方程及合理施肥量

作物	试验编号	有效磷 (mg/kg)	肥料效应方程	每 667m² 最佳产量施肥量（kg）	每 667m² 最高产量施肥量（kg）
马	200602	23.70	$y=-8.755x^2+231.51x+1847.5$	5.24	6.12
铃	200701	20.80	$y=-6.625x^2+234.85x+1675.6$	5.62	5.94
薯	200901	31.60	$y=-10.612x^2+184.5x+2048.7$	4.84	5.20
	200603	36.50	$y=-9.226x^2+166.75x+3920.5$	6.05	7.22
	200711	20.20	$y=-30.4023x^2+446.25x+3610.4$	5.96	6.45
西	200716	16.90	$y=-20.201x^2+376.5x+2945.1$	7.21	8.04
芹	200805	22.60	$y=-25.4062x^2+504.1x+3720.4$	6.24	7.13
	200810	15.40	$y=-10.663x^2+324.61x+2843.7$	7.50	7.78
	200813	36.80	$y=-14.248x^2+316.84x+4200.5$	5.22	5.75

经回归分析，马铃薯、西芹"3414"试验钾肥肥料效应一元二次肥效方程见表 5-15。其中马铃薯拟合典型方程 3 个，占试验点数的 23%；西芹拟合典型方程 7 个，占试验点数的 14%。一元二次方程计算的钾肥施用量比三元二次方程计算的钾肥施用量更接近实际生产。

表 5-15　钾肥一元二次模型典型方程及合理施肥量

作物	试验编号	速效钾 (mg/kg)	肥料效应方程	每 667m² 最佳产量施肥量（kg）	每 667m² 最高产量施肥量（kg）
马	200602	188.60	$y=-6.246x^2+146.85x+1960.7$	8.85	10.12
铃	200701	245.70	$y=-2.32x^2+96.21x+1765.5$	7.96	9.03
薯	200901	294.50	$y=-5.821x^2+115.02x+2201.2$	6.95	8.12
	200603	176.50	$y=-7.226x^2+170.45x+3842.3$	7.20	8.15
西	200711	184.60	$y=-8.023x^2+164.25x+3459.5$	7.12	8.41
芹	200715	225.40	$y=-1.421x^2+174.32x+3924.0$	6.85	7.13
	200716	301.50	$y=-1.566x^2+128.121x+3748.7$	6.65	7.10

（续）

作物	试验编号	速效钾(mg/kg)	肥料效应方程	每667m² 最佳产量施肥量（kg）	每667m² 最高产量施肥量（kg）
西芹	200805	220.40	$y=-2.764x^2+163.082x+4001.6$	8.90	10.25
	200810	321.50	$y=-1.524x^2+126.981x+4164.7$	10.12	11.95

三、土测值与合理施肥量关系函数模型建立

利用"3414"试验各试验点的土壤养分测试结果和拟合建立的一元二次施肥模型计算出的施肥量，采用对数函数模拟建立马铃薯和西芹的最佳施氮量、最佳施磷量、最佳施钾量与土壤全氮测定值、土壤有效磷测定值、土壤速效钾测定值的数学函数式，见表 5-16。函数模型方程中，y 为合理施肥量，分别为 N、P_2O_5、K_2O 的每 $667m^2$ 施肥量（kg），x 为土壤养分测定值，分别为全氮（g/kg）、有效磷（mg/kg）、速效钾（mg/kg）的土壤养分测定值，R^2 为决定系数。

表 5-16　不同作物最佳施肥量与土测值关系函数模型

作物	养分	最佳施肥量与土测值的函数模型	决定系数（R^2）	拟合试验点数（个）
马铃薯	N	$y=-20.198\ln x+22.505$	0.795 4	$n=4$
	P_2O_5	$y=-15.882\ln x+57.064$	0.978 4	$n=4$
	K_2O	$y=-5.889\ln x+34.818$	0.662	$n=5$
西芹	N	$y=-0.3002\ln x+0.6138$	0.753	$n=35$
	P_2O_5	$y=-0.1793\ln x+0.2525$	0.717 9	$n=18$
	K_2O	$y=-0.4291\ln x-1.3413$	0.892 6	$n=22$

四、土壤养分测定值与无肥区产量相关关系

"3414"试验中，处理 1（N0P0K0）为无肥区，即不施任何肥料的空白区，其产量为基础地力。利用"3414"试验各试验点的土壤养分测定值和无肥区产量，建立模拟数学函数式，见表 5-17。函数模型方程中，y 为无肥区产量，x 分别为土壤全氮（g/kg）、有效磷（mg/kg）、速效钾（mg/kg）的养分测试值，R^2 为决定系数。

表 5-17　不同作物无肥区产量与土测值关系函数模型

作物	养分	无肥区产量与土测值的函数模型	决定系数（R^2）	拟合试验点数（个）
马铃薯	N	$y=2911\ln x+4255.8$	0.400 2	$n=26$
	P_2O_5	$y=2037\ln x+593.2$	0.398 4	$n=14$
	K_2O	$y=2039.9\ln x-3750.2$	0.461 2	$n=21$
西芹	N	$y=3930.8\ln x+2686$	0.400 2	$n=26$
	P_2O_5	$y=2096\ln x+1059$	0.342 8	$n=16$
	K_2O	$y=3374\ln x+2593$	0.213 1	$n=16$

五、目标产量与基础产量相关关系

目标产量即计划产量，是决定肥料需要量的重要依据。目标产量并不是随意估计的产量，而是根据土壤肥力水平确定的。目标产量的确定可以通过基础产量确定。由"3414"多点为试验组成基础产量（N0P0K0）和最佳经济产量（N2P2K2）的多对数据进行回归分析，模拟一元一次线性函数关系式。公式模拟如下：

$$y = a + bx$$

式中：y 为目标产量；x 为基础产量；a 和 b 为回归系数。马铃薯和西芹目标产量与基础产量的函数模型见表 5-18。

表 5-18 不同作物基础产量与目标产量关系函数模型

作物	函数名称	无肥区产量与土测值的函数模型	决定系数（R^2）	拟合试验点数（个）
马铃薯	直线	$y = 1.3975x + 250.15$	0.674	$n = 117$
西芹	直线	$y = 0.8354x + 3\ 378.7$	0.695	$n = 38$

第四节 土壤养分分级划分

一、土壤养分丰缺指标及分级划分

"3414"试验缺素区（即处理 N0P2K2、N2P0K2、N2P2K0）产量占完全区（处理 N2P2K2）产量的百分数即是缺素区产量的相对产量。以相对产量的高低及其所对应的土壤养分含量测定值来表示土壤养分的丰缺情况。缺素区产量公式如下：

$$缺素区相对产量 = \frac{缺素区产量}{完全区产量} \times 100\%$$

按照相对产量小于 50%、50%～75%、75%～95%、大于 95%分别划分马铃薯、西芹的土壤养分丰缺指标，4 个指标划分极缺、缺、中、高 4 个类型。表 5-19 和表 5-20 中是土壤全氮、有效磷、速效钾与相对产量的函数关系，其中 y 为相对产量，x 为土测值，即全氮（g/kg）、有效磷（mg/kg）、速效钾（mg/kg）的土壤养分测试值，R^2 为决定系数。

表 5-19 太仆寺旗马铃薯土测值与相对产量函数关系及养分丰缺指标

养分	试验数量（个）	相对产量（%）	丰缺程度	丰缺指标	方程	R^2
全氮（g/kg）	4	<50	极缺	<1.04	$y = -20.198\ln x + 22.505$	0.795 4
		50～75	缺	1.04～1.64		
		75～95	中	1.64～2.34		
		>95	高	>2.34		
有效磷（mg/kg）	4	<50	极缺	<13.09	$y = 15.882\ln x + 57.064$	0.978 4
		50～75	缺	13.09～18.99		
		75～95	中	18.99～25.57		
		>95	高	>25.57		

（续）

养 分	试验数量（个）	相对产量（%）	丰缺程度	丰缺指标	方 程	R^2
速效钾（mg/kg）	5	<50	极缺	<56	$y=-5.889\ln x+34818$	0.662
		50~75	缺	56~104		
		75~95	中	104~170		
		>95	高	>170		

表 5-20　太仆寺旗西芹土测值与相对产量函数关系及养分丰缺指标

养 分	试验数量（个）	相对产量（%）	丰缺程度	丰缺指标	方 程	R^2
全氮（g/kg）	35	<50	极缺	<0.72	$y=-0.3002\ln x+0.6138$	0.753
		50~75	缺	0.72~1.73		
		75~95	中	1.73~3.48		
		>95	高	>3.48		
有效磷（mg/kg）	18	<50	极缺	<2.26	$y=-0.1793\ln x+0.2525$	0.717 9
		50~75	缺	2.26~12.88		
		75~95	中	12.88~51.89		
		>95	高	>51.89		
速效钾（mg/kg）	22	<50	极缺	<58.3	$y=-0.4291\ln x-1.3413$	0.892 6
		50~75	缺	58.3~126.2		
		75~95	中	126.2~234.3		
		>95	高	>234.3		

二、不同土壤养分丰缺指标下经济合理施肥量

将土壤养分丰缺指标带入不同作物最佳施肥量与土测值关系函数式中（表 5-16），得出不同作物各级丰缺指标下的经济合理施肥量，结果列于表 5-21，可用于判定不同地力水平条件下的区域性的施肥配方。

表 5-21　太仆寺旗主栽作物土壤养分丰缺指标及合理施肥量

作物名称	相对产量（%）	丰缺程度	丰缺指标			每 667m² 合理施肥量（kg）		
			全氮（g/kg）	有效磷（mg/kg）	速效钾（mg/kg）	N	P₂O₅	K₂O
马铃薯	<50	极缺	<1.04	<13.09	<56	>21.63	>16.2	>11.1
	50~75	缺	1.04~1.64	13.09~18.99	56~104	12.57~21.63	10.3~16.2	7.5~11.1
	75~95	中	1.64~2.34	18.99~25.57	104~170	5.32~12.57	5.6~10.3	4.6~7.5
	>95	高	>2.34	>25.57	>170	<5.32	<5.6	<4.6

（续）

作物名称	相对产量（%）	丰缺程度	丰缺指标			每667m² 合理施肥量（kg）		
			全氮（g/kg）	有效磷（mg/kg）	速效钾（mg/kg）	N	P₂O₅	K₂O
西芹	<50	极缺	<0.72	<2.26	<58.3	>11.36	>7.15	>7.2
	50~75	缺	0.72~1.73	2.26~12.88	58.3~126.2	8.68~11.36	6.04~7.15	5.38~7.2
	75~95	中	1.73~3.48	12.88~51.89	126.2~234.3	6.53~8.68	5.15~6.04	3.91~5.38
	>95	高	>3.48	>51.89	>234.3	<6.53	<5.15	<3.91

第五节　施肥技术参数分析

一、单位经济产量养分吸收量

"3414"肥料肥效试验秋季测产时，每年度按不同土壤肥力水平选取 3 个试验点，在选取的试验点每个处理小区均采集植株样品。分别计算各年度不同肥力水平的多个试验点的每一个小区的单位经济产量吸收 N、P₂O₅、K₂O 的数量，求平均值，单位经济产量吸收养分量计算公式为：

$$100kg\ 经济产量吸收养分量 = \frac{每667m²经济产量（kg）\times 经济器官中元素含量（\%）+ 每667m²茎叶产量（kg）\times 茎叶中元素含量（\%）}{每667m²经济产量（kg）}\times 100$$

（一）不同产量水平单位经济产量吸收养分量

以全肥区（N2P2K2）产量为依据，不同作物不同产量水平下形成的单位经济产量吸收养分量计算结果见表 5-22。

表 5-22　不同作物不同产量水平形成的单位经济产量吸收养分量

作物	每667m² 产量水平（kg）	试验数量（个）	100kg 经济产量吸收养分量（kg）		
			N	P₂O₅	K₂O
马铃薯	高（>2 500）	2	0.58	0.21	0.82
	中（1 500~2 500）	3	0.56	0.22	0.78
	低（<1 500）	1	0.51	0.19	0.72
	平均		0.55	0.21	0.77
西芹	高（>8 500）	3	0.18	0.06	0.34
	中（7 000~8 500）	2	0.15	0.09	0.47
	低（<7 000）	2	0.19	0.11	0.49
	平均		0.17	0.09	0.43

从表 5-22 可以看出，形成 100kg 马铃薯经济产量需要从土壤中吸收各养分的平均值为 N 0.55kg、P₂O₅ 0.21kg、K₂O 0.77kg；形成 100kg 西芹经济产量需要从土壤中吸收各养分平均值为 N 0.17kg、P₂O₅ 0.09kg、K₂O 0.43kg。

随着产量水平的提高，形成 100kg 马铃薯经济产量吸氮量和吸钾量有升高的趋势，吸磷量趋势不明显。形成 100kg 西芹经济产量吸磷量和吸钾量有下降趋势，吸氮量趋势不明显。

（二）施肥量对作物单位经济产量吸收养分量的影响

不同作物的不同施肥量对单位经济产量吸收养分的影响见表 5-23。

表 5-23　不同作物单位经济产量吸收养分量随施肥量增加的变化

施氮水平	100kg 经济产量吸 N（kg）		施磷水平	100kg 经济产量吸 P_2O_5（kg）		施钾水平	100kg 经济产量吸 K_2O（kg）	
	马铃薯（n=6）	西芹（n=7）		马铃薯（n=6）	西芹（n=7）		马铃薯（n=6）	西芹（n=7）
N0P2K2	0.52	0.18	N2P0K2	0.18	0.08	N2P2K0	0.68	0.36
N1P2K2	0.58	0.17	N2P1K2	0.22	0.08	N2P2K1	0.75	0.38
N2P2K2	0.56	0.17	N2P2K2	0.21	0.08	N2P2K2	0.72	0.42
N3P2K2	0.60	0.18	N2P3K2	0.23	0.09	N2P2K3	0.76	0.41
平均	0.57	0.18	平均	0.21	0.08	平均	0.72	0.39

马铃薯单位经济产量吸收氮的量随施氮量的增加呈先增加后降低再增加的趋势；吸磷量和吸钾量也如此。西芹单位经济产量吸收氮呈先降低后增加的趋势；吸磷量和吸钾量表现不明显。

二、土壤养分校正系数

利用土壤有效养分测定值来计算土壤提供作物的养分量时，必须使用土壤养分校正系数，因为有效养分测定值是一个相对数值，只有乘以这一系数才能表达土壤真实提供的养分量。土壤养分校正系数的计算公式如下：

$$土壤养分校正系数 = \frac{缺素区每 667m^2 作物吸收的养分（kg）}{土壤有效养分测定值 \times 0.15}$$

缺素区作物吸收养分量＝缺素区产量×单位产量吸收养分量

在计算中，缺素区产量分别为"3414"肥效试验中 N0P2K2、N2P0K2、N2P2K0 产量，单位产量吸收量是计算的完全区 N2P2K2 确定的单位产量吸收 N、P_2O_5、K_2O 养分量。各作物土壤养分校正系数见表 5-24。总体看，马铃薯、西芹土壤养分校正系数随着地力水平的提高呈下降趋势。

表 5-24　不同作物不同丰缺指标下的土壤养分校正系数

作物	丰缺程度	全氮		有效磷		速效钾	
		丰缺指标	校正系数	丰缺指标	校正系数	丰缺指标	校正系数
马铃薯	极缺	<1.04	0.024	<13.09	1.051	<56	1.403
	缺	1.04～1.64	0.021	13.09～18.99	0.834	56～104	0.864
	中	1.64～2.34	0.013	18.99～25.57	0.421	104～170	0.501
	高	>2.34	0.010	>25.57	0.305	>170	0.350
	平均		0.017		0.653		0.779

（续）

作物	丰缺程度	全氮		有效磷		速效钾	
		丰缺指标	校正系数	丰缺指标	校正系数	丰缺指标	校正系数
	极缺	<0.72	—	<2.26	1.560	<58.3	0.910
	缺	0.72~1.73	0.052	2.26~12.88	1.421	58.3~126.2	0.824
西芹	中	1.73~3.48	0.034	12.88~51.89	0.956	126.2~234.3	0.754
	高	>3.48	0.022	>51.89	0.801	>234.3	0.568
	平均		0.036		1.184		0.764

同一作物不同土壤由于全氮、有效磷、速效钾含量不同，土壤养分校正系数不同。利用多点试验的土壤养分测定值和校正系数的成对数据，建立各土壤养分含量与土壤校正系数的幂函数，结果见表 5-25，表中方程 y 代表土壤养分校正系数，x 代表土壤养分测定值。

表 5-25　各主栽作物土壤养分校正系数与土壤养分的相关性

作物	土壤养分	相关方程	R^2	试验数量
西芹	全氮（g/kg）	$y=0.0524x^{-0.2329}$	0.828 3	18
	有效磷（mg/kg）	$y=1.355x^{-0.0296}$	0.832 3	19
	速效钾（mg/kg）	$y=2.0056x^{-0.0057}$	0.944 2	18
马铃薯	全氮（g/kg）	$y=0.1286x^{-0.6055}$	0.655	8
	有效磷（mg/kg）	$y=7.5524x^{-0.073}$	0.470 5	8
	速效钾（mg/kg）	$y=2.6416x^{-0.0107}$	0.633 1	5

三、肥料利用率

肥料利用率计算时利用差减法计算，基本公式如下：

$$肥料利用率（\%）=\frac{施肥区每\,667m^2\,作物吸收养分量（kg）-缺素区每\,667m^2\,作物吸收养分量（kg）}{肥料养分每\,667m^2\,施用量（kg）}\times100\%$$

应用多年各作物"3414"肥效试验的测产结果及土壤和植株的测试结果，计算出不同作物不同施肥处理的氮肥、磷肥、钾肥的肥料利用率，结果见表 5-26。马铃薯、西芹化肥的利用率皆随着施肥量的增加而下降。

表 5-26　各主栽作物肥料利用率

作物	试验数（个）	氮肥利用率（%）				磷肥利用率（%）				钾肥利用率（%）			
		N1P2K2	N2P2K2	N3P2K2	平均	N2P1K2	N2P2K2	N2P3K2	平均	N2P2K1	N2P2K2	N2P2K3	平均
西芹	47	0.35	0.24	0.13	0.24	0.42	0.33	0.16	0.30	0.62	0.47	0.29	0.46
马铃薯	5	0.32	0.14	0.12	0.19	0.41	0.38	0.35	0.38	0.34	0.22	0.20	0.25

第六章

施肥配方设计与应用效果

第一节 马铃薯、莜麦适宜性评价

一、评价指标的选取原则

（1）选取的指标必须对马铃薯和莜麦有较大的影响。

（2）选取的指标在评价区域内应有较大的变异。

（3）评价指标在时间序列上应具有相对的稳定性。

（4）评价指标与评价区域的大小有密切的关系。

（5）评价指标的选择和评价标准的确定要考虑当地的自然地理特点和社会经济发展水平。

（6）定性与定量相结合的原则。

（7）评价指标必须有很好的操作性和实际意义。

二、技术流程

太仆寺旗的马铃薯、莜麦适宜性评价，将基于 GIS 技术，定性与定量评价方法相结合，具体采用专家经验法、层次分析法、模糊综合法、加权指数计算法。技术流程见图6-1。

三、评价步骤

（一）准备资料

（1）图件资料。太仆寺旗土地利用现状图和土壤图。

（2）数据及文本资料。2006—2013 年采样数据中的化验分析数据。

（二）建立基础数据库

1. 空间数据库 土地利用现状图、土壤图、行政区划图、耕地资源管理单元图等图件。

2. 属性数据库 与空间数据库中的每一个要素相对应的属性数据，属性数据与空间数据在 ArcGIS9.3 中以图形和表格的形式进行储存与查询，并且表中的每一条记录都与空间数据的图形相对应，还遵循 SQL 语法规则。属性数据库也可以独立于空间数据库，以 Excel 或 DBF 表格形式保存，以方便数据的统计与分析。

（三）划分评价单元

本次评价以太仆寺旗土地利用现状图、土壤图相叠加确定耕地适宜性评价单元。同一

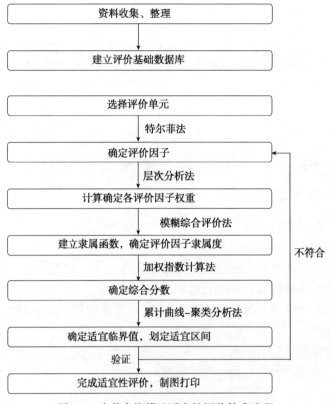

图 6-1　太仆寺旗耕地适宜性评价技术流程

个评价单元内的土壤类型、灌溉类型都相同。

(四) 选取评价因子

根据地力评价指标的选择和对马铃薯、莜麦影响较大的因素，经过多次会议上专家的讨论，最终选择了成土母质、质地构型、有机质等 8～9 个指标，见表 6-1、表 6-2。

表 6-1　太仆寺旗水地马铃薯作物适宜性评价指标

立地条件	理化性状	剖面性状	土壤养分
成土母质	有机质	沙化程度	有效磷
地形部位	质地	质地构型	速效钾

表 6-2　太仆寺旗旱地莜麦作物适宜性评价指标

立地条件	理化性状	剖面性状	土壤养分
成土母质	有机质	沙化程度	有效磷
地形部位	质地	质地构型	速效钾
坡度等级			

（五）建立层次分析模型确定因子权重

为了更精准、科学地指导施肥，在耕地地力评价的基础上，建立水地马铃薯和旱地莜麦适宜性层次分析模型确定因子权重，见表6-3、表6-4。

表6-3 水地马铃薯评价指标及权重

目标层	马铃薯适宜性评价				
准则层	立地条件 0.343 2	理化性状 0.282 2	剖面性状 0.211 7	土壤养分 0.162 9	指标权重 W_i
成土母质	0.588 2				0.201 9
地形部位	0.411 8				0.141 3
有机质		0.555 6			0.156 8
质地		0.444 4			0.125 4
沙化程度			0.571 4		0.121 0
质地构型			0.428 6		0.090 7
有效磷				0.588 2	0.095 8
速效钾				0.411 8	0.067 1

（指标层）

表6-4 旱地莜麦评价指标及权重

目标层	莜麦适宜性评价				
准则层	立地条件 0.343 2	理化性状 0.282 2	剖面性状 0.211 7	土壤养分 0.162 9	指标权重 W_i
成土母质	0.417 3				0.143 2
地形部位	0.326 8				0.112 1
坡度等级	0.255 9				0.087 8
有机质		0.555 6			0.156 8
质地		0.444 4			0.125 4
沙化程度			0.571 4		0.121 0
质地构型			0.428 6		0.090 7
有效磷				0.588 2	0.095 8
速效钾				0.411 8	0.067 1

（指标层）

（六）建立隶属函数模型进行单因素评价

由于评价中也存在着许多不严格、模糊性概念，因此采用模糊综合评价方法进行耕地适宜性级别的确定，即单因子评价，从而计算出各评价因子的隶属度。根据专家给出的评估值与对应评价因素指标，分别应用戒上型和概念型函数模型。评价因素中速效钾、有效磷等数量型指标，应用戒上型函数进行回归拟合，建立回归函数模型，并经拟合检验达显著水平；概念型指标，由专家根据各评价指标与马铃薯和莜麦适宜性，通过经验直接给予隶属度，见表6-5、表6-6。

表6-5 马铃薯适宜性评价各指标的隶属度

指标名称	函数类型	函数公式	a	b	上限 C	左下限 U_{t1}	右下限 U_{t2}	条件
成土母质	条件1	概念型	$y=a$	0.8				成土母质='残、坡积物'
成土母质	条件2	概念型	$y=a$	0.9				成土母质='冲、洪积物'
成土母质	条件3	概念型	$y=a$	0.3				成土母质='冲积沙'
成土母质	条件4	概念型	$y=a$	0.4				成土母质='红土母质'
成土母质	条件5	概念型	$y=a$	0.7				成土母质='黄土状母质'
成土母质	条件6	概念型	$y=a$	0.4				成土母质='沙土状母质'
成土母质	条件7	概念型	$y=a$	0.6				成土母质='黏土状母质'
地形部位	条件2	概念型	$y=a$	0.6				地形部位='岗丘坡麓'
地形部位	条件3	概念型	$y=a$	0.9				地形部位='河谷平原及丘陵坡麓'
地形部位	条件4	概念型	$y=a$	0.3				地形部位='湖盆低地'
地形部位	条件6	概念型	$y=a$	0.7				地形部位='缓坡丘陵'
地形部位	条件9	概念型	$y=a$	0.4				地形部位='丘间谷地'
地形部位	条件10	概念型	$y=a$	0.5				地形部位='丘间洼地'
地形部位	条件11	概念型	$y=a$	0.5				地形部位='丘陵'
地形部位	条件14	概念型	$y=a$	0.1				地形部位='丘陵上部和顶部'
地形部位	条件15	概念型	$y=a$	0.3				地形部位='丘陵中上部'
地形部位	条件16	概念型	$y=a$	0.2				地形部位='山脊、山坡'
质地	条件1	概念型	$y=a$	0.3				质地='紧沙土'
质地	条件2	概念型	$y=a$	0.7				质地='轻壤土'
质地	条件3	概念型	$y=a$	0.8				质地='沙壤土'
质地	条件4	概念型	$y=a$	0.9				质地='中壤土'
质地构型	条件1	概念型	$y=a$	0.4				质地构型='薄层型'
质地构型	条件2	概念型	$y=a$	0.8				质地构型='夹层型'
质地构型	条件3	概念型	$y=a$	0.2				质地构型='漏沙型'
质地构型	条件4	概念型	$y=a$	0.8				质地构型='松散型'
质地构型	条件5	概念型	$y=a$	0.9				质地构型='通体壤'
质地构型	条件6	概念型	$y=a$	0.3				质地构型='通体沙'
质地构型	条件7	概念型	$y=a$	0.7				质地构型='障碍型'
有效磷	条件1	戒上型	$y=1/[1+a(u-c)^2]$	0.002 657	30.275 560	−27.93	30.275 560	<全部>
有机质	条件1	戒上型	$y=1/[1+a(u-c)^2]$	0.001 932	44.633 740	−23.62	44.633 740	<全部>
速效钾	条件1	戒上型	$y=1/[1+a(u-c)^2]$	0.000 065	226.077 321	−146.03	226.077 321	<全部>
沙化程度	条件1	概念型	$y=a$	0.7				沙化程度='轻度'
沙化程度	条件2	概念型	$y=a$	0.9				沙化程度='无沙化'

表 6-6　莜麦适宜性评价各指标的隶属度

指标名称	函数类型	函数公式	a	b	上限 C	左下限 U_{t1}	右下限 U_{t2}	条　件
成土母质	条件1	概念型	$y=a$	0.8				成土母质＝'残、坡积物'
成土母质	条件2	概念型	$y=a$	0.9				成土母质＝'冲、洪积物'
成土母质	条件3	概念型	$y=a$	0.3				成土母质＝'冲积沙'
成土母质	条件4	概念型	$y=a$	0.4				成土母质＝'红土母质'
成土母质	条件5	概念型	$y=a$	0.7				成土母质＝'黄土状母质'
成土母质	条件6	概念型	$y=a$	0.4				成土母质＝'沙土状物'
成土母质	条件7	概念型	$y=a$	0.6				成土母质＝'黏土状物'
地形部位	条件2	概念型	$y=a$	0.6				地形部位＝'岗丘坡麓'
地形部位	条件3	概念型	$y=a$	0.9				地形部位＝'河谷平原及丘陵坡麓'
地形部位	条件4	概念型	$y=a$	0.3				地形部位＝'湖盆低地'
地形部位	条件6	概念型	$y=a$	0.7				地形部位＝'缓坡丘陵'
地形部位	条件9	概念型	$y=a$	0.4				地形部位＝'丘间谷地'
地形部位	条件10	概念型	$y=a$	0.5				地形部位＝'丘间洼地'
地形部位	条件11	概念型	$y=a$	0.5				地形部位＝'丘陵'
地形部位	条件14	概念型	$y=a$	0.1				地形部位＝'丘陵上部和顶部'
地形部位	条件15	概念型	$y=a$	0.3				地形部位＝'丘陵中上部'
地形部位	条件16	概念型	$y=a$	0.2				地形部位＝'山脊、山坡'
质地	条件1	概念型	$y=a$	0.3				质地＝'紧沙土'
质地	条件2	概念型	$y=a$	0.7				质地＝'轻壤土'
质地	条件3	概念型	$y=a$	0.8				质地＝'沙壤土'
质地	条件4	概念型	$y=a$	0.9				质地＝'中壤土'
质地构型	条件1	概念型	$y=a$	0.4				质地构型＝'薄层型'
质地构型	条件2	概念型	$y=a$	0.8				质地构型＝'夹层型'
质地构型	条件3	概念型	$y=a$	0.2				质地构型＝'漏沙型'
质地构型	条件4	概念型	$y=a$	0.8				质地构型＝'松散型'
质地构型	条件5	概念型	$y=a$	0.9				质地构型＝'通体壤'
质地构型	条件6	概念型	$y=a$	0.3				质地构型＝'通体沙'
质地构型	条件7	概念型	$y=a$	0.7				质地构型＝'障碍型'
有效磷	条件1	戒上型	$y=1/[1+a(u-c)^2]$	0.002 657	30.275 560	−27.93	30.275 560	＜全部＞
有机质	条件1	戒上型	$y=1/[1+a(u-c)^2]$	0.001 932	44.633 740	−23.62	44.633 740	＜全部＞
速效钾	条件1	戒上型	$y=1/[1+a(u-c)^2]$	0.000 065	226.077 321	−146.03	226.077 321	＜全部＞
坡度级别	条件1	概念型	$y=a$	0.9				坡度级别＝'1'
坡度级别	条件2	概念型	$y=a$	0.7				坡度级别＝'2'
坡度级别	条件3	概念型	$y=a$	0.5				坡度级别＝'3'

（七）划分评价级别

根据层次分析模型和隶属函数模型对评价单元计算评价得分并进行分等定级，将耕地划分为高度适宜区、适宜区和不适宜区，不同有效积温带区计算结果保存在评价结果表中，见表6-7。

表6-7 马铃薯和莜麦综合评分值划分适宜性级别

适宜性	*IFI*
高度适宜	＞0.784 469 3
适宜	0.557 965～0.784 469 3
不适宜	≤0.557 965

四、目标产量预测

目标产量即计划产量，是决定肥料需要量的原始依据，是配方施肥区别于其他施肥技术的要点。目标产量是根据土壤肥力水平来确定的。在特定的范围内排除人为因素影响，目标产量主要由土壤条件和作物品种产量潜力所决定。采用耕地地力生产潜力指数法确定目标产量。

在建立层次分析模型和隶属函数模型的基础上，应用县域测土配方施肥专家系统使用生产潜力指数法进行目标产量预测（图6-2），获得目标产量预测结果数据表（图6-3）。

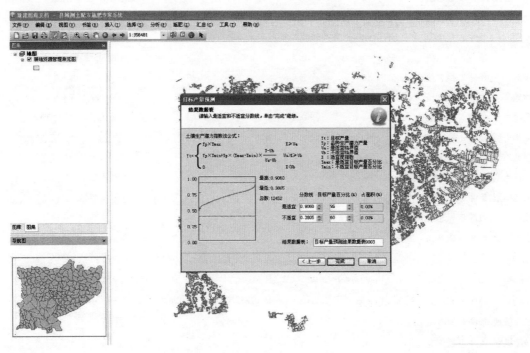

图6-2　目标产量预测过程

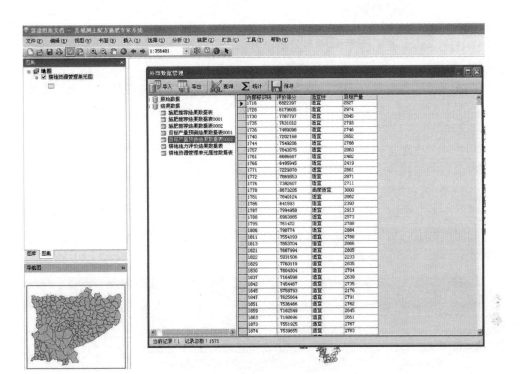

图 6-3　目标产量预测结果数据表

基于生产潜力指数计算作物的目标产量的分段函数为：

$$Yt=\begin{cases}Yp\times A & X\geqslant Ua \\ Yp\times B+\dfrac{Yp\times A-Yp\times B}{Ua-Ub}\times(X-Ub) & Ua>X\geqslant Ub \\ 0 & X<Ub\end{cases}$$

式中：Yt 为作物目标产量；Ua 为高度适宜区生产潜力临界值；Yp 为作物品种产量潜力；Ub 为不适宜区生产潜力临界值；X 为耕地生产潜力指数；A 为高度适宜目标产量系数；B 为临界适宜目标产量系数。

五、肥料配方拟合与施肥方案推荐

应用县域测土配方施肥专家系统进行肥料配方拟合与施肥方案推荐，所选用的施肥模型：氮肥用量推荐采用地力差减法；磷、钾肥用量推荐采用养分丰缺指标法。

（一）配方拟合相关参数

（1）作物品种。在确定作物品种的前提下推荐施肥方案。

（2）推广品种当地高产水平。指定品种在当地的最高产量水平。

（3）耕地生产潜力指数。通过关联"目标产量预测结果数据表"获取。

（4）土壤基础地力产量百分比。

（5）常规区和无肥区氮、磷、钾 100kg 经济产量吸收量。

（6）氮、磷、钾肥肥料利用率。

（7）磷、钾养分丰缺标准及对应施肥量。分作物确定磷、钾养分丰缺指标及对应施肥量。

（8）施肥运筹方案。分作物按不同栽培方式制订运筹方案。

（二）肥料配方拟合与施肥方案推荐

以单元肥料配方设计为基础，根据全旗范围内种植某一作物时每一个施肥指导单元，每一个施肥时期的氮、磷、钾肥需用量，采用数学方法的原理拟合系列配方，作为推荐施肥方案的基础。

应用县域测土配方施肥专家系统，打开太仆寺旗工作空间，连接预测目标产量时生成的目标产量结果数据表，一一对应输入施肥参数，运行"施肥"菜单中的"施肥方案推荐"，应用系统内存储的土壤养分数据、作物信息、肥料信息以及施肥知识库、施肥模型库预测每一个单元的氮、磷、钾肥用量，应用聚类分析的方法，磷钾比例相同或相近的单元使用相同的配方，形成指定作物品种的配方系列，并为每一个耕地单元推荐以配方肥为基础的施肥方案（图6-4、图6-5）。

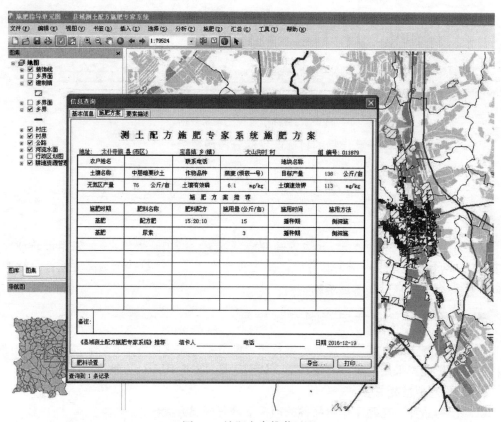

图6-4　施肥方案推荐过程

（三）施肥量专家论证

通过组织土壤肥料、作物栽培、品种选育、肥料生产等多学科专家参加的测土配方施肥指标体系专家会商，请他们对田间试验获得的各项施肥参数和肥料用量进行会商和论证。从而保障肥料用量推荐的准确性。施肥方案推荐完成后，右击打开"耕地资源管理单元图"中"属性表"进行肥料用量汇总统计（图6-6），专家论证。

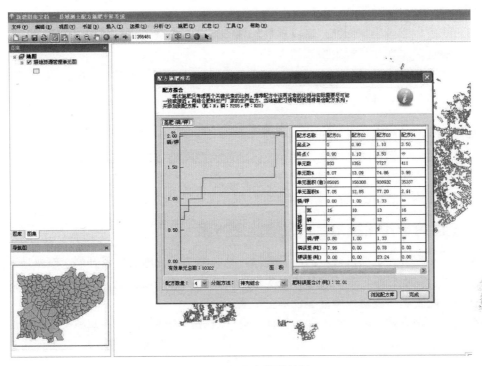

图 6-5 施肥方案推荐结果

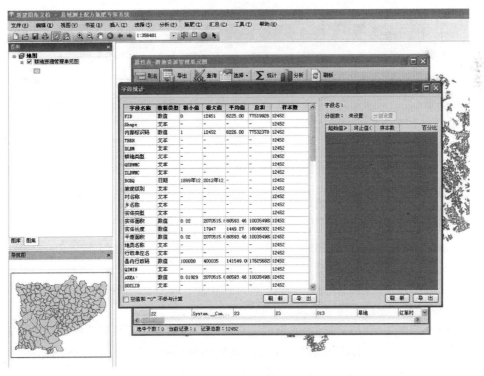

图 6-6 施肥量推荐结果汇总

（四）配方汇总

对耕地资源管理单元属性数据以及单元施肥推荐数据表，按行政单位对配方、面积进行汇总。统计结果保存在规定格式的表中。

第二节　测土配方施肥技术推广

推广测土配方施肥技术主要采取两种方式，一是以互联网、触摸屏、掌上电脑、手机短信、图表等方式发布施肥方案，确保农民迅速、准确地查询到施肥方案，获取施肥推荐卡。二是通过农企对接，实施测、配、产、供、施一条龙服务，确保农民在测土配方施肥服务网点能够购买到施肥推荐卡所推荐的配方肥。

一、运用现代化技术手段发布施肥方案

利用测土配方施肥项目取得的海量数据，结合测土配方施肥项目开展全旗耕地地力质量评价，建立耕地资源管理信息系统，实现全旗耕地资源的数据化、自动化管理，为耕地资源的合理配置和开展耕地质量建设奠定坚实的基础。

分析汇总全旗测土配方施肥项目数据，分区域分作物建立太仆寺旗测土配方施肥信息查询系统，以触摸屏、掌上电脑、手机短信、图表等方式发布施肥方案。几种发布施肥方案的方式所需软件、硬件、数据及面向的用户情况见表6-8。

表6-8　测土配方施肥专家系统几种应用方式所需软硬件情况

应用方式	硬　件	软　件	数　据
触摸屏查询系统	多媒体触摸屏一体机	县域测土配方施肥专家系统	专家系统发布的施肥方案
掌上查询系统	掌上电脑、智能手机	测土配方施肥掌上查询系统	专家系统发布的施肥方案
手机短信平台	普通手机	无	无
图表卡模式	无	无	无
村级施肥公示牌	无	无	无

二、数字化测土施肥技术应用

数字化测土施肥技术是指应用现代计算机、网络及3S等技术对土壤、作物、肥料等信息进行精确采集、统一管理、科学分析；根据施肥模型结合专家经验为每一个地块、每一种作物设计肥料配方、推荐施肥方案；应用现代信息技术将施肥方案快速、准确地送到农民手中；通过农企对接、智能配肥等多种方式实现精确施肥（图6-7）。

（一）县域测土配方施肥专家系统"触摸屏"

用于测土配方施肥方案咨询的通用型工具软件，该软件以县域测土配方施肥专家系统（PC版）所生成的施肥方案为基础，通过浏览地图查询施肥方案，生成施肥推荐卡，咨询过程中用户可以通过输入土壤测试数据、目标产量数据改变施肥方案。如果有经费可以购置多台触摸屏，布设在不同的乡镇，方便用户查询。

图 6-7　数字化测土施肥技术流程

（二）测土配方施肥手机微信服务公众号

手机微信越来越被人们接受，为了更好地利用这个平台指导农户科学种田，测土配方

太仆寺旗耕地与科学施肥

施肥开通了手机微信助手，农户只要在微信中的服务号里添加"测土配方施肥服务平台"并关注即可利用手机微信助手进行测土配方施肥信息查询，使用方法如图6-8。

图6-8　测土配方施肥信息查询微信助手

· 102 ·

第七章

主要作物施肥技术

第一节 马铃薯施肥技术

近年来，太仆寺旗马铃薯播种面积逐年增加，目前已经超过2万多 hm^2，占总播种面积的25%以上。种植方式为旱地平作和水地垄作，尤其是水地垄作全部实现机械化作业，栽培管理水平走在全国先列。种植品种主要有夏波蒂、荷兰薯、克新1号、大西洋、早大白等。产量水平 $15\sim45t/hm^2$，高产地块可达 $52.5t/hm^2$。脱毒种薯应用面积达70%以上，生产的种薯和商品薯远近闻名。

一、马铃薯对养分的吸收规律

马铃薯是高产喜肥作物，需肥量较多，合理增施肥料是大幅度提高产量和改善品质的有效措施。马铃薯是典型的喜钾作物，在肥料三要素中，需钾肥最多，氮肥次之，磷肥较少。每生产1 000kg鲜薯，需从土壤中吸收氮素（N）$4\sim6kg$，磷素（P_2O_5）$2\sim3kg$，钾素（K_2O）$10\sim13kg$，氮、磷、钾吸收比例为 $1:0.4:2.3$，这与其他作物大不一样。此外，钙、镁、硫、硼、铜、锌、钼等中微量元素也是马铃薯生长发育所必需的。马铃薯是忌氯作物，不能大量施用含氯的肥料，如氯化钾等。

马铃薯在整个生育期间，不同的生育阶段需要的养分种类和数量都不同。幼苗期吸收肥料很少，发棵期陡然上升，到结薯初期（现蕾开花期）达到吸肥量顶峰，然后又急剧下降。

马铃薯吸肥总趋势是以前、中期较多，后期较少，只有一个需肥高峰。幼苗期需肥较少，占全生育期需肥总量的20%左右，块茎形成至块茎增长期（现蕾至开花期）需肥最多，占全生育期需肥总量的60%以上，淀粉积累期需肥又减少，占需肥总量的20%左右。块茎形成与增长期的养分供应充足，对提高马铃薯的产量和淀粉含量起重要作用。各生育期对氮、磷、钾的吸收情况分述如下：

1. 对氮素的吸收与分配　马铃薯植株体内氮素的含量是随着生长发育的进程以及器官的不同而变化。马铃薯成熟期叶、茎和块茎中全氮含量分别为2.60%、1.31%、1.32%。刘克礼等研究发现，植株氮素含量在全生育期动态变化为：叶片和地上茎随生长发育进程呈递减变化，而在块茎内由低向高达高峰后逐渐降低。在整个生育期内，马铃薯各器官氮素含量始终表现为叶片＞地上茎＞块茎。马铃薯对氮素的吸收速率在整个生育期呈单峰曲线变化，峰值出现在块茎快速增长期（出苗后 $41\sim54d$）。马铃薯出苗后，由于各器官建成及生长发育对氮的需求量不断增加，氮的吸收速率逐渐加快，特别是块茎形成和块茎增长期间，由于旺盛的细胞分裂和块茎的迅速建成，氮的吸收速率增加，并达到峰值，而此后由于块茎增长趋慢，转入淀粉积累期，对氮的需求量和氮的吸收速率随之逐渐下降。由此可见，马铃薯对氮的吸收与营养生长和块茎的增长密切相关。而植株发生早衰，主要由于生长后期氮素营养不足，过早地停止生长。马铃薯在苗期至块茎形成期植株体内氮素的积累量缓慢增长，进入块茎增长期呈现直线增长，到淀粉积累期达到峰值，此后随着叶片的衰老、脱落，发生氮素的转移和流失，使氮的积累量有所下降（表7-1）。

表7-1　马铃薯不同生育时期氮素累积吸收变化

		幼苗（9d）	块茎形成期（21d）	块茎增长始期（30d）	块茎增长期（40d）	块茎快速增长期（54d）	淀粉积累期（75d）	成熟期（98d）
含量（%）	叶	4.57	3.83	3.56	3.40	3.20	3.05	2.30
	地上茎	32.88	3.33	3.09	2.47	2.06	1.74	1.25
	块茎		2.18	2.77	2.58	1.74	1.66	1.23
每株吸收速率（g/d）		0.04	0.05	0.06	0.09	0.12	0.10	0.01
每株积累量（g/d）		0.37	0.87	1.51	2.39	4.13	5.99	4.68
分配率（%）	叶	76.04	57.55	49.78	44.37	42.46	30.41	28.15
	地上茎	23.96	38.29	35.58	24.93	23.97	14.31	12.66
	块茎		4.16	14.64	30.70	33.56	55.28	59.19

氮素在马铃薯各器官内的分配，随着生长中心的转移而发生变化。氮素在叶片中的分配率以苗期为最高，70%以上的氮分配到叶片，用于光合系统的迅速建成，此后随着生育进程的推移，氮素在叶片中的分配不断地下降。成熟期，由于叶片的衰老和脱落，氮素在叶片中的分配率降低到10%～30%。氮素在地上茎中的分配率整个生育期呈现单峰曲线变化：即从幼苗期的20%～25%缓慢上升到块茎形成期的30%～40%，此后逐渐下降到成熟期的10%～15%，这说明块茎形成期，也正值地上茎的旺盛生长、伸长期，此时地上茎对氮有较大的需求量。块茎形成进入增长期后，氮素在块茎中的分配率一直呈现上升趋势，大量的氮素转移到块茎中，用于块茎的建成和营养物质的储存，到成熟期，有50%～70%的氮素最终储存在块茎中（表7-1）。

马铃薯一生中均需要氮素的不断供应，但在生育的中期需要量较多，前期和后期需要量较少。一般以出苗后4～9周吸收速率最高，从块茎形成期至块茎增长期吸收氮的量最多，占全生育期吸收总量的50%以上（表7-2）。据研究，每生产1 000kg块茎，需要从土壤中吸收4～6kg的纯氮。

表7-2　马铃薯在不同生育时期对N、P、K的吸收量和吸收速率

生育期	年度	吸收量（g/株）			相对吸收量（%）			每株吸收速率（mg/d）		
		N	P	K	N	P	K	N	P	K
苗期6月1～23日	1978	0.471	0.082	0.448	18.0	18.0	14.0	20.5	3.6	19.0
	1982	0.357	0.037	0.495	17.0	8.5	15.0	15.5	1.6	22.0
	平均	0.414	0.060	0.472	17.5	13.3	14.5	18.0	2.6	20.5

（续）

生育期	年度	吸收量（g/株）			相对吸收量（%）			每株吸收速率（mg/d）		
		N	P	K	N	P	K	N	P	K
块茎形成期	1986	0.716	0.117	0.625	28.0	27.0	23.0	51.0	8.4	50.0
6月23日至8月7日	1990	0.909	0.151	1.205	42.0	34.5	36.0	39.5	6.6	52.0
	平均	0.813	0.134	0.915	35.0	30.8	29.5	45.3	7.5	51.0
块茎增长期	1994	1.057	0.158	1.435	40.0	35.0	46.0	36.4	5.4	49.0
7月1日至8月7日	1998	0.664	0.155	1.364	31.0	35.0	40.0	28.9	6.7	59.0
	平均	0.861	0.157	1.400	35.5	35.0	43.0	32.7	6.1	54.0
淀粉积累期	2002	0.355	0.088	0.529	14.0	20.0	17.0	9.3	2.3	14.0
8月7日至9月1日	2006	0.217	0.087	0.299	10.0	22.0	9.0	7.5	3.0	10.0
	平均	0.286	0.088	0.414	12.0	21.0	13.0	8.4	2.7	12.0

2. 对磷素的吸收与分配　马铃薯植株体内磷素的含量一般为干物重的0.4%～0.8%。据研究，马铃薯成熟期根系、茎叶和块茎中全磷含量分别为0.64%、0.34%和0.55%。马铃薯各器官磷的浓度为同器官氮浓度的1/10以下。

磷素在各器官的浓度呈现单峰曲线变化，峰值均出现在块茎增长期，而后逐渐下降直到收获期。各器官中磷素浓度以块茎变化幅度最小，当块茎形成后，磷素浓度一直较高。保证块茎增长对磷素的需求，是使马铃薯植株良好发育和获得高产的前提。马铃薯磷素吸收速率均呈现单峰曲线变化，峰值出现在块茎增长期（出苗后的41～54d）。马铃薯虽对磷的吸收速率较低，但在整个生育期间，对磷的吸收持续进行着。由此说明，马铃薯对磷的需求量虽低，但幼苗的生长发育、块茎的形成、块茎体积的增长乃至淀粉的积累都需吸收一定量的磷素，在整个生育期一直呈上升趋势至成熟期达最高，说明磷素在植株体内易流动，不因叶片的大量脱落而降低。马铃薯植株体内磷素积累量的变化，在块茎增长期（出苗后40d）之前增加缓慢，进入块茎增长期后直线增加，在淀粉积累期达最高，之后略有下降（表7-3）。

磷素在马铃薯各器官内的分配，随着生长中心的转移而发生变化。磷素在叶片中的分配率以苗期为最高，60%～70%的磷素分配到叶片，用于光合系统的迅速建成，此后随着生育期的推移不断地下降。成熟期，由于叶片的衰老和脱落，磷素在叶片中的分配率降低到15%～20%。磷素在地上茎中的分配率，整个生育期间呈递减变化，即从幼苗期和块茎形成期的35%～40%逐渐下降到成熟期的10%～15%。块茎形成进入增长期后，磷素在块茎中的分配率一直呈现上升趋势，大量的磷素转移到块茎中用于块茎的建成和储存，到成熟期有70%～75%的磷素最终储存在块茎中（表7-3）。

表7-3　马铃薯不同生育时期磷素累积吸收变化

		幼苗（9d）	块茎形成期（21d）	块茎增长始期（30d）	块茎增长期（40d）	块茎快速增长期（54d）	淀粉积累期（75d）	成熟期（98d）
含量（%）	叶	0.36	0.46	0.47	0.46	0.48	0.45	0.35
	地上茎	0.50	0.46	0.47	0.48	0.43	0.41	0.29

（续）

	幼苗（9d）	块茎形成期（21d）	块茎增长始期（30d）	块茎增长期（40d）	块茎快速增长期（54d）	淀粉积累期（75d）	成熟期（98d）
块茎	—	0.42	0.43	0.49	0.48	0.43	0.40
每株吸收速率（g/d）	0.003 8	0.007 2	0.01	0.018 3	0.032 7	0.021 9	0.008 7
积累量（g/d）	0.034 1	0.112 9	0.21	0.398 0	0.855 1	1.271 8	1.238 1
分配率（%）　叶	65.83	52.96	45.88	36.14	30.97	20.94	16.14
地上茎	34.17	40.83	38.10	29.10	24.31	15.97	11.14
块茎	—	6.21	16.02	34.76	44.72	63.09	72.71

由于磷素在植株体内极易流动，所以在整个生育期，磷素是随着生长中心的转移而变化，一般在幼嫩的器官中分布较多，如根尖、茎生长点和茎叶中磷的含量较高，随着生长中心由茎叶向块茎转移，磷向块茎中的转移量也增加，到淀粉积累期磷素大量向块茎中转移，成熟的块茎中磷素的含量占全株磷素总含量的80%～90%。块茎也是磷素代谢的主要场所之一。

磷素存在能使植株体内氮素浓度下降，但对氮的吸收量有促进作用，亦可提高氮的运转率，从而提高马铃薯的光合生产率和生物产量，提高经济产量系数。磷素对生物产量的作用因土壤而异，高肥力田无显著影响，一般田有极显著的增产作用。相反，氮素又会使植株体内的磷素浓度降低，茎叶内下降更为明显，施氮量在适宜的范围可促进对磷的吸收，超过适量，则吸磷量下降。

马铃薯从出苗到成熟的整个生育过程中，都有对磷的吸收，但在不同的生育时期，表现出明显的阶段性。据高炳德（1983）研究，从出苗到现蕾（苗期），以每日每穴0.81mg的速度吸收，该期吸磷量占全生育期吸磷总量的16%，现蕾到终花期（块茎形成—块茎增长期），以每日每穴3.33mg的速度吸收，该期吸磷量占全生育期吸磷总量的62%，终花期到成熟期（淀粉积累期）吸磷速度降低到每日每穴1.43mg，该期吸磷量占全生育期吸磷总量的22%。

磷素在马铃薯植株体内的分配与运转可由块茎和茎叶含磷量比得到反映。现蕾前，磷主要集中在茎叶中，终花期块茎与茎叶含磷量比接近1∶1，成熟期块茎与茎叶含磷量比为4.3∶1。显然，随着生长中心由茎叶向块茎转移，块茎与茎叶含磷量的比也经历了小于1、等于1和大于1的演变过程。含磷量平衡期出现过早，是茎叶磷吸收储存较少的标志，对后期磷的供给不利，平衡期出现过晚，说明成熟期磷的运转率要降低（运转率＝块茎含磷量/全株含磷量×100%）。终花期后茎叶中的磷以每日每穴0.25g的速度向块茎转移，茎叶含磷量迅速下降；成熟期，磷素运转率达到81.2%。可见磷在体内是极易流动和反复利用的元素。

据门福义的研究，马铃薯茎、叶、块茎中的绝对含磷量的变化与含氮量的变化规律完全一致，即茎、叶、块茎中相对含磷量是逐渐减少的，茎、叶中的绝对含量呈单峰曲线式变化，在块茎增长期（茎叶生长盛期）达到高峰，以后至成熟期又逐渐下降，成熟期一般比最高含量低25%～50%。块茎中绝对含磷量的变化趋势与氮的变化一致，但成熟时块茎中含磷量占全株含量的比例，比氮素在块茎中所占比例高。从磷素在各器官的分配状况看，与氮素基本一致，但茎秆中含磷的比例比含氮比例略高，而且出现高峰也较早（在块茎形成期）。叶片中磷素的分配比例变化也是由高到低，最高比例不如氮素高，到成熟时最低比例也比氮素低，占全株含磷量的6%～7%。磷在块茎中的分配比例较高，成熟时占全株含磷量的80%～90%。可见储藏器官中的物质积累运输和转化与磷素的关系是极其密切的。据高炳德等（1986）研究，块茎中磷素的来源有三：块茎增长期以前吸收积累占45.5%，淀粉积累期吸收积累的占31.5%，茎叶中转移部分占23%。门福义（1983）研究同样发现，块茎增长期茎叶中磷素含量达到最高，之后便迅速向块茎中转移，叶片的转移率高于茎秆，叶片的转移率一般为75%左右，茎秆的转移率为50%～65%。茎叶转移到块茎中的磷素占块茎总磷素的40%～55%。每生产1 000kg块茎，从土壤中要吸收P_2O_5 2～3kg。当单产提高时，磷肥吸收量变化不大。

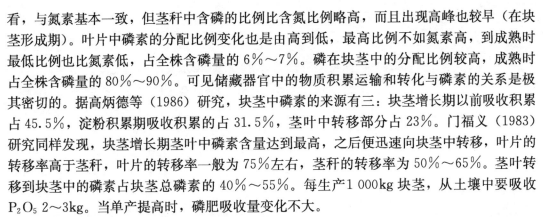

3. 对钾素的吸收与分配　钾素是马铃薯灰分元素中含量最多的元素，占灰分总量的50%～70%。生育时期钾的相对含量变化总趋势与氮、磷相似，即随着生育时期的推移，茎、叶、块茎中钾的相对含量逐渐降低，但前后各时期的变幅不大，且茎中钾的浓度始终高于块茎和叶。茎、叶、块茎中钾的绝对含量变化与氮、磷不同，茎秆和块茎都随生育时期的推移而有增加的趋势；而叶片中钾绝对含量的变化，则是随生育时期的推移而逐渐降低，至成熟时最低（表7-2）。

钾在各器官中的分配状况与氮相似，但不太规律。茎秆中钾的含量，除苗期较低外，以后各期变化幅度不大，一般占全株含钾总量的13%～42%；叶片中钾的含量是苗期最高，以后逐渐降低，至成熟时达到最低；块茎中钾的含量与叶片相反，初期低，以后逐渐增高，至成熟期达到最高。由此看来，茎秆中的钾很少向外转移，有逐渐增高的趋势，其来源主要是从叶片中转移而来。块茎中的钾有50%左右也是从叶片中转运来的。

钾在各器官中的变化规律与氮的变化相近，说明钾与生长密切相关。由于钾的存在，蛋白质和糖类的合成均趋于旺盛，从而促进了植株的代谢过程和光合强度，使茎秆粗壮，减轻倒伏，推迟叶片的衰老进程。据测定，每生产1 000kg块茎，需从土壤中吸收K_2O 10～13kg。

马铃薯对钾素的吸收速率呈单峰曲线变化，峰值出现在块茎增长期，进入淀粉积累期后，钾的吸收速率迅速下降，至成熟期有一定量的钾素外渗并随叶片的脱落而出现流失。马铃薯钾素（K_2O）吸收速率的变化与块茎的形成与代谢规律一致。因为钾在马铃薯植株体内与光合产物的运输相关，在块茎增长期和淀粉积累期均有大量的光合产物运输到块茎中，供块茎的建成和储藏物质的积累，因而植株对钾的吸收速率最高。在种植密度适宜、氮磷钾适量配施下，每株最高吸收速率可达130.8mg/d，峰值出现在出苗后47d左右。马铃薯植株钾素的积累量，在幼苗期和块茎形成期因植株较小而积累量少，从块茎增长期开始，钾素积累量直线升高，并在淀粉积累期达到峰值，此后随着叶片的衰老、脱落，发生钾的转移和流失，使钾素的积累量有所下降。钾素在叶片中的分配率以幼苗期为最高，其中55%～60%的钾素分配到叶片，用于器官的迅速建成，此后随着生育进程的推移不断地下降。成熟期，由于叶片的衰老和脱落，钾素在叶片中的分配率降低到10%～20%，整个生育期钾素在地上茎中的分配率呈平缓的递减变化，即从幼苗期的40%～45%缓慢下降到成熟期的10%～20%。块茎形成进入增长期后，钾素的分配率一直呈上升趋势，大量的钾素转移到块茎中用于块茎的建成和储存，到成熟期，有 60%～70%的钾素最终储存在块茎中（表7-4）。

表 7-4　马铃薯不同生育时期钾素累积吸收变化

		幼苗（9d）	块茎形成期（21d）	块茎增长始期（30d）	块茎增长期（40d）	块茎快速增长期（54d）	淀粉积累期（75d）	成熟期（98d）
含量（%）	叶	5.33	4.52	3.83	3.69	2.59	2.09	1.85
	地上茎	9.57	7.56	7.46	6.49	4.34	2.86	1.83
	块茎	—	4.90	3.64	3.51	2.55	2.15	1.80
每株吸收速率（g/d）		0.061 4	0.079 9	0.097 2	0.131 4	0.129 7	0.075 3	−0.039 4
每株积累量（g/d）		0.55	1.43	2.40	3.72	5.53	6.96	5.97
分配率（%）	叶	60.01	41.38	33.94	31.00	25.66	17.90	17.69
	地上茎	39.99	52.90	53.99	42.11	37.61	20.32	14.55
	块茎	—	5.71	12.07	26.89	36.73	61.78	67.76

二、马铃薯缺素症状

任何作物包括马铃薯如果缺乏某种营养元素，都会在植株外观表现出一定的症状，通过症状判断缺乏的元素的种类，为指导作物丰产提供服务。

1. 缺氮　如前文所述，氮肥充足，能使马铃薯茎叶生长繁茂，同化面积增大，净光合生产率提高，加速有机物质的积累，从而提高块茎的产量。氮肥在肥料当中是最易流失的。在低温多雨的年份，特别是缺乏有机质的沙土或酸性过强的土壤中，往往容易发生缺素现象。

氮素供应不足，植株生长缓慢，茎秆细弱矮小，分枝少，生长直立。叶片首先从植株基部开始呈淡绿色或黄绿色，并逐渐向植株顶部扩展，叶片变小而薄，略呈直立，每片小叶首先沿叶缘褪绿变黄，并逐渐向小叶中心部发展。严重缺氮时，至生长后期，基部老叶全部失去叶绿素而呈淡黄色或黄色，以至干枯脱落，只留顶部少许绿色叶片，且叶片很小，整株叶片上卷。

为防止缺氮现象发生和高产栽培的需要，应根据不同土壤类型的有机质和氮素含量的多少，合理施用有机肥，并配以适量的速效性氮肥。速效性氮肥最好选用颗粒性复合化肥，播种时施用或分期施用。

表7-5是根据美国加利福尼亚州测定的马铃薯氮、磷、钾营养状况的诊断指标，供参考。

2. 缺磷　磷素的主要功能是促进体内各种物质的转化，提高块茎干物质和淀粉的积累，促进根系发育，提高植株抗旱、抗寒能力，此外，磷肥充足时，还能提高氮肥的增产效应。

缺磷现象常在各种土壤中发生，特别是酸性黏重土壤，有效态磷往往被固定而变成无效态。在沙质土壤中，由于磷素本来就缺乏，加之保肥能力差，更易发生缺磷现象。

磷素缺乏，生育初期症状明显，植株生长缓慢，株高矮小或细弱僵立，缺乏弹性，分枝减少,叶片和叶柄均向上竖立,叶片变小而细长,叶缘向上卷曲,叶色暗绿而无光泽;严重缺磷时,植株基部小叶的叶尖首先褪绿变褐,并逐渐向全叶发展,最后整片叶枯萎脱落。本症状从基部叶片开始出现,逐渐向植株顶部扩展。缺磷还会使根系和匍匐茎数量减少,根系长度变短,块茎内部发生锈褐色的创痕,创痕随着缺磷程度的加重,分布亦随之扩展,但块茎外表与健薯无显著差异;创痕部分不易煮熟。

为了防止缺磷和提高马铃薯的产量,在播种的同时,应以氮、磷速效性复合肥作为种肥施入播种间,或者与堆肥、厩肥混施,基肥用过磷酸钙 $225\sim375kg/hm^2$,与有机肥混匀施入 10cm 以下耕作层。尤其在酸性土、黏重土和沙性土栽培马铃薯时,应特别注重磷肥的施用。生育期间如果发现缺磷时,要及早用 0.3%~0.5%过磷酸钙水溶液进行叶面喷施,每隔 5d 左右喷洒 1 次,直至缺磷症状消失为止。

3. 缺钾 钾素在马铃薯植株体内主要起调节生理功能的作用。钾素充足,可以加强体内的代谢过程,增强植株的光合强度,延迟叶片的衰老进程,促进植株体内蛋白质、淀粉、纤维素及糖类的合成,可使茎秆增粗,减轻倒伏,增强抗寒性和抗病性。

缺钾现象常易在轻沙土和泥炭土上发生。钾素不足,植株生长缓慢,甚至完全停顿,节间变短,植株呈丛生状;小叶叶尖萎缩,叶片向下卷曲,叶表粗糙,叶脉下陷,中央及叶缘首先由绿变为暗绿,进而变黄,最后发展至全叶,并呈古铜色;叶片暗绿色是缺钾的典型症状;症状从植株基部叶片开始,逐渐向植株顶部发展,当底层叶片逐渐干枯时,顶部心叶仍呈正常状态。

缺钾还会造成匍匐茎缩短,根系发育不良,吸收能力减弱,块茎变小,块茎内呈灰色晕圈,淀粉含量降低,品质差。

缺钾症与缺镁症略相似,在田间常不易区分,其主要不同点是缺钾叶片向下卷曲,而缺镁则叶片向上卷曲。

我国北方土壤钾的含量较丰富,过去一直认为北方不缺钾,但随着生产力水平的提高、土壤钾素的不断消耗,部分地区也出现缺钾现象,而且施钾的影响日益明显。南方地区,缺钾更容易发生。在缺钾的土壤中,增施有机肥,同时在基肥中混入草木灰,可改善土壤缺钾症状。生育期间如果有缺钾现象发生,要及时用 0.3%~0.5%磷酸二氢钾水溶液进行叶面喷施,每隔 5~6d 喷洒 1 次,直至缺钾症状消失为止。

由于土壤、气候条件、作物品种和生育阶段的不同,表 7-5 中所列诊断指标可能有较大变动,所以仅供参考。各地应根据试验确定最实用的指标,以便为合理施肥和管理提供可靠的依据。

表 7-5 马铃薯营养诊断指标

生育时期	营养元素	倒数第四叶叶柄干物质中的含量(%)		
		不足	中等	充足
初期	$NO_3\text{-}N$	0.8	1	1.2
	$PO_4\text{-}P$	0.12	0.16	2
	K	9	10	12
中期	$NO_3\text{-}N$	0.6	0.75	0.9

（续）

生育时期	营养元素	倒数第四叶叶柄干物质中的含量（%）		
		不足	中等	充足
中期	PO$_4$-P	0.08	0.12	0.16
	K	7	8	9
后期	NO$_3$-N	0.3	0.4	0.5
	PO$_4$-P	0.05	0.08	0.1
	K	4	5	6

4. 缺镁 镁是叶绿素构成元素之一，与同化作用密切相关，也是多种酶的活化剂，影响发酵和吸收过程，并影响核酸、蛋白质的合成和糖类的代谢。镁又是强酸条件下调节营养物质进入植物体的元素。

镁缺乏时，由于叶绿素不能合成，从植株基部小叶边缘开始由绿变黄，进而叶脉间逐渐黄化，而叶脉还残留绿色；严重缺镁时，叶色由黄变褐，叶肉变厚而脆并向上卷曲，最后病叶枯萎脱落。病症从植株基部开始，渐近于植株上部叶片。

缺镁一般多在沙质和酸性土壤中发生，沙质土壤中镁容易流失，酸性土壤中铝离子影响对镁的吸收，植株常会出现缺镁。近年来，由于各地化肥用量迅速增加，使土壤 pH 降低，土壤向酸性变化，这是造成土壤缺镁的重要原因之一。此外，钾肥过多，会抑制镁的吸收，也能引起缺镁，因为钾与镁存在拮抗作用，同时低温会降低镁的有效性和植株对镁的吸收，易出现缺镁症。

马铃薯对镁肥高度敏感，吸收量近于磷。世界上不少国家如德国、丹麦、波兰、捷克、斯洛伐克、芬兰等，在马铃薯的施肥体系中镁肥是必不可少的，它可提高产量，改善品质。在美国的许多州，镁和氮、磷、钾一样，也是重要的肥料元素。为了补充镁的不足，常向肥料中添加硫酸镁。如在播种时漏施镁肥，用添加 2%～8%硫酸镁的波尔多液对植株喷施进行补充。

俄罗斯积累了大量关于镁肥在各种土壤、气候条件下对马铃薯产量和品质有良好作用的资料。认为在非黑钙土和红壤的沙质及壤质土壤中镁肥是必不可少的。在酸性土壤中，如果不使用厩肥，则每年需要施用可溶性镁肥。在近中性反应的土壤中，镁淋溶较弱，在施厩肥地区，如果作物迫切需要镁时，也需使用镁肥。

在酸性土和沙质土中增施镁肥，多有增产效果。在田间发现缺镁时，应及时用 1%～2%硫酸镁溶液进行叶面喷施，每隔 5～7d 喷施 1 次，视缺镁程度可喷施数次，直至缺镁症状消失为止。

5. 缺钙 钙在块茎中的含量约占各种矿质营养元素的 7%，相当于钾素的 1/4。含量虽少，但钙素是马铃薯全生育期都必需的重要营养元素之一，特别是块茎形成阶段，对钙的需要更加迫切。钙是构成细胞壁的重要元素之一，它还对细胞膜生成起重要作用，在土壤中除作为营养供给马铃薯植株吸收利用外，还能中和土壤酸性，促进土壤有效养分的形成，抑制其他化学元素的毒害作用。

当土壤缺钙时，分生组织首先受害，细胞壁的形成受阻，影响细胞分裂，表现在植株形态上是幼叶变小，小叶边缘淡绿，节间显著缩短，植株顶部呈丛生状。严重缺钙时，其形态症状表现为叶片、叶柄和茎秆上出现杂色斑点，叶缘上卷并变褐色，进而主茎生长点枯死，而后侧芽萌发，整个植株呈丛生状，小叶生长极缓慢，呈浅绿色，根尖和茎尖生长点（尖端的稍下部位）溃烂坏死，块茎缩短、畸形，髓部呈现褐色而分散的坏死斑点，失去经济价值。

一般种植马铃薯的土壤不会缺钙，但酸性土壤容易缺钙，特别是 pH 低于 4.5 的强酸性土壤中，施用石灰补充钙质，对增产有良好效果。在前期干旱而后期大量灌水，或偏施、多施速效氮肥，特别是生长后期偏施氮肥，均会降低块茎内钙的含量，从而加重缺钙发生。应急时，叶面可喷洒 0.3%～0.5%氯化钙或硝酸钙1 500～2 000倍液，每 3～4d 喷 1 次，共喷 2～3 次，最后 1 次应在采收前 3 周为宜。尤其要注意浇水，雨季及时排水，适时适量施用氮肥，保证植株对钙的吸收。

经储藏的块茎，在萌发过程中，芽生长点顶端稍下的部位产生褐色坏死，进而芽全部枯死，这也是缺钙引起的病症；但将块茎种植在田间，当植株从土壤中吸收到足够的钙素时，芽又可以恢复正常生长。

6. 缺硫　轻度缺硫时，整个植株发黄，叶片、叶脉普遍黄化，与缺氮类似，但叶片并不提前干枯脱落；极度缺硫时，叶片上出现褐色斑点，生长缓慢，幼叶先失去浓绿的色泽，呈黄绿色，幼叶明显向内卷曲，叶脉颜色也较淡，以后变为淡柠檬黄色，并略带淡紫色；严重时枯梢，老叶出现深紫色或褐色斑块，根系发育不良，块茎小而畸形，色淡、皮厚、汁少。

缺硫仅在山区、半山的黏重土壤中出现。长期施用不含硫的过磷酸钙或硝酸磷肥，土壤可能缺硫。一般适当施硫酸铵或含硫的过磷酸钙 22.5～60kg/hm² 即可。

7. 缺硼　硼是马铃薯生长发育不可缺少的重要微量元素之一，它对马铃薯有明显的增产效果。硼酸施用量少，使用方法简便，易于推广使用。据山东省济南市农业科学研究所 1983—1986 年研究，无论是作为基肥施用，还是作为追肥施用，或进行叶面喷施，都有明显增产效果，平均每 667m² 增产块茎 100～300kg，最高达1 250kg，平均增产率为 8%～27.5%；尤其在有效硼含量低的土壤中，施硼增产效果更明显。早在 20 世纪 70 年代青海省农业科学院土肥研究所和乐都县农业科学研究所就有类似的试验结果。

硼的主要生理功能是促进糖类的代谢、运转和细胞的分裂，进而加速植株的生长、叶面积的形成，促进块茎淀粉和干物质的积累，提高块茎产量。

硼素缺乏时，植株生长缓慢，叶片变黄而薄，并下垂，茎秆基部有褐色斑点出现，根尖顶端萎缩，支根增多，影响根系向土壤深层发展，抗旱能力下降。

一般贫瘠的沙质土壤容易缺硼。如果土壤有效硼含量＜0.5mg/kg 时，每 667m² 基肥中施用硼酸 500g，并结合氮、磷、钾肥的施用，增产效果最好。

8. 缺锌　缺锌植株生长受抑制，节间短，株型矮缩，顶端叶片直立，叶小丛生，叶面出现灰色至古铜色的不规则斑点，叶缘上卷。严重时，叶柄及茎上均出现褐色斑点或斑块，新叶出现黄斑，并逐渐扩展到全株，但顶芽不枯死。在生长的不同阶段会因缺锌出现"蕨叶病"（"小叶病"）的症状。

主要是受土壤高 pH、高碳酸盐含量、高磷酸盐含量和低锌含量、低温等条件的影响。沙地、瘠薄山地或土壤冲刷较重田块，土壤锌盐少且易流失，石灰性土壤锌盐常转化为难溶状态，不易被植物吸收导致缺锌；土壤过湿，通气不好，降低根吸收锌的能力，过量施用磷肥也会引发缺锌症。每 $667m^2$ 追施硫酸锌 1kg，或喷洒 $0.1\%\sim0.2\%$ 硫酸锌溶液 $50\sim75$kg，每隔 10d 喷 1 次，连喷 $2\sim3$ 次，可改善缺锌症。在肥液中加入 0.2% 熟石灰水，效果更好。

9. 缺锰 缺锰植株易产生失绿症，叶脉间失绿后呈淡绿色或黄色，部分叶片黄化枯死。症状先在新生的小叶上出现，不同品种叶脉间失绿可呈现淡绿色、黄色和红色。严重缺锰时，叶脉间几乎变为白色，并沿叶脉出现很多棕色的小斑点，以后这些小斑点从叶面枯死脱落，使叶面残破不全。

主要发生在 pH 较高的石灰性土壤中，代换性锰的临界值为 $2\sim3$mg/kg，还原性锰的临界值为 100mg/kg，若低于临界值，就易出现缺锰症，特别是石灰性土壤中经过平整而裸露出来的心土，更容易缺锌、锰。缺锰时，每 $667m^2$ 用易溶的 $23\%\sim24\%$ 硫酸锰 $1\sim2$kg 作为基肥，必要时叶面喷 $0.05\%\sim0.10\%$ 硫酸锰溶液 50kg 左右，每 $7\sim10$d 喷 1 次，连喷 $2\sim3$ 次，喷施时可加入 1/2 或等量石灰，以免发生肥害，也可结合喷施 1：（$0.5\sim1.0$）：200 的波尔多液。

10. 缺铁 缺铁易产生失绿症，幼叶先显轻微失绿症状，变黄、白化，顶芽和新叶黄、白化，心叶常白化。初期叶脉颜色深于叶肉，并且有规则地扩展到整株叶片，继而失绿部分变为灰黄色。严重缺铁时，叶片变黄，甚至失绿部分几乎变为白色，向上卷曲，但不产生坏死的褐斑，小叶的尖端边缘和下部叶片长期保持绿色。一般土壤中不会缺铁，但土壤中影响有效铁含量的因素很多，产生缺铁的原因较复杂。由于土壤酸碱性过大、有机质含量过少、通透性差或盐渍化等原因，使表土含盐量增加，土中可以吸收的铁元素变成了不能吸收的铁元素，植株表现缺铁症。如石灰性土壤中，含碳酸钠、碳酸氢钠较多，pH 高时，铁呈难溶的氢氧化铁而沉淀或形成溶解度很小的碳酸盐，大大降低了铁的有效性。此外，雨季加大了铁离子的淋失，易造成土壤缺铁。应注意改良土壤、排涝、通气和降低盐碱性，增施有机肥，增加土壤中腐殖质。每 $667m^2$ 叶面喷 $0.2\%\sim0.5\%$ 硫酸亚铁溶液 $50\sim75$kg，每隔 $7\sim10$d 喷 1 次，连喷 $2\sim3$ 次，可改善缺铁症。酸性土壤中补充铁最好选用 0.1% 螯合铁肥（NaFeEDTA）溶液，避免肥害。

11. 缺铜 缺铜植株衰弱，茎叶软弱细小，从老叶开始黄化枯死，叶色呈现水渍状。新生叶失绿，叶尖发白卷曲呈纸捻状，或幼嫩叶片向上卷呈杯状，并向内翻回，叶片出现坏死斑点，进而枯萎死亡。泥炭土、酸性沙土、有机质含量高的土壤易出现缺铜症。每 $667m^2$ 叶面喷 $0.02\%\sim0.04\%$ 硫酸铜溶液 50kg，喷硫酸铜最好加入 0.2% 熟石灰水，既能增效，又可避免肥害。

12. 缺钼 缺钼植株生长不良，株型矮小，茎叶细小柔弱，症状一般从下部叶片出现，老叶开始黄化枯死，叶色呈现水渍状，叶脉间褪绿，或叶片扭曲，顺序扩展到新叶。新叶慢慢黄化，黄化部分逐渐扩大，叶缘向内翻卷成杯状。酸性土壤和缺磷土壤，植株易出现缺钼症。土壤锰过量，抑制钼吸收。每 $667m^2$ 叶面喷施 $0.02\%\sim0.05\%$ 钼酸铵溶液 50kg，每 $7\sim10$d 喷 1 次，连喷 $2\sim3$ 次，可改善缺钼症。

三、马铃薯施肥原则、技术及方法

根据马铃薯的生长发育特性及吸肥、需肥规律，马铃薯施肥应采用前促、中控、后补的原则，要求重农肥、控氮肥、增磷肥、补钾肥。施肥方法以基肥为主、追肥为辅，重施底肥、早施追肥，重施有机肥、配施磷钾肥。

1. 施足底肥 根据马铃薯需肥规律和土壤养分含量情况，一般施用农家肥 $45\sim60t/hm^2$ 做底肥，在翻地前撒施，及时翻入土壤中。

结合播种施入一定量化肥做种肥，种肥需控制氮肥用量，尤其尿素，不可过多。化肥用量：马铃薯鲜薯单产 $20\sim30t/hm^2$ 水平时，氮磷钾肥总施用量（纯量）$240kg/hm^2$，$N：P_2O_5：K_2O=1：0.8：1.2$，折合尿素 $120kg/hm^2$、磷酸二铵 $140kg/hm^2$、硫酸钾 $195kg/hm^2$；单产高于 $35t/hm^2$ 水平时，氮磷钾肥总施用量（纯量）$300kg/hm^2$，$N：P_2O_5：K_2O=1：0.7：1.4$。太仆寺旗农户种植的旱地马铃薯大都施用农家肥，大面积喷灌圈水浇地种植马铃薯都不施用农家肥，这样每公顷需多施入化肥 $30\sim45kg$（纯量）做基肥。

底肥还可用撒可富马铃薯专用复合肥 $750kg/hm^2$。

种肥可人工或机械均匀施入播种沟内，要求种薯和肥料分箱、分层施入，避免肥种直接接触而灼伤种薯，影响出苗。

2. 及早追肥 追肥以施用钾肥为主、氮肥为辅，宜在早期进行。一般第一次追肥在苗期，结合中耕培土进行，每公顷施用尿素 $15\sim30kg$；第二次在现蕾期，以钾肥为主，每公顷施用硫酸钾 $75kg$ 左右，可配合施用适量氮肥。追肥可人工或机械开沟施于苗垄两侧，施后覆土，也可结合浇水冲施、浇施。

3. 叶面施肥 生育前期，如有缺肥现象，可在苗期、发棵期叶面喷施 0.5% 尿素水溶液、0.2% 磷酸二氢钾水溶液 $2\sim3$ 次。马铃薯开花后，一般不进行根部追肥，特别是不能追施氮肥，主要以叶面喷施磷钾肥补充养分的不足，可叶面喷施 $0.3\%\sim0.5\%$ 磷酸二氢钾水溶液 $250kg/hm^2$，若缺氮，可增加尿素 $1.5\sim2.5kg/hm^2$，每 $10\sim15d$ 喷 1 次，连喷 $2\sim3$ 次。在收获前 $15d$ 左右，叶面喷施 0.5% 尿素、0.3% 磷酸二氢钾等叶面肥，增产效果较显著。

如果土壤缺硼或苗情有缺硼现象，可在开花期叶面喷施 $0.1\%\sim0.3\%$ 硼砂溶液或 0.2% 硼酸溶液，每公顷 $750\sim1\,000kg$，连喷 2 次。同时，马铃薯对钙、镁、硫、锌、铁、锰等中微量营养元素的需求也比较大，因此要结合土壤肥力状况和马铃薯生长发育状况，适时进行中微量元素肥料叶面喷施，以提高抗性和产量。

4. 化控技术应用 生长期为防止地上部植株徒长，可喷施 $100mg/kg$ 多效唑或 $50\sim100mg/kg$ 壮丰安，每公顷用 $750kg$ 水溶液。为促进块茎膨大，在薯块膨大期叶面喷施膨丰乐等。

第二节 西芹施肥技术

太仆寺旗西芹种植已成为蔬菜生产的主导产业，被誉为"中国西芹第一乡"。得天独厚的地理和气候优势，使太仆寺旗生产的"察哈尔"牌西芹纯天然、无污染，被中国绿色食品发展中心认证为"绿色食品"。2008年，太仆寺旗西芹种植面积达1 333hm²，年累计销售西芹13.3万t，销售额达1.4亿元，仅西芹一种，全旗农民人均增收819元。因此，保证西芹的丰产丰收显得尤为重要。

一、西芹对养分的吸收规律

1. 对氮、磷、钾养分的吸收规律 西芹要求较完全的肥料。在任何时期缺乏氮、磷、钾，都会影响芹菜的生长发育，而以初期和后期影响更大，尤其缺氮影响最大。每生产1 000kg西芹需要吸收纯氮（N）2.0kg、磷（P_2O_5）0.93kg、钾（K_2O）3.9kg，对氮、磷、钾的吸收比例约为2∶1∶4。苗期和后期需肥较多。初期需磷最多，因为磷对西芹第一叶节的伸长有显著的促进作用，西芹的第一叶节是主要食用部位，如果此时缺磷，会导致第一叶节变短。钾对西芹后期生长极为重要，可使叶柄粗壮、充实、有光泽，能提高产品质量。在整个生长过程中，氮肥始终占主导地位。氮肥是保证叶片良好生长的最基本条件，对产量影响较大。氮肥不足，会显著地影响到叶的分化及形成，叶数分化较少，叶片生长较差。西芹幼苗期、缓慢发棵期及叶柄速生前期的吸肥量很少，叶柄速生中期和后期的吸肥量猛增，吸肥量分别占一生吸肥量的17.63%和70.86%；前期需氮肥比例很高，叶柄速生后期吸钾量占优势。

西芹的产品器官是柔嫩多汁的营养器官，对氮肥的需求量大，基肥、追肥均应以速效肥为主，特别需供给充足的氮肥，否则，叶片分化数少，叶片生长缓慢。又因西芹是浅根系植物，吸水吸肥力弱，所以要求土壤保水、保肥，富含有机质。

环境和栽培管理水平不同，西芹产量差异很大，但总的趋势是随着单位面积产量水平的提高，吸收氮、磷、钾总的数量随之增加，但生产单位产量所需营养元素随之减少。

2. 对中微量元素的吸收特点 氮肥和钾肥每次施用量不宜过多，土壤中氮、钾浓度过高会影响硼、钙的吸收，造成芹菜心叶幼嫩组织变褐，并出现干边，严重时枯死，在浇水不足、土壤干旱和地温低时更加严重。所以要控制氮肥和钾肥的用量，增加硼肥和钙肥的施用，保持土壤湿润，避免土温过低。在植株缺硼时还容易产生茎裂，茎裂多出现在外叶叶柄的内侧。心叶发育时期缺硼，其内侧组织变成褐色，并发生龟裂现象。叶面喷施0.5%硼砂水溶液可在一定程度上避免茎裂的发生。西芹对硼和钙等元素比较敏感，在全生育期中还需追施适量的钙、硼元素。土壤缺硼，植株易发生心腐病，叶柄容易产生裂纹或毛刺，严重时叶柄横裂或劈裂，且表皮粗糙。施用锌肥，可使西芹品质大为改善，维生素C、可溶性糖含量增加，$NO_3\text{-}N$累积吸收量减少，植株体内的锌含量增加，为人体补锌提供了植物载体。

太仆寺旗土壤肥料工作站在千斤沟镇沟门村、马坊子村进行了西芹中微量元素肥效试验、三区较正试验及西芹配方肥施肥示范区试验。沟门村微量元素肥效试验平均每667m²西芹产6 700kg，较周边习惯用肥区每667m²产量6 400kg提高了300kg，增产率为4.7%；三区校正试验配方区每667m²产量较习惯区、空白区分别提高280kg、540kg。马坊子村中微量元素肥效试验平均每667m²产量较前一年平均提高240～270kg。通过测产对比，微量元素肥效好、产量高，干物质积累多，而且色泽鲜亮、抗病能力强。

二、西芹缺素症状

1. 缺氮　植株生长矮小，叶色淡绿，老叶呈黄色，早早死亡。

2. 缺磷　植株生长缓慢，叶色蓝绿，老叶呈黄色，过早死亡。

3. 缺钾　植株生长矮小，叶片向回卷缩，呈暗蓝绿色，进一步发展至叶缘褪绿变褐色灼伤状，是严重缺钾典型症状。

4. 缺钙　心叶生长期明显受到抑制，近心的叶柄上有纵向凹陷状坏死斑，部分叶片上发生与病毒相似的黄化现象。严重缺钙表现为生长点死亡，植株生长受阻，叶片呈中度绿色。

5. 缺硼　茎部粗短、开裂、变脆，称为茎裂病，老叶叶柄出现多处裂纹裂口，在新叶生长发育不良时，靠近新叶的叶柄上有横向的龟裂斑，而缺钙时则可见纵向的坏死斑。

6. 缺锰　叶片呈无光泽的暗绿色，同时叶缘褪绿。

7. 缺硫　整株呈淡绿色，但嫩叶显示特别的淡绿色。

8. 缺铁　嫩叶的叶脉间变黄白色，接着叶色变白色。

9. 缺铜　叶色淡绿，在下部叶上易发生黄褐色斑点。

10. 缺锌　叶易向外侧卷，茎秆上可发现色素。

三、西芹施肥原则、技术及方法

根据西芹的生长发育特性及吸肥、需肥规律，西芹施肥应遵循前控、中促、后补的原则，要求重农肥、增磷肥、补氮肥。施肥方法以基肥为主、追肥为辅，重施底肥、早施追肥，重施有机肥、配施磷钾肥。

1. 施足底肥　根据西芹需肥特点和土壤养分含量情况，一般施用农家肥 $60\sim75t/hm^2$ 做底肥，在耕地前撒施后及时翻入土壤中。

2. 及时追肥　追肥以施用氮肥为主，钾肥为辅，氮肥需少施勤追，一般第一次追肥在缓苗后，结合中耕除草进行，每公顷施用尿素 $30\sim60kg$；第二次在发棵期，每公顷施用尿素 $30\sim60kg$，配合追施硫酸钾 $15\sim30kg$。

3. 叶面施肥　如有缺肥现象，可在苗期、发棵期叶面喷施 0.2% 磷酸二氢钾水溶液 $2\sim3$ 次；若出现缺硼现象，可喷施 0.1%～0.3% 硼砂溶液或 0.2% 硼酸水溶液。每公顷 $750\sim1\,000kg$，连喷 2 次。同时，西芹对钙、镁等中量元素的需求也比较敏感，根据西芹生长发育状况，适时进行补偿，以提高抗性和产量。

第三节　小麦施肥技术

太仆寺旗种植的小麦为春小麦，种植方式主要为旱作和水作两种。机械平条播，机械收获。种植品种旱地有克字号系列，水地以永良 4 号为主，产量水平大体为旱地 $750\sim1\,500kg/hm^2$，水地 $3\,000\sim4\,500kg/hm^2$。

一、小麦需肥特性

每形成 100kg 小麦籽粒，需从土壤中吸收氮素（N）$2.5\sim3.5kg$、磷素（P_2O_5）

1.2～1.7kg、钾素（K_2O）2.0～3.3kg，氮、磷、钾吸收比例为 1 ∶ 0.45 ∶ 0.90。

春小麦播种早，发育速度快，决定了春小麦需肥早、足、快的特性。从小麦生育情况看，出苗后十几天就进入 3 叶期，开始幼穗分化，从生长锥伸长到雌雄分化仅 30d 左右，这段时间的营养供应充足与否，直接影响到小麦结实器官发育的好坏和产量的高低。据研究，春小麦整个生长发育过程中，有 90% 以上的氮、80% 以上的磷和 90% 以上的钾都是在抽穗前吸收的，因此，春小麦的施肥应掌握在早期施足肥，使其"胎里富"。施足施好基肥种肥对小麦苗齐、苗壮、抗旱、抗寒、加速生育、提高产量具有重要意义。

小麦在不同生育期吸收氮、磷、钾养分的规律基本相似。一般吸收氮有两个高峰：一是从出苗到拔节阶段，吸收氮量占总吸氮量的 40% 左右；二是拔节到孕穗开花阶段，吸收氮量占总量的 30%～40%。在小麦苗期，初生根小，应有适量的氮素营养和一定的磷钾肥，促使麦苗早分蘖、早发根，形成壮苗。小麦拔节至孕穗、抽穗期，植株从营养生长过渡到营养和生殖生长并进的阶段，是小麦吸收养分最多的时期，也是决定麦穗大小和粒数多少的关键时期。小麦在抽穗至乳熟期仍应保持良好的氮、磷、钾营养，以延长上部叶片的功能期，提高光合效率，有利于小麦籽粒灌浆、饱满和增重。

除了氮、磷、钾外，小麦正常生长发育还需要钙、镁、硫、硼、锰等中微量元素营养。

二、小麦缺素症状

1. 缺氮　氮素不足，首先影响营养器官的生长，老叶首先发黄，植株生长矮小细弱，无分蘖，穗小粒少，退化小花数增多，过早成熟，产量降低。

2. 缺磷　磷素不足，根系发育受到影响，次生根影响较大，分蘖减少，因缺磷时叶绿体内的光合产物无法向外输送，而以淀粉形式在叶绿体内累积起来，导致其他器官出现糖类物质的不足，能量缺乏，代谢受阻。叶色暗绿无光泽或显紫色，光合作用削弱，抽穗开花延迟，花粉形成、受精过程受到影响。籽粒灌浆不正常，千粒重降低，品质变劣，产量下降。

3. 缺钾　钾素不足时，小麦植株生长延迟、矮小，机械组织发育不良，茎秆脆弱，容易发生倒伏，且叶色浓绿，叶片短小，光合强度减弱，下部叶片提早干枯，老叶叶尖及边缘逐渐黄枯，继而坏死，褪绿区逐渐向叶基部扩展，由于沿叶缘褪绿区向下移动比沿中脉快，结果中脉附近叶组织保持的绿色呈现"箭头状"。根系生长不良，抽穗成熟显著提早，不利于籽粒灌浆，品质变劣，产量降低。

4. 缺钙　小麦缺钙症状从新生部位表现，新叶呈现灰色、变白，以后叶尖枯萎。茎尖与根尖死亡，根毛发育不良，严重时影响根系的吸收机能。

5. 缺镁　小麦缺镁，植株矮小，叶细柔嫩下垂，甚至伏于地面，中下部叶片叶脉间褪绿后残留 1～2mm 形似念珠状串联绿斑，对光看，孕穗后消失。

6. 缺硫　小麦缺硫，植株矮小，茎秆着色淡绿，幼叶较下部叶片失绿明显，一般上部叶片黄化，叶脉和叶肉全部黄化，下部叶片保持绿色。茎细，僵直，分蘖少，植株矮小，叶片出现褐色斑点，成熟延迟，产量降低，品质变劣。

7. 缺铁　缺铁小麦叶脉间组织黄化，呈现明显的条纹，幼叶丧失形成叶绿素的能力。

8. 缺锌 小麦缺锌时，节间缩短，叶小簇生，叶缘呈现皱缩状，脉间失绿发白，呈黄白绿三色相间的条纹带，出现白苗、黄化苗，严重时出现僵苗、死苗，且抽穗推迟，穗小粒少。

9. 缺硼 缺硼的小麦植株，一般前期营养生长没有特殊表现，后期表现出不同程度的花粉败育，花粉粒畸形，严重时雄蕊发育不完全或发育早期即退化。小麦芽鞘上长出次生芽和根。

10. 缺锰 小麦缺锰，植株发育不全，叶片细长，叶尖枯焦，叶片上有不规则斑点，叶尖呈现紫色，老叶上斑点呈现灰色、浅黄色或亮褐色，严重时明显矮化，整株缺绿。

11. 缺铜 小麦缺铜常造成叶片尖端失绿，干枯，变成针状弯曲，植株呈现浅绿色，严重缺乏情况下，抽穗很少或不抽穗，穗易包裹在叶鞘内，抽出不完全。穗小籽粒少，严重时无收成。由于缺铜多发生在新开垦的沼泽地、泥炭土壤上，因此又称为"开垦病"。

12. 缺钼 小麦缺钼严重时才表现症状，叶片失绿，叶尖和叶缘呈现灰色，开花成熟延迟，籽粒皱缩，颖壳生长失常。

13. 缺氯 小麦缺氯会出现生理性叶斑病，缺氯严重时导致根和茎部病害，全株萎蔫。

三、施肥原则

小麦施肥一般遵循以下 4 项原则：

1. 有机肥、无机肥合理配施原则 增施有机肥，加强秸秆还田，合理施用化肥。

2. 施足基种肥为主、追肥为辅的原则 磷、钾肥全部用作基肥、种肥，氮肥 90％用作基种，10％用作追肥。

3. 测土配方、平衡施肥的原则 结合土壤供肥性能、小麦需肥规律及肥料特性，测土配方施肥，合理配合施用氮、磷、钾三要素肥料。

4. 注重微肥和叶面肥施用原则 结合土壤养分测试和苗情长势，合理增施微量元素肥料，适时适量喷施叶面肥。

四、施肥技术及方法

1. 增施有机肥，秸秆还田 每公顷增施商品有机肥 1 000kg 以上或秸秆还田 3 000kg。秸秆还田可结合免耕耙茬、免耕留高茬直接进行播种，也可直接粉碎还田。

2. 测土配方，施足施好基种肥 基种肥以化肥为主，根据土壤养分状况，设计好养分配比及用量。化肥施用量一般为：单产 750～1 500kg/hm² 水平时，氮、磷、钾肥总施用量（纯量）55～65kg/hm²，$N:P_2O_5:K_2O=1:1.1:0.45$，折合尿素 26～31kg/hm²、磷酸二铵 51～61kg/hm²、硫酸钾 19～23kg/hm²；单产 3 000～4 500kg/hm² 水平时，氮、磷、钾肥总用量（纯量）120～150kg/hm²，$N:P_2O_5:K_2O=1:1.2:0.6$，折合尿素 50～62kg/hm²、磷酸二铵 112～140kg/hm²、硫酸钾 51～64kg/hm²。

基种肥施用方法：将基种肥的 2/3 做基肥，1/3 做种肥，种肥分箱。

3. 适时追肥 在小麦 3 叶期，追施尿素 15～30kg/hm²，或结合灭草叶面喷施尿素

5～7.5kg/hm²、磷酸二氢钾 3kg/hm²；拔节期叶面喷施尿素 3～5kg/hm²；拔节至灌浆期叶面喷施磷酸二氢钾 1.5kg/hm²。喷灌圈的追肥可结合喷灌进行。

4. 合理施用中微量元素肥和叶面肥　根据土壤中微量元素含量，结合苗情长势，补施硫、锌、硼、钼等中微量元素肥料，喷施相应叶面肥。可在播种时加入持力硼 3kg/hm²，或在 3 叶期结合除草，喷施速乐硼 750kg/hm²，拔节前叶面喷施麦叶丰、矮壮素等防倒伏，还可视苗期适时喷施绿农素、禾家欢、喷施宝、稀土等叶面肥。

第四节　油菜施肥技术

春油菜是太仆寺旗两大油料作物之一，以芥菜型大黄油菜生产为主。大黄油菜抗逆性、适应性强，籽粒黄色，油质清亮，但油脂中芥酸含量高，饼粕中硫苷含量也较高，属于双高油菜。近几年生产中逐渐推广种植优质双低油菜，提高油菜品质，如生育期较短的青杂系列。

一、油菜需肥特性

油菜是一种需肥量较大、耐肥性较强的作物。每生产 100kg 油菜籽，需要从土壤中平均吸收 N 8.13kg、P_2O_5 2.27kg、K_2O 4.98kg。氮、磷、钾吸收比例约为 3.5∶1∶2.2。在一定生产水平下，生产相同重量的产品，油菜对氮、磷、钾的需要量是小麦的近 3 倍。

油菜在需肥特性上有 4 个显著特点：一是对氮、磷、钾的需要量比麦类作物多；二是对磷和硼的反应比较敏感，尤其是容易缺硼，导致"花而不实"；三是根系较发达，吸收土壤矿物养分能力较强，肥料利用率较高一些；四是养分还田率高，是用养结合、培肥土壤的好作物。

油菜不同生育时期对养分的需求不同，苗期吸氮占一生吸氮的 22%，薹花期为吸氮高峰期，吸收量占 55%，成熟期占 23%。油菜在整个生长发育过程中不可缺磷，苗期对磷最为敏感，吸收利用率高，薹花期是对磷吸收利用的高峰期，约占总吸收量的 50%；苗期和薹花期对钾吸收比例较高，约占吸收总量的 70%。因此，在油菜生产过程中，及时充足地供应氮肥，平衡施用磷、钾肥，适当补施硼肥，对油菜的优质高产有着重要的作用。

氮肥充足，能保证油菜正常发育，使有效花芽分化期相应加长，为增加结荚数、粒数和粒重打下基础；及时供应磷肥，能增强油菜的抗逆性，促进早熟高产，提高含油量；增施钾肥能减少油菜菌核病的发生，促进形成大量的茎秆和分枝，增强植株的抗逆能力；硼肥能够促进开花结实，荚大粒多，籽粒饱满。

二、油菜缺素症状

1. 缺氮　叶片显黄色、长势弱，植株矮小，干旱时易出现缺氮红叶。防治措施是增施氮肥或追施尿素，较快缓解缺氮症状的措施是叶面喷施不超过 5% 的尿素液。

2. 缺磷　植株生长慢而矮小，叶片变小，叶肉变厚，叶色暗绿或灰绿，缺乏光泽，叶柄紫色，叶脉边缘呈紫红色斑点或斑块，茎秆发红，花期推迟。防治措施是增施磷肥或连续叶面喷施磷酸二氢钾 2～3 次。

3. 缺钾 从老叶开始，后向心叶发展，最初呈现黄色斑，叶尖、叶缘逐渐出现萎蔫、枯死。防治措施是增施钾肥或叶面喷施磷酸二氢钾。

4. 缺硼 植株根系停止生长，没有根毛和侧根，有的根端有小瘤状突起，根皮变褐色，叶片出现紫色斑或蓝紫色斑块，叶缘倒卷，根系膨大，花期缺硼会出现"花而不实"。防治措施是增施硼肥或叶面喷施硼肥。

三、施肥原则

油菜对氮肥的吸收利用有两个高峰期，苗期是氮素营养的临界期，蕾薹期是需氮最多的时期；生长初期对磷的反应最敏感，花期至成熟阶段是吸磷最多的时期，而磷在作物体内能被再度利用，所以磷肥应全部做基肥用；蕾薹期吸钾量最多，约占总量的一半，所以钾肥施用越早效果越好；苗期、薹期、花期是油菜需硼的关键时期。因而油菜施肥应遵循"施足底肥、早施苗薹肥、重视花肥和微肥"的原则。

四、施肥技术及方法

1. 增施有机肥，秸秆还田 每公顷增施商品有机肥 1 000 kg 以上，或优质农家肥 3 000 kg 以上，提倡秸秆还田，提高土壤有机质含量。

2. 测土配方，施足施好基种肥 基种肥以化肥为主，根据土壤养分情况，设计好养分配比及用量。化肥施用量一般为：单产 2 000 kg/hm² 左右水平时，氮、磷、钾肥总施用量（纯量）150～175 kg/hm²，按 N：P_2O_5：K_2O＝3.5：1：2.2 折算，需尿素 151～176 kg/hm²、磷酸二铵 49～57 kg/hm²、硫酸钾 98～115 kg/hm²。

要求实行分层施肥和侧施肥，种肥分箱，播种时将肥料总量 2/3 放入播种机施肥箱内深施于土壤中，其余 1/3 与种子混合播入土壤中。种肥中尿素不得超过 15 kg/hm²。

3. 适时追肥 于苗期、蕾薹期及花期及时追施尿素 15～20 kg/hm²，结合灭草叶面喷施尿素 7.5 kg/hm²；蕾薹期追施尿素 20～30 kg/hm²，叶面喷施磷酸二氢钾 1.5～2 kg/hm²；花期叶面喷施磷酸二氢钾 3 kg/hm²。

4. 硼肥施用 每公顷用 7.5 kg 硼砂或 3 kg 持力硼与其他肥料混拌，一起做基肥施用；拌种，每千克种子用 1～2 g 硼砂或硼酸掺拌（勿过量，宜与种肥一起掺拌）；叶面喷施，在蕾薹期、初花期结合追肥、病虫害防治，分别叶面喷施高效速溶硼肥 1.2～1.5 kg/hm²或 0.1%～0.2% 硼砂水溶液。根据地力与苗情，注意高效腐殖酸、高效植物营养素、绿达、早熟增产灵、增产菌及硫、钙、镁等其他叶面肥和微肥的施用。

第八章

耕地土壤改良利用与监测保护

第一节　耕地地力评价与改良利用

耕地培肥与改良利用研究是以耕地地力调查与质量评价为基础，通过耕地地力等级评价、土壤改良利用现状分析，结合太仆寺旗农业区划情况进行的。在分析耕地资源利用现状及其特点、各等级地力属性、障碍因素等后，将太仆寺旗耕地改良利用分成 3 个区域，提出了切实可行的改良措施和利用方向。

一、耕地利用现状与特点

太仆寺旗土地总面积约 3 415 km²，其中耕地面积 94 408.96 hm²，占土地总面积的 27.7%，人均占有耕地只有 0.4 hm²，而且大部分为旱坡地。近几年积极发展节水农业，水浇地面积发展到 2.4 万 hm² 左右，占耕地面积的 25%，水浇地农业生产水平的高低直接影响着全旗农业生产和农民的经济收入。

2010 年全旗农作物播种面积 9.44 万 hm²，其中粮食作物播种面积 6.60 万 hm²，总产 16.12 万 t，平均单产 1 770 kg/hm²；经济作物播种面积 0.93 万 hm²；饲料及其他作物播种面积 0.91 万 hm²。农业总产值 14.21 亿元，其中种植业产值 8.07 万元。

二、耕地地力与改良利用划分

（一）耕地地力等级划分

耕地地力等级划分的主要目的是为了便于比较和了解耕地的地力状况，同时体现生产上应用的直观性。依据耕地地力评价技术规程和对耕地地力影响较大、与农业生产密切相关的有关因素，将太仆寺旗耕地划分为 5 个等级（表 8-1）。

表 8-1　太仆寺旗不同地力等级耕地面积

地力等级	一	二	三	四	五
面积（hm²）	15 285.01	20 218.16	27 723.72	16 235.59	14 946.48
占总耕地面积（%）	16.2	21.4	29.4	17.2	15.8

不同地力等级耕地对于不同利用方式的适宜性是有差别的，对于种植业来说，一级地到五级地的适宜性是逐渐变化的，从一级地的最适宜发展到五级地的不适宜；对于发展林业则相反，而宜牧性耕地则位于两者之间。

（二）耕地改良利用分区划分与改良措施

耕地改良利用分区，需按照因地制宜，因土用地，宜农则农、宜牧则牧、宜林则林，合理利用和配置耕地资源，充分发挥各类耕地的生产潜力，坚持用地与养地相结合，近期与长远相结合的原则进行。

以耕地地力评价等级为单元，以土壤组合类型、肥力水平、改良方向和主要改良措施的一致性为主要依据，同时结合耕地的适宜性、生产性能、存在问题以及地貌、气候、水文和生态等因素综合考虑进行分区。

依据上述原则，将太仆寺旗耕地资源划分为 3 个改良利用区。即评价耕地结果的一、二级耕地划分为以水为中心的高产高效基本田建设区，面积为 35 503.18hm²；三、四级耕地划分为以中低产田改造为中心的旱作稳产田建设区，面积为 43 959.31hm²；五级耕地划分为以退耕还林还草为中心的农村畜牧业生产基地建设区，面积为 14 946.47hm²。各区域的土壤类型面积、土壤养分含量见表 8-2 至表 8-4。

表 8-2 不同改良利用分区土壤类型面积

土壤类型	基本田建设区		旱作稳产田建设区		畜牧业生产基地建设区		合 计	
	面积（hm²）	比例（%）	面积（hm²）	比例（%）	面积（hm²）	比例（%）	面积（hm²）	比例（%）
栗钙土	30 929.78	87.1	38 291.68	87.1	12 620.41	84.4	81 841.87	86.7
黑钙土	1 905.89	5.4	2 114.81	4.8	549.4	3.7	4 570.1	4.8
草甸土	2 667.51	7.5	3 552.82	8.1	1 776.66	11.9	7 996.99	8.5
合 计	35 503.18	100	43 959.31	100	14 946.47	100	94 408.96	100

表 8-3 不同改良分区土壤有机质和大量元素含量

改良利用分区	基本田建设区	旱作稳产田建设区	畜牧业生产基地建设区	平均
有机质（g/kg）	28.57	27.16	25.88	27.2
全氮（g/kg）	1.54	1.46	1.39	1.46
有效磷（mg/kg）	12.33	10.89	10.38	11.2
速效钾（mg/kg）	136	132	129	132.33

表 8-4 不同改良分区土壤中微量元素含量

改良利用分区	基本田建设区	旱作稳产田建设区	畜牧业生产基地建设区	平均
有效铜（mg/kg）	0.54	0.51	0.49	0.51
有效铁（mg/kg）	8.66	8.33	8.21	8.4
有效锰（mg/kg）	8.93	8.4	8.18	8.5
有效硼（mg/kg）	0.57	0.55	0.55	0.56
有效钼（mg/kg）	0.15	0.15	0.15	0.15
有效硅（mg/kg）	181.64	179.58	174.89	178.7
有效锌（mg/kg）	0.64	0.62	0.58	0.61

1. 以水为中心的高产高效基本田建设区　评价结果的一、二级耕地，面积为 35 503.18hm²，占耕地面积的 37.6%。这部分耕地主要分布在宝昌镇、骆驼山镇、千斤沟镇区域内地下水资源丰富，土壤保肥保水能力较强，地势平缓的丘间平地上，土壤类型有淡黑钙土、暗栗钙土和草甸土，以暗栗钙土为主，占该区面积的 87.1%。通过农田基础设施建设，实现田、林、路、电综合配套，合理开发地下水资源，发展节水灌溉，以种植高产、高效、安全的绿色蔬菜、马铃薯等经济作物为主，逐步建成高标准基本农田。需加强水利基础设施的保护，以节水增效为本，制订合理的浇水定额，防止次生盐渍化对土壤的污染。

2. 以中低产田改造为中心的旱作稳产田建设区　评价结果的三、四级耕地，总面积为43 959.31hm²，占耕地面积的 46.6%。这部分耕地分布广、面积大，集中分布在全旗各乡镇（苏木）的低山中下部、丘陵缓坡、湖盆外围、河流阶地及地下水开发难度大的区域内，耕地质量等级界线不清晰，常与盐化、沙化、侵蚀类型耕地土壤组成复区。耕地土壤类型以暗栗钙土、栗钙土、草甸栗钙土为主，土层薄、砾石含量高，侵蚀沙化现象明显，有部分耕作土壤存在盐化过程。土壤养分含量低，质地粗糙，漏水漏肥，钙积层厚，通透性差。在农田建设方向上以深耕改土、增施有机肥、草田轮作等方式为主，提高土壤蓄水保墒能力。另一方面，通过营造防风林、种植饲草饲料，防治风蚀沙化、水土流失、改良土壤，逐步建设旱作基本农田。在种植结构中以莜麦、荞麦、胡麻、油菜和其他耐旱的杂粮杂豆作物为主。对该区域大于 15°的坡耕地，建议全部退耕还林还草。

3. 以退耕还林还草为中心的农村畜牧业生产基地建设区　评价结果的五级地，面积 14 946.47hm²，占耕地总面积的 15.8%。这部分耕地分布在全旗境内低山丘陵中上部，土层薄、耐耕性差、沙化严重的缓坡外延部分的耕地以及湖盆、河流阶地盐化草甸栗钙土，侵蚀、沙化的栗钙土、盐化草甸土等农业生产利用难度大，不适合耕种的土地上。目前部分地段已退耕还林还草，围封培育，但仍有一部分未得到改造。对已经围封改造的地区，需加强管护，在条件适宜的区带内，可采取免耕补播的方式，建设人工草地。对尚未改造的区带，要安排落实水土保持治理工程和有利于恢复生态环境综合治理的其他工程措施。围封管护，逐步建设成农村畜牧业生产基地。

第二节　耕地污染防治对策与建议

耕地资源可持续利用除了上述分区改良利用外，还应重视耕地污染防治、耕地质量监测等措施。

太仆寺旗耕地土壤各类污染物综合评价均属于无污染类。工矿企业少，"三废"排放量少，点源污染轻；农业生产上化肥、农药的使用量相对较少，没有明显的面源污染。因而具有良好的发展绿色食品生产所需求的产地环境条件，应利用这种良好的生态条件，重点发展有机食品、绿色食品产业，把当地建成安全农产品生产基地，提高农业生产附加值和农产品市场竞争力。在充分利用当前这种优势发展经济的同时，需更加注重耕地环境质量建设，防止耕地环境污染。

一、建立耕地环境质量监测体系

在工矿企业周围有可能造成点源污染和农业生产水平较高、农用化学物质使用量较大的地区建立长期定位监测点，定期采集样品，监测污染状况，发现问题及时解决，并提出控制和消除污染的措施。对于接纳工矿企业和城市生活污水的河流要进行定期水质监测，特别是用于农田灌溉前要加大监测力度，以防农田受到污染。

二、加强宣传力度和农业执法力度

加大《中华人民共和国环境保护法》的宣传力度，提高全民环保意识。农业、环保部门配合，组成强有力的执法队伍，坚决打击制售禁用农药和其他有毒有害物品。

三、控制"三废"排放

工业"三废"是造成耕地污染的主要污染源，严格控制"三废"的排放，才能从根本上防止耕地污染，工业生产上必须排放的"三废"，必须进行净化处理，达到国家规定的排放标准。对于重金属污染物，原则上不允许排放。

四、加强化肥、农药和农膜使用的管理和新技术推广

化肥、农药和农膜对耕地的污染，在防治上必须从资源综合管理和有效利用上出发，实现资源的合理配置，在提高化肥、农药的利用率和减少资源浪费的同时，减轻污染。一要对化肥、农药的生产、分配、销售和使用制定相应的政策法规，并进行严格的质量控制与管理，对农用化学物质的使用量、使用范围逐步规范。二要引进和开发化肥、农药和农膜的新品种，在农药方面加强高效低毒农药新品种和生物农药的引进和开发生产，在肥料方面施用缓释肥、各种作物专用肥，并积极开发有机肥源；在农膜方面开发使用厚地膜，利于回收，开发使用降解膜，减轻污染。三要大力推广测土配方施肥和病虫草害综合防治等技术，提高化肥和农药的利用率。

第三节 耕地资源可持续利用对策与建议

耕地环境质量评价表明，太仆寺旗耕地质量较好，没有受到严重污染。今后耕地质量管理的基本原则是要建章立制，保持当前良好的环境，限制具有污染性质的工矿企业发展，规范农药、化肥和农膜使用技术。同时，在摸清耕地质量和地力的同时，建立耕地地力与质量监测管理档案和土壤改造、培肥奖罚制度，定期对耕地地力与质量进行抽查或普查，把耕地地力与质量的变化情况作为指标依据，合理开发利用。应当在全旗不同地力等级、不同土壤类型和不同地区的耕地上建立长期定位监测点，以掌握地力与质量变化动态，并将耕地地力与质量管理进行归属管理，明确责任，措施到位。

一、科学判定耕地地力建设与土壤改良规划

必须从实际出发，加大农田基本建设的投入力度，按照当前与长远相结合的原则，因

地制宜，抓好中低产田改造，并且要通过耕地地力评价，根据不同耕地的立地条件、土壤属性、土壤养分状况和农田基础设施建设，制订切实可行的耕地地力建设与土壤改良的中长期规划和短期计划。

二、提高农民改良利用耕地意识

随着传统农业向集约型农业加速转变，如何更合理、更有效地利用现有耕地，保证农民增产增收，加大科技投入，对农民进行现代农业科技知识的教育和农业管理培训。耕地改良利用要从根本上达到效果，必须提高农民改良利用耕地的意识，只有农民改变原有的用地养地观念，使之能够主动地、科学地养地，向耕地可持续利用的方向发展。

三、加强农田基础设施建设

建设现代化、集约化、机械化、智能化的新兴农业，包括田间整地，建设农田道路，提高机械化操作能力，建设高标准基本农田，完善田间配套工程，实行林、田、路综合治理，提高农田基础设施水平等。

四、增施有机肥，改善土壤理化性状

耕地随着规模化、集约化程度的不断提高，大面积施用有机肥的可能性越来越小，化肥用量过大，造成土壤肥力下降，养分不平衡。采取研制施用有机肥的机械，实现机械化施用有机肥，同时加大秸秆还田、种植绿肥等措施，改善土壤理化性状。实行合理的轮作制度，有条件的地区实行轮歇压青制度，做到耕地用养结合。

五、合理施肥，平衡土壤养分

加大测土配方施肥技术的推广，确定耕地作物最佳肥料配比，采取测土—配方—配肥—供肥—施肥指导一条龙服务，将配方施肥技术普及到广大农民中去，使作物吃上营养餐、健康餐，使土壤更安全，更有活力。

六、加强耕地质量动态监测管理

一方面在太仆寺旗范围内根据不同种植制度和耕地地力状况，建立耕地地力长期定位监测网点，建立和健全耕地质量监测体系和预警预报系统，对耕地地力、墒情和环境状况进行动态监测和评价，分析整理和更新耕地地力基础数据，为耕地质量管理提供准确依据。另一方面，建立和健全耕地资源管理信息系统，积极提高系统的可操作性和实用性。

第四节　耕地资源的合理配置与种植业结构调整对策及建议

党的十八大以来，通过政府引导，在群众自愿的前提下，土地集中经营向涉农企业、专业合作社、种田能手和大户等新型经营主体流转，实施统一的规模化经营，提高了土地资源利用率，建成了一部分专用生产基地和特色农业生产园区，今后太仆寺旗还应加强推进耕地资源的合理配置。

一、种植业结构不合理的主要表现

主要表现在 3 个方面：一是粮、经、其他作物结构不合理，比例为 58：31：11，其他作物比重小；二是设施农业发展滞后；三是农业产业化水平低。因此要充分利用本次耕地地力调查结果和区域优势，加大调整力度，实现耕地资源的优化配置。

二、种植业结构调整和资源合理配置的建议

种植业从两个方面调整，一是利用区域优势稳定主要作物的种植面积和产量，加强经济作物和饲草料基地建设，依据当地有利条件，充分发展畜牧业，提高畜牧业收入的比重；二是利用龙头企业，推进马铃薯、蔬菜、药材等作物的规模化、产业化生产水平，发展名、优、新、特农产品，加强推进产业化经营，实现从传统农业向现代农业转变。

耕地质量管理是一项长期的、综合性的系统工作，既要有技术措施，又要有政策、法律、法规做保障。通过本次耕地地力调查与质量评价工作，建立了耕地资源管理信息系统，应在此基础上，加强耕地土壤肥力和耕地土壤环境质量的长期定位监测工作，监测数据用于进一步完善和更新管理系统，实现耕地资源的动态管理，并以此为依据。同时在认真贯彻《中华人民共和国环境保护法》《中华人民共和国农业法》等现有法律、法规的基础上，制定《太仆寺旗耕地质量保护管理条例》，规范耕地用养制度，做到依法管理，确保耕地地力的建设和保护，逐步提高耕地质量。在资金方面，应建立耕地保养管理专项资金，加大政府对耕地质量建设的支持力度。各级农业行政主管部门要经常开展耕地保护的宣传工作，形成全民共识，全面提高耕地质量。

参考文献

内蒙古自治区土壤普查办公室，内蒙古自治区土壤肥料工作站，1994. 内蒙古土壤［M］. 北京：科学出版社.

全国农业技术推广服务中心，2006. 耕地地力评价指南［M］. 北京：中国农业科学技术出版社.

锡林郭勒盟土壤肥料工作站，1991. 锡林郭勒盟土壤［M］. 呼和浩特：内蒙古人民出版社.

郑海春，2006. "3414"肥料肥效田间试验的实践［M］. 呼和浩特：内蒙古人民出版社.

郑海春，2011. 内蒙古主要农作物测土配方施肥及综合配套栽培技术丛书［M］. 北京：中国农业出版社.

附录 1 耕地资源数据册

附表 1 大小苏旗耕地土壤类型面积统计表 (hm²)

土类	亚类	土属	土种	全旗 面积	全旗 占比 (%)	宝昌镇	贡宝拉格苏木	骆驼山镇	红旗镇	千斤沟镇	幸福乡	永丰镇
草甸土	暗色草甸土	暗色草甸土	暗色草甸土	186.91	0.20	—	—	—	186.91	—	—	—
	灰色草甸土	黄黏土	黄黏土	448.74	0.48	—	—	—	78.91	369.83	—	—
		灰沙壤土	灰沙壤土	1 975.09	2.09	253.24	—	109.82	373.99	450.82	226.94	560.28
	碱化草甸土	碱化沙质土	轻碱化沙土	531.48	0.56	121.52	—	0.00	409.97	0.00	0.00	0.00
		盐化草甸白干土	盐化草甸白干土	522.90	0.55	0.00	—	135.68	235.86	0.00	151.35	0.00
	盐化草甸土	盐化壤质土	轻盐化壤质土	573.13	0.61	180.97	—	0.00	224.09	168.08	0.00	0.00
			中盐化壤质土	295.10	0.31	0.00	—	0.00	0.00	295.10	0.00	0.00
		盐化沙质土	轻盐化沙质土	2 977.72	3.15	808.43	—	277.52	461.32	213.81	590.69	625.96
			中盐化沙质土	105.49	0.11	0.00	—	0.00	0.00	0.00	105.49	0.00
			重盐化沙质土	380.41	0.40	0.00	—	0.00	0.00	370.05	10.36	0.00
		合计		7 996.99	8.47	1 364.15		523.02	1 971.05	1 867.69	1 084.83	1 186.24
黑钙土	淋溶黑钙土	淋溶黑钙土	薄层淋溶黑钙土	907.36	0.96	—	—	391.27	0	424.74	0.00	91.35
	碳酸盐黑钙土	淡黑黄土	中层淡黑黄土	1 866.21	1.98	104.66	—	611.82	0	607.20	0.00	542.53
		淡黑沙土	薄层淡黑沙土	1 796.53	1.90	194.49	—	479.18	104.06	0	0.00	1 018.79
		合计		4 570.10	4.84	299.14		1 482.27	104.06	1 031.94	0.00	1 652.68
栗钙土	暗栗钙土	暗栗红土	薄体暗栗红土	767.61	0.81	0	—	0	228.55	0	493.34	45.73
			中层暗栗红土	2 169.42	2.30	266.44	—	129.94	527.08	189.16	628.06	428.75
		暗栗黄土	厚层暗栗黄土	248.00	0.26	239.36	—	2.85	1.19	4.60	0.00	0.00
			中层暗栗黄土	17 993.75	19.06	986.03	—	5 198.88	3 020.88	7 748.79	503.24	535.93
			中体暗栗黄土	640.82	0.68	36.20	—	23.07	392.58	68.86	0.00	120.11

（续）

土类	亚类	土属	土种	全旗 面积	全旗 占比(%)	宝昌镇	贡宝拉格苏木	骆驼山镇	红旗镇	千斤沟镇	幸福乡	永丰镇
栗钙土		暗栗沙土	薄层暗栗沙土	4 063.52	4.30	742.45	—	351.92	1 984.15	589.62	250.95	144.44
			薄体暗栗沙土	580.85	0.62	13.90	—	0	500.28	66.66	0.00	0.00
			厚层暗栗沙土	1 287.58	1.36	106.18	—	74.55	980.52	92.01	0.00	34.32
			砾质暗栗沙土	1 381.60	1.46	217.31	—	131.85	773.99	63.29	8.59	186.58
			中层暗栗沙土	34 103.82	36.12	4 988.09	15.24	5 844.31	7 856.50	10 477.72	1 246.72	3 675.23
		暗栗土	暗栗土	4 237.60	4.49	626.10		133.38	548.86	1 271.16	1 256.01	402.09
		淡灰黄沙土	薄体淡灰黄沙土	1 402.92	1.49	409.47		8.36	346.62	106.19	519.02	13.26
			砾质淡灰黄沙土	357.43	0.38	1.42		9.13	79.18	16.57	201.97	49.17
			中层淡灰黄沙土	5 084.80	5.39	1 671.11		51.99	1 298.32	557.43	1 336.96	168.99
	草甸栗钙土	潮黄土	潮黄土	395.46	0.42	40.93	1.57	3.31	174.39	173.14	2.11	0.00
		潮栗土	潮栗土	1 885.08	2.00	11.73		742.15	772.86	265.02	0.00	93.33
	栗钙土	黄沙土	薄层黄栗沙土	659.66	0.70	—		122.04	363.94	0	0.00	173.68
			砾质黄栗沙土	864.54	0.92	0		20.86	682.07	0	0.00	161.61
			中层黄栗沙土	1 697.37	1.80	0		451.59	1 039.33	0	0.00	206.46
			中体黄栗沙土	430.20	0.46	0		162.80	204.24	0	0.00	63.16
		栗岗土	薄体栗岗土	62.92	0.07	0		4.63	54.74	0	0.00	3.56
			砾质栗岗土	133.12	0.14	0		0	17.45	3.22	0.00	112.45
			中层栗岗土	383.30	0.41	0		58.88	276.34	23.94	0.00	24.14
			中体栗岗土	88.85	0.09	0		0	87.43	0	0.00	1.42
		栗红土	薄体栗红土	87.96	0.09	0		0	87.96	0	0.00	0.00
			中层栗红土	331.65	0.35	0		0	331.65	0	0.00	0.00
		栗黄土	中层栗黄土	502.06	0.53	0		19.91	471.24	0	0.00	10.90
			合计	81 841.88	86.69	10 356.72	16.81	13 546.40	23 102.33	21 717.38	6 446.96	6 655.28
			合计	94 408.96	100.00	12 020.01	16.81	15 551.70	25 177.45	24 617.01	7 531.79	9 494.19

附表2　太仆寺旗不同土壤类型耕地养分含量统计表

土类	亚类	土属	土种	面积(hm²)	pH	有机质(g/kg)	全氮(g/kg)	有效磷(mg/kg)	速效钾(mg/kg)	有效硼(mg/kg)	有效钼(mg/kg)	有效锌(mg/kg)	有效铜(mg/kg)	有效铁(mg/kg)	有效锰(mg/kg)	缓效钾(mg/kg)
草甸土	暗色草甸土	暗色草甸土	暗色草甸土	198.68	8.3	25.5	1.42	10.8	115.2	0.42	0.16	0.40	0.41	7.46	8.14	521
	灰色草甸土	黄黏土	黄黏土	477.01	8.0	35.0	1.90	13.0	150.7	0.61	0.14	0.67	0.59	10.28	10.31	709
		灰沙壤土	灰沙壤土	2 099.49	8.2	30.2	1.64	13.4	134.5	0.60	0.16	0.70	0.58	9.02	7.59	668
	碱化草甸土	碱化沙质土	轻碱化沙土	564.96	8.3	25.4	1.40	12.6	143.4	0.62	0.18	0.65	0.55	7.67	7.67	698
	盐化草甸土	盐化草甸白干土	盐化草甸白干土	555.83	8.1	26.5	1.48	11.4	149.7	0.56	0.15	1.14	1.06	7.91	7.54	720
		盐化壤质土	轻盐壤质土	609.23	8.1	32.1	1.74	15.3	153.3	0.59	0.15	0.67	0.54	8.56	8.77	668
			中盐壤质土	313.69	8.1	34.4	1.92	15.1	171.3	0.72	0.14	0.64	0.56	8.23	7.78	772
		盐化沙质土	轻盐化沙质土	3 165.27	8.2	29.0	1.59	13.0	139.2	0.59	0.15	0.60	0.54	8.81	8.15	652
			中盐化沙质土	112.14	8.6	24.8	1.59	13.2	100.6	0.42	0.09	0.48	0.57	10.29	11.07	457
			重盐化沙质土	404.37	8.3	32.2	1.81	19.1	163.1	0.59	0.11	0.68	0.67	9.79	10.97	658
黑钙土	淋溶黑钙土	淋溶黑钙土	薄层淋溶黑钙土	964.51	7.9	34.6	1.81	10.9	139.4	0.71	0.14	0.75	0.55	12.46	14.35	652
	碳酸盐黑钙土	淡黑黄土	中层淡黑黄土	1 983.74	8.0	36.8	1.92	11.1	147.9	0.69	0.13	0.63	0.54	11.88	12.82	700
		淡黑沙土	薄层淡黑沙土	1 909.67	8.1	33.7	1.76	12.4	155.2	0.64	0.12	0.69	0.56	10.12	11.34	711
栗钙土	暗栗钙土	草甸栗钙土	薄体暗栗红土	815.96	8.3	24.0	1.32	12.3	129.6	0.56	0.15	0.52	0.48	8.05	7.36	653
			中层暗栗红土	2 306.06	8.2	25.6	1.40	10.5	133.7	0.54	0.15	0.60	0.49	7.96	7.59	658
		栗钙土	厚层暗栗黄土	263.62	8.2	25.1	1.36	13.6	107.0	0.53	0.15	0.69	0.45	8.38	7.24	571
			中层暗栗黄土	19 127.02	8.1	29.1	1.56	11.6	136.3	0.58	0.15	0.62	0.51	8.56	9.01	659
			中体暗栗黄土	681.18	8.2	27.0	1.46	9.5	130.9	0.51	0.14	0.61	0.49	8.35	8.39	627
			薄层暗栗沙土	4 319.45	8.1	26.4	1.43	11.7	132.2	0.55	0.15	0.61	0.52	7.92	8.07	626

（续）

土类	亚类	土属	土种	面积(hm²)	pH	有机质(g/kg)	全氮(g/kg)	有效磷(mg/kg)	速效钾(mg/kg)	有效硼(mg/kg)	有效钼(mg/kg)	有效锌(mg/kg)	有效铜(mg/kg)	有效铁(mg/kg)	有效锰(mg/kg)	缓效钾(mg/kg)
栗钙土	暗栗钙土	暗栗沙土	薄体暗栗沙土	617.43	8.1	26.3	1.43	11.0	119.5	0.55	0.15	0.55	0.50	7.98	7.49	640
			厚层暗栗沙土	1 368.67	7.9	26.8	1.43	10.1	124.5	0.48	0.14	0.75	0.59	7.69	7.34	594
			砾质暗栗沙土	1 468.62	8.1	24.8	1.28	11.5	131.4	0.52	0.16	0.66	0.45	7.92	8.36	556
			中层暗栗沙土	36 251.73	8.1	27.3	1.47	11.3	129.9	0.55	0.15	0.63	0.52	8.45	8.71	625
		暗栗土	暗栗土	4 504.49	8.1	27.6	1.45	12.9	123.8	0.59	0.15	0.67	0.53	9.22	8.61	655
		淡灰黄沙土	薄体淡灰黄沙土	1 491.28	8.2	23.5	1.23	9.5	115.8	0.53	0.16	0.56	0.45	7.77	7.29	588
			砾质淡灰黄沙土	379.94	8.2	26.4	1.41	9.7	136.7	0.56	0.15	0.55	0.50	8.61	8.91	667
			中层淡灰黄沙土	5 405.05	8.2	24.9	1.32	11.0	124.5	0.54	0.15	0.60	0.49	7.89	7.74	626
	草甸栗钙土	潮黄土	潮黄土	420.36	8.2	24.4	1.33	11.7	134.8	0.53	0.14	0.48	0.47	8.12	8.09	602
		潮栗土	潮栗土	2 003.80	8.1	26.6	1.49	10.2	148.7	0.52	0.15	0.59	0.50	7.62	8.40	632
	栗钙土	黄沙土	薄体黄沙土	701.21	8.2	21.0	1.22	6.1	119.2	0.49	0.17	0.50	0.45	7.13	6.72	605
			砾质黄沙土	918.99	8.2	22.4	1.29	7.5	118.1	0.49	0.16	0.45	0.47	6.85	6.86	600
			中层黄沙土	1 804.28	8.3	22.6	1.21	7.4	140.5	0.46	0.15	0.50	0.45	6.71	6.77	623
			中体黄沙土	457.30	8.3	20.6	1.11	6.9	139.1	0.43	0.14	0.56	0.40	6.23	6.06	609
		栗岗土	薄体栗岗土	66.88	8.4	28.2	1.53	10.3	141.9	0.46	0.16	0.54	0.55	8.20	7.36	718
			砾质栗岗土	141.50	8.1	31.2	1.52	10.3	160.4	0.57	0.16	0.60	0.52	8.63	7.66	747
			中层栗岗土	381.99	8.3	20.8	1.09	7.9	132.6	0.46	0.16	0.48	0.44	6.54	6.98	587
			中体栗岗土	94.44	8.3	25.1	1.34	9.3	166.3	0.52	0.15	0.50	0.53	6.73	7.00	691
		栗红土	薄体栗红土	93.50	8.1	24.4	1.34	7.8	107.7	0.48	0.14	0.44	0.42	7.03	6.80	576
			中层栗红土	352.54	8.2	23.2	1.31	5.9	100.7	0.53	0.15	0.39	0.41	7.09	7.13	586
		栗黄土	中层栗黄土	559.13	8.2	21.4	1.10	6.9	139.5	0.46	0.16	0.41	0.44	6.72	7.13	616

附表 3　大仆寺旗各乡镇（苏木）不同土壤类型耕地养分含量统计表

宝昌镇不同土壤类型耕地养分含量统计表

土类	亚类	土属	土种	面积（hm²）	pH	有机质（g/kg）	全氮（g/kg）	有效磷（mg/kg）	速效钾（mg/kg）	有效硼（mg/kg）	有效钼（mg/kg）	有效锌（mg/kg）	有效铜（mg/kg）	有效铁（mg/kg）	有效锰（mg/kg）	缓效钾（mg/kg）
草甸土	灰色草甸土	灰沙壤土	灰沙壤土	269.19	8.1	34.0	1.79	15.8	151.5	0.71	0.16	1.30	0.69	8.92	8.31	706
	碱化草甸土	碱化沙质土	碱化沙质土	129.17	8.2	26.1	1.38	11.9	133.1	0.61	0.18	0.63	0.57	7.15	7.09	623
	盐化草甸土	盐化壤质土	轻盐化壤质土	192.36	8.2	40.7	2.22	16.6	154.3	0.66	0.14	0.86	0.61	10.63	9.22	729
		盐化沙质土	轻盐化沙质土	859.34	8.2	28.8	1.55	13.3	135.7	0.58	0.14	0.71	0.54	9.28	7.88	617
黑钙土	碳酸盐黑钙土	淡黑黄土	中层淡黑黄土	111.25	8.0	38.5	2.01	10.1	133.0	0.60	0.13	0.64	0.57	12.79	16.06	582
		淡黑黑沙土	薄层淡黑黑沙土	206.74	8.0	30.4	1.61	10.0	107.3	0.53	0.12	0.59	0.50	11.79	14.57	475
栗钙土	暗栗钙土	暗栗红土	中层暗栗红土	283.22	8.4	24.8	1.38	8.6	121.5	0.54	0.14	0.54	0.43	6.96	6.35	593
		暗栗黄土	厚层暗栗黄黄土	254.44	8.2	24.4	1.32	13.3	104.2	0.51	0.15	0.69	0.45	8.15	6.82	561
			中层暗栗黄黄土	1048.13	8.1	32.0	1.65	14.8	134.9	0.61	0.14	0.81	0.58	9.52	9.94	631
			中体暗栗黄黄土	38.48	8.3	28.8	1.73	9.6	161.4	0.58	0.08	0.55	0.57	11.61	18.49	606
		暗栗沙土	薄层暗栗黄沙土	789.22	8.2	23.9	1.29	10.8	108.9	0.54	0.16	0.55	0.46	7.71	7.26	561
			薄体暗栗黄沙土	14.78	7.9	26.5	1.49	5.9	79.3	0.61	0.15	0.46	0.57	8.63	7.01	615
			厚层暗栗黄沙土	112.86	8.0	23.1	1.27	14.5	103.9	0.53	0.14	0.66	0.41	9.06	8.17	543
			砾质暗栗黄沙土	230.99	8.1	23.9	1.18	11.5	119.9	0.49	0.15	0.62	0.42	8.68	10.04	439
			中层暗栗黄沙土	5302.25	8.1	28.0	1.48	12.6	116.6	0.56	0.14	0.73	0.49	8.83	9.00	577
	暗栗土	暗栗土	暗栗土	665.53	8.1	30.4	1.55	16.3	127.3	0.57	0.15	0.64	0.54	8.62	8.20	630
	淡灰黄沙土	薄体淡灰黄沙土		435.26	8.1	23.2	1.21	9.5	113.2	0.52	0.15	0.62	0.42	7.33	6.79	538
		砾质淡灰黄沙土		1.51	8.3	23.7	1.06	14.6	107.0	0.52	0.13	0.88	0.36	6.84	6.61	540
		中层淡灰黄沙土		1776.36	8.1	24.9	1.28	10.3	114.0	0.51	0.15	0.64	0.47	7.84	7.61	557
	草甸栗钙土	潮黄土	潮黄土	43.51	8.0	40.9	1.87	8.5	133.3	0.55	0.11	0.53	0.59	11.67	13.83	521
		潮栗土	潮栗土	12.46	8.1	28.1	1.44	13.4	135.0	0.65	0.12	0.64	0.44	9.20	9.32	638

贡宝拉格苏木不同土壤类型耕地养分含量统计表

土类	亚类	土属	土种	面积(hm²)	pH	有机质(g/kg)	全氮(g/kg)	有效磷(mg/kg)	速效钾(mg/kg)	有效硼(mg/kg)	有效钼(mg/kg)	有效锌(mg/kg)	有效铜(mg/kg)	有效铁(mg/kg)	有效锰(mg/kg)	缓效钾(mg/kg)
栗钙土	暗栗钙土	暗栗沙土	中层暗栗沙土	16.20	8.0	32.3	1.79	22.0	131.3	0.60	0.15	0.95	0.51	7.69	8.50	560
栗钙土	草甸栗钙土	潮黄土	潮黄土	1.67	7.6	22.4	1.38	7.2	74.0	0.50	0.15	0.50	0.42	12.15	12.67	606

骆驼山镇不同土壤类型耕地养分含量统计表

土类	亚类	土属	土种	面积(hm²)	pH	有机质(g/kg)	全氮(g/kg)	有效磷(mg/kg)	速效钾(mg/kg)	有效硼(mg/kg)	有效钼(mg/kg)	有效锌(mg/kg)	有效铜(mg/kg)	有效铁(mg/kg)	有效锰(mg/kg)	缓效钾(mg/kg)
草甸土	灰色草甸土	灰沙壤土	灰沙壤土	116.74	8.2	27.5	1.63	10.0	169.7	0.70	0.16	0.49	0.54	7.69	7.72	688
草甸土	盐化草甸土	盐化草甸白干土	盐化草甸白干土	144.23	8.1	20.8	1.07	7.6	137.0	0.47	0.14	0.45	0.44	5.18	5.85	606
草甸土	盐化草甸土	盐化沙质土	轻盐化沙质土	295.00	8.2	27.1	1.58	9.4	161.0	0.64	0.14	0.50	0.53	7.74	8.24	649
黑钙土	淋溶黑钙土	淋溶黑溶黑钙土	薄层淋溶黑溶黑钙土	415.91	7.8	39.7	2.12	11.7	161.0	0.87	0.14	0.74	0.59	15.52	20.69	706
黑钙土	碳酸盐黑钙土	淡黑黄土	中层淡黑黄土	650.36	8.1	34.4	1.83	10.3	151.5	0.66	0.15	0.60	0.53	10.14	10.28	743
黑钙土	碳酸盐黑钙土	淡黑沙土	薄层淡黑沙土	509.36	8.1	37.8	1.99	11.2	154.9	0.63	0.12	0.60	0.61	11.95	14.66	675
栗钙土	暗栗钙土	暗栗红土	中层暗栗红土	138.13	8.2	26.2	1.37	7.6	134.4	0.51	0.14	0.59	0.43	7.28	7.86	647
栗钙土	暗栗钙土	暗栗黄土	厚层暗栗黄土	3.03	8.0	32.7	1.76	11.1	151.0	0.70	0.13	0.54	0.48	8.72	8.97	771
栗钙土	暗栗钙土	暗栗黄土	中层暗栗黄土	5 526.31	8.2	30.6	1.65	10.1	141.7	0.53	0.15	0.57	0.51	7.77	9.07	674
栗钙土	暗栗钙土	暗栗黄土	中体暗栗黄土	24.53	8.3	22.9	1.19	6.9	139.2	0.45	0.14	0.43	0.40	6.30	6.45	585
栗钙土	暗栗钙土	暗栗沙土	薄层暗栗沙土	374.09	8.2	23.4	1.16	6.5	131.8	0.48	0.15	0.44	0.43	6.08	6.42	588
栗钙土	暗栗钙土	暗栗沙土	厚层暗栗沙土	79.25	8.1	31.7	1.74	11.4	134.0	0.58	0.12	0.61	0.52	9.81	11.35	632
栗钙土	暗栗钙土	暗栗沙土	砾质暗栗沙土	140.15	8.2	26.5	1.48	16.0	136.1	0.44	0.11	0.44	0.45	8.94	10.58	509
栗钙土	暗栗钙土	暗栗沙土	中层暗栗沙土	6 212.40	8.1	26.7	1.47	8.6	130.3	0.49	0.14	0.52	0.47	8.25	9.51	592
栗钙土	暗栗钙土	暗栗土	暗栗土	141.78	8.2	30.7	1.61	9.5	137.8	0.49	0.14	0.46	0.49	7.92	8.66	662

（续）

土类	亚类	土属	土种	面积(hm²)	pH	有机质(g/kg)	全氮(g/kg)	有效磷(mg/kg)	速效钾(mg/kg)	有效硼(mg/kg)	有效钼(mg/kg)	有效锌(mg/kg)	有效铜(mg/kg)	有效铁(mg/kg)	有效锰(mg/kg)	缓效钾(mg/kg)
	暗栗钙土	淡灰黄沙土	薄体淡灰黄沙土	8.88	8.4	22.9	1.32	5.8	140.8	0.54	0.18	0.41	0.37	6.30	5.39	586
			砾质淡灰黄沙土	9.70	8.2	51.1	2.67	10.2	160.0	0.69	0.10	0.56	0.66	9.22	10.60	797
			中层淡灰黄沙土	55.27	8.1	33.1	1.70	11.5	133.2	0.60	0.14	0.54	0.53	9.23	10.79	641
	草甸栗钙土	潮黄土	潮黄土	3.52	8.4	19.9	0.91	6.8	125.0	0.41	0.16	0.60	0.46	6.16	6.29	617
		潮栗土	潮栗土	788.89	8.2	29.2	1.58	8.3	134.4	0.47	0.13	0.49	0.51	7.58	9.51	562
栗钙土	栗钙土	黄沙土	薄体黄沙土	129.72	8.4	17.4	1.03	6.9	137.0	0.43	0.15	0.53	0.39	7.74	5.73	538
			砾质黄沙土	22.17	8.4	22.1	1.12	7.4	128.5	0.49	0.18	0.47	0.46	6.34	6.13	542
			中层黄沙土	480.03	8.3	23.6	1.27	6.9	125.0	0.44	0.15	0.44	0.47	7.28	6.91	581
			中体黄沙土	173.05	8.4	18.4	0.94	5.0	123.5	0.41	0.15	0.71	0.32	5.87	5.38	529
	栗岗土	栗岗土	薄体栗岗土	4.92	8.3	34.7	1.82	11.7	155.3	0.43	0.16	0.65	0.73	10.91	6.58	793
			中层栗岗土	62.59	8.2	24.3	1.30	4.8	139.4	0.44	0.17	0.74	0.41	6.36	7.08	627
		栗黄土	中层栗黄土	21.16	8.3	25.6	1.24	6.1	140.0	0.49	0.15	0.60	0.35	6.46	7.34	589

红旗镇不同土壤类型耕地养分含量统计表

土类	亚类	土属	土种	面积(hm²)	pH	有机质(g/kg)	全氮(g/kg)	有效磷(mg/kg)	速效钾(mg/kg)	有效硼(mg/kg)	有效钼(mg/kg)	有效锌(mg/kg)	有效铜(mg/kg)	有效铁(mg/kg)	有效锰(mg/kg)	缓效钾(mg/kg)
草甸土	暗色草甸土	暗色草甸土	暗色草甸土	198.68	8.3	25.5	1.42	10.8	115.2	0.42	0.16	0.40	0.41	7.46	8.14	521
	灰色草甸土	黄黏土	黄黏土	83.88	7.9	35.8	2.15	8.4	173.2	0.51	0.11	0.66	0.54	7.91	8.15	719
		灰沙壤土	灰沙壤土	397.54	8.2	24.0	1.36	10.1	130.3	0.57	0.17	0.57	0.54	7.30	6.85	660
	碱化草甸土	碱化沙质土	轻碱化沙质土	435.79	8.3	25.1	1.41	12.9	146.9	0.62	0.19	0.66	0.54	7.85	7.87	724
	盐化草甸土	盐化草甸土	盐化草甸白干土	250.72	8.1	30.4	1.68	12.6	153.3	0.53	0.14	1.59	1.46	8.05	8.06	703
		盐化壤质土	轻盐化壤质土	238.20	8.1	28.4	1.50	13.0	158.6	0.55	0.15	0.55	0.52	7.45	8.01	677
		盐化沙质土	轻盐化沙质土	490.38	8.2	25.7	1.41	9.1	147.6	0.55	0.17	0.54	0.52	7.62	7.89	691

（续）

土类	亚类	土属	土种	面积（hm²）	pH	有机质（g/kg）	全氮（g/kg）	有效磷（mg/kg）	速效钾（mg/kg）	有效硼（mg/kg）	有效钼（mg/kg）	有效锌（mg/kg）	有效铜（mg/kg）	有效铁（mg/kg）	有效锰（mg/kg）	缓效钾（mg/kg）
黑钙土	碳酸盐黑钙土	淡黑钙土	薄层淡黑沙土	110.62	8.2	28.5	1.50	9.8	186.4	0.61	0.14	0.79	0.49	6.91	8.87	820
		暗栗红土	薄体暗栗红土	242.94	8.1	27.4	1.61	8.8	160.3	0.55	0.14	0.52	0.56	8.34	9.07	719
			中层暗栗红土	560.27	8.2	28.3	1.61	11.6	150.2	0.60	0.16	0.60	0.54	8.14	8.00	728
		暗栗黄	厚层暗栗黄土	1.26	7.9	23.3	1.22	18.4	107.0	0.58	0.13	0.93	0.52	10.39	9.34	573
			中层暗栗黄土	3 211.14	8.1	25.0	1.37	9.0	144.9	0.53	0.16	0.57	0.52	7.22	7.88	661
			中体暗栗黄土	417.30	8.1	25.8	1.44	8.4	127.9	0.48	0.14	0.66	0.50	7.43	7.38	622
	暗栗钙土	暗栗沙土	薄层暗栗沙土	2 109.11	8.1	27.8	1.55	13.2	149.1	0.58	0.15	0.68	0.57	7.86	8.33	682
			薄体暗栗沙土	531.79	8.1	25.4	1.38	11.3	119.2	0.53	0.15	0.55	0.49	7.50	7.12	631
			厚层暗栗沙土	1 042.28	7.9	26.0	1.38	9.9	123.5	0.46	0.14	0.78	0.61	7.12	6.75	583
			砾质暗栗沙土	822.74	8.2	23.8	1.25	10.8	128.9	0.52	0.18	0.70	0.46	7.12	7.15	585
			中层淡灰黄沙土	8 351.31	8.0	26.0	1.44	9.7	145.4	0.55	0.15	0.66	0.59	7.69	7.70	673
		暗栗土	暗栗土	583.43	8.2	25.5	1.40	12.9	136.9	0.57	0.15	0.79	0.60	8.08	7.85	643
	草甸栗钙土	淡灰黄沙土	薄体淡灰黄沙土	368.45	8.1	24.4	1.33	8.0	135.9	0.51	0.16	0.51	0.46	7.17	7.68	622
			砾质淡灰黄沙土	84.16	8.2	26.7	1.42	6.4	154.5	0.56	0.17	0.47	0.52	7.52	9.01	732
			中层淡灰黄沙土	1 380.09	8.1	26.9	1.48	10.5	153.7	0.57	0.15	0.59	0.56	7.11	7.70	703
		潮黄土	潮黄土	185.37	8.3	23.3	1.35	7.5	149.6	0.55	0.15	0.40	0.45	7.12	7.19	657
栗钙土		潮栗土	潮栗土	821.54	8.1	24.3	1.40	10.5	160.1	0.55	0.16	0.67	0.51	7.59	7.57	698
	栗钙土	黄沙土	薄层黄沙土	386.86	8.0	21.2	1.29	5.6	97.7	0.50	0.18	0.36	0.43	6.54	6.57	585
			砾质黄沙土	725.03	8.1	21.5	1.29	7.8	109.7	0.48	0.16	0.40	0.46	6.90	6.92	577
			中层黄沙土	1 104.79	8.2	22.0	1.17	7.7	144.4	0.47	0.15	0.51	0.44	6.55	6.80	634
			中体黄沙土	217.10	8.2	20.4	1.15	8.4	149.1	0.43	0.14	0.50	0.43	6.22	6.18	624

（续）

土类	亚类	土属	土种	面积(hm²)	pH	有机质(g/kg)	全氮(g/kg)	有效磷(mg/kg)	速效钾(mg/kg)	有效硼(mg/kg)	有效钼(mg/kg)	有效锌(mg/kg)	有效铜(mg/kg)	有效铁(mg/kg)	有效锰(mg/kg)	缓效钾(mg/kg)
栗钙土		栗岗土	薄体栗岗土	58.19	8.3	24.1	1.43	15.6	151.5	0.64	0.18	0.62	0.52	6.66	10.20	759
			砾质栗岗土	18.55	8.2	24.9	1.31	13.1	158.3	0.54	0.16	0.49	0.49	6.97	8.17	752
			中层栗岗土	293.74	8.3	19.5	1.02	8.1	126.3	0.44	0.16	0.40	0.43	6.45	6.94	561
			中体栗岗土	92.93	8.4	24.6	1.32	9.1	167.4	0.53	0.15	0.50	0.54	6.78	7.13	691
		栗红土	薄体栗红土	93.50	8.1	24.4	1.34	7.8	107.7	0.48	0.14	0.44	0.42	7.03	6.80	576
			中层栗红土	352.54	8.2	23.2	1.31	5.9	100.7	0.53	0.15	0.39	0.41	7.09	7.13	586
			中层栗黄土	500.92	8.2	20.3	1.05	7.0	138.7	0.45	0.16	0.39	0.45	6.67	7.11	601

千斤沟镇不同土壤类型耕地养分含量统计表

土类	亚类	土属	土种	面积(hm²)	pH	有机质(g/kg)	全氮(g/kg)	有效磷(mg/kg)	速效钾(mg/kg)	有效硼(mg/kg)	有效钼(mg/kg)	有效锌(mg/kg)	有效铜(mg/kg)	有效铁(mg/kg)	有效锰(mg/kg)	缓效钾(mg/kg)
灰色草甸土	灰色草甸土	黄黏土	黄黏土	393.13	8.1	34.8	1.84	14.1	145.3	0.64	0.15	0.67	0.60	10.86	10.84	706
		灰沙壤土	灰沙壤土	479.22	8.0	34.5	1.89	16.1	137.7	0.55	0.16	0.59	0.69	10.44	7.88	692
草甸土	盐化草甸土	盐化壤质土	轻盐壤质土	178.66	8.1	27.7	1.55	18.6	140.3	0.57	0.13	0.66	0.51	7.98	9.78	560
			中盐壤质土	313.69	8.1	34.4	1.92	15.1	171.3	0.72	0.14	0.64	0.56	8.23	7.78	772
		盐化沙质土	轻盐化沙质土	227.27	8.1	30.3	1.61	13.9	142.3	0.61	0.13	0.65	0.56	10.23	9.61	635
			重盐化沙质土	393.35	8.3	32.5	1.87	20.7	167.7	0.60	0.11	0.69	0.67	9.85	11.43	644
黑钙土	淋溶黑钙土	淋溶黑钙土	薄层淋溶黑钙土	451.50	8.1	30.1	1.54	10.1	117.6	0.58	0.14	0.76	0.52	10.24	9.47	607
	碳酸盐黑钙土	浓黑黄土	中层浓黑黄土	645.44	8.0	39.8	1.98	11.7	143.4	0.79	0.14	0.68	0.52	14.15	13.27	750
栗钙土	暗栗钙土	暗栗红土	中层暗栗红土	201.07	8.1	29.8	1.53	8.9	116.5	0.57	0.16	0.54	0.50	8.77	8.51	642
		暗栗黄土	厚层暗栗黄土	4.88	7.8	30.2	1.71	16.4	121.3	0.59	0.13	0.63	0.42	9.91	10.32	613
			中层暗栗黄土	8 236.82	8.0	30.0	1.58	12.5	131.1	0.61	0.15	0.63	0.50	9.39	9.42	665
			中体暗栗黄土	73.20	8.0	38.4	2.09	9.1	167.3	0.72	0.15	0.60	0.56	14.85	14.79	795

（续）

土类	亚类	土属	土种	面积(hm²)	pH	有机质(g/kg)	全氮(g/kg)	有效磷(mg/kg)	速效钾(mg/kg)	有效硼(mg/kg)	有效钼(mg/kg)	有效锌(mg/kg)	有效铜(mg/kg)	有效铁(mg/kg)	有效锰(mg/kg)	缓效钾(mg/kg)
栗钙土	暗栗钙土	暗栗沙土	薄层暗栗沙土	626.75	8.0	28.4	1.47	12.8	119.8	0.54	0.13	0.63	0.52	9.24	9.68	558
			薄体暗栗沙土	70.86	8.0	36.1	1.96	11.7	147.8	0.74	0.14	0.59	0.49	13.01	11.98	758
			厚层暗栗沙土	97.80	8.0	38.3	2.08	7.9	157.0	0.73	0.15	0.56	0.50	12.31	10.81	798
			砾质暗栗沙土	67.27	8.0	33.2	1.66	13.9	137.9	0.67	0.15	0.69	0.52	13.01	12.34	624
			中层暗栗沙土	11137.63	8.0	28.3	1.50	12.7	122.5	0.57	0.15	0.58	0.50	8.89	9.08	614
		暗栗土	暗栗土	1351.21	8.0	32.5	1.64	12.9	128.4	0.65	0.16	0.72	0.52	11.19	10.57	678
		淡灰黄沙土	薄体淡灰黄沙土	112.87	8.0	27.2	1.43	11.4	117.9	0.64	0.16	0.64	0.50	9.22	9.10	633
			砾质淡灰黄沙土	17.61	8.2	28.1	1.32	13.8	107.0	0.49	0.14	0.51	0.43	8.79	8.93	565
			中层淡灰黄沙土	592.54	8.1	25.8	1.31	11.9	108.4	0.54	0.15	0.56	0.45	8.79	9.18	588
	草甸栗钙土	潮黄土	潮黄土	184.05	8.1	24.1	1.29	15.4	125.5	0.51	0.14	0.53	0.49	8.50	8.17	564
		潮栗土	潮栗土	281.71	8.1	30.0	1.71	16.7	148.1	0.53	0.16	0.58	0.49	8.17	9.25	556
	栗钙土	栗岗土	砾质栗岗土	3.43	8.1	36.8	1.83	6.9	193.5	0.57	0.15	0.63	0.61	11.20	11.38	875
		栗黄土	中层栗黄土	25.45	8.2	35.2	1.88	5.0	144.0	0.63	0.17	0.47	0.43	7.23	7.57	952

幸福乡不同土壤类型耕地养分含量统计表

土类	亚类	土属	土种	面积(hm²)	pH	有机质(g/kg)	全氮(g/kg)	有效磷(mg/kg)	速效钾(mg/kg)	有效硼(mg/kg)	有效钼(mg/kg)	有效锌(mg/kg)	有效铜(mg/kg)	有效铁(mg/kg)	有效锰(mg/kg)	缓效钾(mg/kg)
灰色草甸土	灰沙壤土	灰沙壤土	灰沙壤土	241.23	8.4	21.8	1.14	11.8	125.6	0.54	0.16	0.58	0.50	7.77	6.87	667
	盐化草甸白干土	盐化草甸白干土	盐化草甸白干土	160.88	8.0	22.7	1.34	11.4	150.0	0.66	0.18	0.70	0.66	9.12	7.51	813
草甸土	盐化草甸土	盐化沙质土	轻盐化沙质土	627.89	8.4	23.9	1.31	16.2	114.7	0.63	0.15	0.44	0.52	9.06	6.80	642
			中盐化沙质土	112.14	8.6	24.8	1.59	13.2	100.6	0.42	0.09	0.48	0.57	10.29	11.07	457
			重盐化沙质土	11.01	8.5	30.1	1.25	4.6	120.2	0.49	0.11	0.58	0.64	9.21	6.77	786

（续）

土类	亚类	土属	土种	面积 (hm²)	pH	有机质 (g/kg)	全氮 (g/kg)	有效磷 (mg/kg)	速效钾 (mg/kg)	有效硼 (mg/kg)	有效钼 (mg/kg)	有效锌 (mg/kg)	有效铜 (mg/kg)	有效铁 (mg/kg)	有效锰 (mg/kg)	缓效钾 (mg/kg)
栗钙土	暗栗钙土	暗栗红土	薄体暗栗红土	524.41	8.4	22.6	1.17	13.8	112.1	0.55	0.15	0.49	0.44	7.94	6.47	616
			中层暗栗红土	667.61	8.3	20.4	1.05	10.9	107.7	0.48	0.14	0.58	0.45	7.86	6.98	595
		暗栗黄土	中层暗栗黄土	534.93	8.5	22.9	1.22	12.7	113.2	0.46	0.10	0.53	0.44	7.64	8.19	469
		暗栗沙土	薄层暗栗黄沙土	266.75	8.3	23.2	1.28	11.4	101.0	0.52	0.13	0.56	0.46	9.00	7.82	605
			砾质暗栗沙土	9.13	8.6	22.8	1.05	12.8	205.3	0.58	0.16	0.54	0.59	6.28	6.72	944
			中层暗栗沙土	1 325.24	8.3	22.4	1.20	12.3	111.0	0.54	0.15	0.56	0.50	8.24	6.89	645
		暗栗土	暗栗土	1 335.12	8.2	20.7	1.14	11.6	107.8	0.55	0.16	0.60	0.52	8.15	6.99	661
		淡灰黄沙土	薄体淡灰黄沙土	551.71	8.4	21.8	1.09	10.3	95.5	0.51	0.15	0.53	0.45	8.30	6.52	591
			砾质淡灰黄沙土	214.69	8.3	20.9	1.04	10.1	123.0	0.51	0.16	0.56	0.43	8.00	6.04	660
			中层淡灰黄沙土	1 421.17	8.3	21.0	1.13	11.9	107.1	0.53	0.15	0.59	0.45	8.14	6.79	619
	草甸栗钙土	潮黄土	潮黄土	2.24	8.0	19.0	1.22	15.4	133.0	0.55	0.15	0.60	0.44	9.41	9.36	676

永丰镇不同土壤类型耕地养分含量统计表

土类	亚类	土属	土种	面积 (hm²)	pH	有机质 (g/kg)	全氮 (g/kg)	有效磷 (mg/kg)	速效钾 (mg/kg)	有效硼 (mg/kg)	有效钼 (mg/kg)	有效锌 (mg/kg)	有效铜 (mg/kg)	有效铁 (mg/kg)	有效锰 (mg/kg)	缓效钾 (mg/kg)
草甸土	灰色草甸土	灰沙壤土	灰沙壤土	595.56	8.2	34.1	1.84	14.2	125.4	0.60	0.17	0.65	0.56	10.05	7.80	641
	盐化草甸土	盐化沙质土	轻盐化沙质土	665.39	8.1	37.8	2.09	13.9	150.9	0.58	0.15	0.69	0.56	9.06	9.46	666
黑钙土	淋溶黑钙土	淋溶黑钙土	薄层淋溶黑钙土	97.11	7.7	37.8	1.95	12.1	175.4	0.73	0.12	0.69	0.54	11.22	13.59	667
	碳酸盐黑钙土	淡黑黄土	中层淡黑黄土	576.70	7.8	36.3	1.95	12.2	155.6	0.65	0.09	0.60	0.57	11.51	15.11	620
		淡黑沙土	薄层淡黑沙土	1 082.96	8.0	33.3	1.72	14.4	162.3	0.68	0.13	0.76	0.56	9.23	8.96	776

（续）

土类	亚类	土属	土种	面积 (hm²)	pH	有机质 (g/kg)	全氮 (g/kg)	有效磷 (mg/kg)	速效钾 (mg/kg)	有效硼 (mg/kg)	有效钼 (mg/kg)	有效锌 (mg/kg)	有效铜 (mg/kg)	有效铁 (mg/kg)	有效锰 (mg/kg)	缓效钾 (mg/kg)
栗钙土	暗栗钙土	暗栗红土	薄体暗栗红土	48.61	8.2	23.1	1.52	14.4	174.7	0.72	0.14	0.81	0.49	7.71	8.76	739
			中层暗栗红土	455.75	8.1	25.8	1.42	10.9	161.3	0.53	0.14	0.70	0.53	8.11	7.94	678
		暗栗黄土	中层暗栗黄土	569.68	8.1	31.2	1.74	14.7	136.6	0.62	0.14	0.67	0.50	9.00	9.10	659
			中体暗栗黄土	127.68	8.2	27.6	1.33	13.5	115.2	0.54	0.14	0.57	0.47	8.50	6.82	607
		暗栗沙土	薄层暗栗沙土	153.54	8.1	28.2	1.46	9.6	128.4	0.51	0.16	0.60	0.49	8.46	8.26	610
			厚层暗栗沙土	36.48	7.9	36.7	2.02	9.5	140.5	0.69	0.15	0.68	0.56	12.41	15.90	622
			砾质暗栗沙土	198.33	8.2	26.7	1.40	11.6	149.0	0.53	0.17	0.63	0.43	7.24	7.69	597
			中层暗栗沙土	3 906.70	8.1	29.4	1.57	12.4	137.8	0.59	0.15	0.69	0.50	8.91	9.35	644
		暗栗土	暗栗土	427.41	8.1	29.1	1.53	12.6	122.8	0.60	0.16	0.66	0.49	9.23	8.80	637
	草甸栗钙土	淡灰黄沙土	薄体淡灰黄沙土	14.09	8.0	31.2	1.70	14.1	142.8	0.65	0.10	0.60	0.53	11.23	15.86	605
			砾质淡灰黄沙土	52.27	8.0	33.9	2.19	12.4	155.0	0.76	0.08	0.64	0.65	12.80	18.14	563
			中层淡灰黄沙土	179.63	8.2	29.9	1.51	11.3	138.1	0.59	0.14	0.72	0.56	9.16	9.39	684
		潮栗土	潮栗土	99.21	8.3	24.3	1.35	8.7	151.0	0.53	0.16	0.60	0.47	7.22	7.27	659
	栗钙土	黄沙土	薄体黄沙土	184.62	8.3	23.9	1.29	6.2	134.6	0.54	0.17	0.67	0.54	7.47	7.79	691
			砾质黄沙土	171.78	8.4	25.3	1.30	6.7	143.5	0.52	0.17	0.62	0.50	6.75	6.76	679
			中层黄沙土	219.46	8.4	24.5	1.33	6.2	148.2	0.45	0.16	0.50	0.43	6.51	6.17	644
			中体黄沙土	67.14	8.3	25.5	1.28	5.0	133.9	0.47	0.15	0.49	0.45	6.93	6.95	711
		栗岗土	薄体栗岗土	3.78	8.7	22.6	1.22	2.8	112.0	0.34	0.14	0.30	0.33	5.67	5.69	566
			砾质栗岗土	119.53	8.1	31.8	1.52	10.2	155.8	0.57	0.16	0.62	0.51	8.61	6.97	727
			中层栗岗土	25.66	8.4	29.2	1.53	9.7	185.0	0.67	0.18	0.93	0.60	7.71	7.25	791
		栗黄土	中体栗黄土	1.51	8.0	31.4	1.69	11.9	152.0	0.44	0.15	0.41	0.45	5.94	5.14	699
			中层栗黄土	11.59	8.0	33.4	1.60	9.4	164.5	0.55	0.16	0.57	0.51	8.42	6.52	727

附表 4　大仆寺旗耕地土壤养分分级面积统计表

指标	项目					
有机质	含量 (g/kg)	>40	30~40	≤30		
	面积 (hm²)	5 547.00	25 737.58	63 124.38		
	占耕地面积 (%)	5.88	26.92	67.27		
全氮	含量 (g/kg)	>2.0	≤2.0			
	面积 (hm²)	9 367.94	85 041.02			
	占耕地面积 (%)	9.92	90.08			
有效磷	含量 (mg/kg)	>40	20~40	10~20	5~10	≤5
	面积 (hm²)	545.13	8 520.03	34 370.72	42 409.21	8 563.88
	占耕地面积 (%)	0.58	9.02	36.41	44.92	9.07
速效钾	含量 (mg/kg)	>200	150~200	100~150	50~100	≤50
	面积 (hm²)	3 057.92	22 394.95	50 801.69	18 140.25	14.15
	占耕地面积 (%)	3.2	23.7	53.8	19.2	0.0
有效铜	含量 (mg/kg)	>1.8	1.0~1.8	0.2~1.0	≤0.2	
	面积 (hm²)	284.08	673.24	93 449.75	1.89	
	占耕地面积 (%)	0.3	0.7	99.0	0.0	
有效铁	含量 (mg/kg)	≥20	10~20	4.5~10	2.5~4.5	<2.5
	面积 (hm²)	491.13	17 245.89	76 554.09	117.85	—
	占耕地面积 (%)	0.5	18.3	81.1	0.1	—
有效锌	含量 (mg/kg)	>3.0	1.0~3.0	0.5~1.0	0.3~0.5	≤0.3
	面积 (hm²)	428.96	5 394.34	48 521.02	34 903.02	5 161.62
	占土类面积 (%)	0.5	5.7	51.4	37.0	5.5
有效锰	含量 (mg/kg)	>30	15~30	5~15	≤5	
	面积 (hm²)	186.15	4 722.06	88 264.14	1 236.60	
	占土类面积 (%)	0.2	5.0	93.5	1.3	
有效硼	含量 (mg/kg)	>2.0	1.0~2.0	0.5~1.0	0.2~0.5	≤2.0
	面积 (hm²)	18.06	472.28	57 386.75	36 531.87	0.00
	占土类面积 (%)	0.0	0.5	60.8	38.7	0.0
有效钼	含量 (mg/kg)	≥0.3	0.2~0.3	0.15~0.2	0.1~0.15	<0.1
	面积 (hm²)	149.39	6 598.61	40 935.61	39 290.12	7 435.23
	占耕地面积 (%)	0.2	7.0	43.4	41.6	7.9

宝昌镇耕地土壤养分分级面积统计表

养分	项目	级1	级2	级3	级4	级5
有机质	含量 (g/kg)	>40	30~40	≤30		
	面积 (hm²)	485.29	2 425.18	5 876.40		
	占耕地面积 (%)	5.5	27.6	66.9		
全氮	含量 (g/kg)	>2.0	≤2.0			
	面积 (hm²)	799.61	7 987.26			
	占耕地面积 (%)	9.1	90.9			
有效磷	含量 (mg/kg)	>40	20~40	10~20	5~10	≤5
	面积 (hm²)	131.80	878.69	3 365.37	4 033.17	377.84
	占耕地面积 (%)	1.5	10.0	38.3	45.9	4.3
速效钾	含量 (mg/kg)	>200	150~200	100~150	50~100	≤50
	面积 (hm²)	105.45	1 230.16	5 017.30	2 433.96	—
	占耕地面积 (%)	1.2	14.0	57.1	27.7	—
有效铜	含量 (mg/kg)	>1.8	1.0~1.8	0.2~1.0	≤0.2	
	面积 (hm²)	8.78	35.15	8 742.94	—	
	占耕地面积 (%)	0.1	0.4	99.5	—	
有效铁	含量 (mg/kg)	>20	10~20	4.5~10	2.5~4.5	<2.5
	面积 (hm²)	8.78	2 310.95	6 467.14	0.0	—
	占耕地面积 (%)	0.1	26.3	73.6	0.0	—
有效锌	含量 (mg/kg)	>3.0	1.0~3.0	0.5~1.0	0.3~0.5	≤0.3
	面积 (hm²)	61.50	825.97	5 368.78	2 293.37	237.25
	占耕地面积 (%)	0.7	9.4	61.1	26.1	2.7
有效锰	含量 (mg/kg)	>30	15~30	5~15	≤5	
	面积 (hm²)	—	966.56	7 627.00	193.31	
	占耕地面积 (%)	—	11.0	86.8	2.2	
有效硼	含量 (mg/kg)	>2.0	1.0~2.0	0.5~1.0	0.2~0.5	≤0.2
	面积 (hm²)	17.58	43.93	5 772.97	2 952.39	—
	占耕地面积 (%)	0.2	0.5	65.7	33.6	—
有效钼	含量 (mg/kg)	≥0.3	0.2~0.3	0.15~0.2	0.1~0.15	<0.1
	面积 (hm²)	—	544.79	3 646.55	3 585.04	1 010.49
	占耕地面积 (%)	—	6.2	41.5	40.8	11.5

贡宝拉格苏木耕地土壤养分分级面积统计表

项目						
有机质	含量 (g/kg)	>40	30~40	≤30		
	面积 (hm²)	—	2 387.83	817.31		
	占耕地面积 (%)	—	74.5	25.5		
全氮	含量 (g/kg)	>2.0	≤2.0			
	面积 (hm²)	2 387.83	817.31			
	占耕地面积 (%)	74.5	25.5			
有效磷	含量 (mg/kg)	>40	20~40	10~20	5~10	≤5
	面积 (hm²)	—	2 439.11	467.95	298.08	—
	占耕地面积 (%)	—	76.1	14.6	9.3	—
速效钾	含量 (mg/kg)	>200	150~200	100~150	50~100	≤50
	面积 (hm²)	—	1 214.75	1 224.36	766.03	—
	占耕地面积 (%)	—	37.9	38.2	23.9	—
有效铜	含量 (mg/kg)	>1.8	1.0~1.8	0.2~1.0	≤0.2	
	面积 (hm²)	—	—	3 205.14	—	
	占耕地面积 (%)	—	—	100.0	—	
有效铁	含量 (mg/kg)	≥20	10~20	4.5~10	2.5~4.5	<2.5
	面积 (hm²)	—	298.08	2 907.06	—	—
	占耕地面积 (%)	—	9.3	90.7	—	—
有效锌	含量 (mg/kg)	>3.0	1.0~3.0	0.5~1.0	0.3~0.5	≤0.3
	面积 (hm²)	—	2 387.83	467.95	349.36	—
	占耕地面积 (%)	—	74.5	14.6	10.9	—
有效锰	含量 (mg/kg)	>30	15~30	5~15	≤5	
	面积 (hm²)	—	—	3 205.14	—	
	占耕地面积 (%)	—	—	100.0	—	
有效硼	含量 (mg/kg)	>2.0	1.0~2.0	0.5~1.0	0.2~0.5	≤2.0
	面积 (hm²)	—	—	2 858.98	346.16	—
	占耕地面积 (%)	—	—	89.2	10.8	—
有效钼	含量 (mg/kg)	≥0.3	0.2~0.3	0.15~0.2	0.1~0.15	<0.1
	面积 (hm²)	—	—	3 205.14	—	—
	占耕地面积 (%)	—	—	100.0	—	—

红旗镇耕地土壤养分分级面积统计表

养分	项目					
有机质	含量（g/kg）	>40	30~40	≤30		
	面积（hm²）	338.59	4 280.79	19 565.88		
	占耕地面积（%）	1.4	17.7	80.9		
全氮	含量（g/kg）	>2.0	≤2.0			
	面积（hm²）	1 209.26	22 976.00			
	占耕地面积（%）	5.0	95.0			
有效磷	含量（mg/kg）	>40	20~40	10~20	5~10	≤5
	面积（hm²）	96.75	1 426.93	6 530.02	13 809.78	2 321.78
	占耕地面积（%）	0.4	5.9	27.0	57.1	9.6
速效钾	含量（mg/kg）	>200	150~200	100~150	50~100	≤50
	面积（hm²）	1 233.45	7 932.77	11 439.63	3 555.23	24.18
	占耕地面积（%）	5.1	32.8	47.3	14.7	0.1
有效铜	含量（mg/kg）	>1.8	1.0~1.8	0.2~1.0	≤0.2	
	面积（hm²）	241.85	314.41	23 629.00	0.00	
	占耕地面积（%）	1.0	1.3	97.7	0.0	
有效铁	含量（mg/kg）	≥20	10~20	4.5~10	2.5~4.5	<2.5
	面积（hm²）	—	1 523.67	22 613.22	48.37	—
	占耕地面积（%）	—	6.3	93.5	0.2	—
有效锌	含量（mg/kg）	>3.0	1.0~3.0	0.5~1.0	0.3~0.5	≤0.3
	面积（hm²）	241.86	1 330.19	10 036.88	10 254.55	2 321.78
	占耕地面积（%）	1.0	5.5	41.5	42.4	9.6
有效锰	含量（mg/kg）	>30	15~30	5~15	≤5	
	面积（hm²）	—	217.67	23 749.92	217.67	
	占耕地面积（%）	—	0.9	98.2	0.9	
有效硼	含量（mg/kg）	>2.0	1.0~2.0	0.5~1.0	0.2~0.5	≤2.0
	面积（hm²）	—	145.11	13 737.23	10 302.92	—
	占耕地面积（%）	—	0.6	56.8	42.6	—
有效钼	含量（mg/kg）	≥0.3	0.2~0.3	0.15~0.2	0.1~0.15	<0.1
	面积（hm²）	72.56	2 781.30	11 125.22	9 940.14	266.04
	占耕地面积（%）	0.3	11.5	46.0	41.1	1.1

骆驼山镇耕地土壤养分分级面积统计表

项目		分级				
有机质	含量（g/kg）	>40	30～40	≤30		
	面积（hm²）	1 516.84	5 308.92	10 411.00		
	占耕地面积（%）	8.8	30.8	60.4		
全氮	含量（g/kg）	>2.0	≤2.0			
	面积（hm²）	2 258.02	14 978.74			
	占耕地面积（%）	13.1	86.9			
有效磷	含量（mg/kg）	>40	20～40	10～20	5～10	≤5
	面积（hm²）	68.95	499.87	4 929.71	7 704.83	4 033.40
	占耕地面积（%）	0.4	2.9	28.6	44.7	23.4
速效钾	含量（mg/kg）	>200	150～200	100～150	50～100	≤50
	面积（hm²）	551.58	4 602.21	10 014.56	2 068.41	—
	占耕地面积（%）	3.2	26.7	58.1	12.0	—
有效铜	含量（mg/kg）	>1.8	1.0～1.8	0.2～1.0	≤0.2	
	面积（hm²）	—	86.18	17 150.58	—	
	占耕地面积（%）	—	0.5	99.5	—	
有效铁	含量（mg/kg）	≥20	10～20	4.5～10	2.5～4.5	<2.5
	面积（hm²）	275.79	1 585.78	15 357.95	17.24	—
	占耕地面积（%）	1.6	9.2	89.1	0.1	—
有效锌	含量（mg/kg）	>3.0	1.0～3.0	0.5～1.0	0.3～0.5	≤0.3
	面积（hm²）	—	482.57	7 291.15	8 359.83	1 103.15
	占耕地面积（%）	—	2.8	42.3	48.5	6.4
有效锰	含量（mg/kg）	>30	15～30	5～15	≤5	
	面积（hm²）	172.36	982.50	15 650.98	430.92	
	占耕地面积（%）	1.0	5.7	90.8	2.5	
有效硼	含量（mg/kg）	>2.0	1.0～2.0	0.5～1.0	0.2～0.5	≤2.0
	面积（hm²）	—	17.23	6 532.73	10 686.80	—
	占耕地面积（%）	—	0.1	37.9	62.0	—
有效钼	含量（mg/kg）	≥0.3	0.2～0.3	0.15～0.2	0.1～0.15	<0.1
	面积（hm²）	51.71	810.13	6 377.60	6 946.41	3 050.91
	占耕地面积（%）	0.3	4.7	37.0	40.3	17.7

幸福乡耕地土壤养分分级面积统计表

养分	指标					
有机质	含量 (g/kg)	>40	30~40	≤30		
	面积 (hm²)	—	216.46	6 998.88		
	占耕地面积 (%)	0.0	3.0	97.0		
全氮	含量 (g/kg)	>2.0	≤2.0			
	面积 (hm²)	7.19	7 208.15			
	占耕地面积 (%)	0.1	99.9			
有效磷	含量 (mg/kg)	>40	20~40	10~20	5~10	≤5
	面积 (hm²)	64.94	649.38	2 943.86	2 936.64	620.52
	占耕地面积 (%)	0.9	9.0	40.8	40.7	8.6
速效钾	含量 (mg/kg)	>200	150~200	100~150	50~100	≤50
	面积 (hm²)	21.63	577.23	3 614.89	2 994.37	7.22
	占耕地面积 (%)	0.3	8.0	50.1	41.5	0.1
有效铜	含量 (mg/kg)	>1.8	1.0~1.8	0.2~1.0	≤0.2	
	面积 (hm²)	—	—	7 215.34	—	
	占耕地面积 (%)	—	—	100.0	—	
有效铁	含量 (mg/kg)	≥20	10~20	4.5~10	2.5~4.5	<2.5
	面积 (hm²)	—	735.96	6 443.30	36.08	—
	占耕地面积 (%)	—	10.2	89.3	0.5	—
有效锌	含量 (mg/kg)	>3.0	1.0~3.0	0.5~1.0	0.3~0.5	≤0.3
	面积 (hm²)	—	122.66	3 824.13	2 799.55	469.00
	占耕地面积 (%)	—	1.7	53.0	38.8	6.5
有效锰	含量 (mg/kg)	>30	15~30	5~15	<5	
	面积 (hm²)	—	21.65	6 977.23	216.46	
	占耕地面积 (%)	—	0.3	96.7	3.0	
有效硼	含量 (mg/kg)	≥2.0	1.0~2.0	0.5~1.0	0.2~0.5	≤0.2
	面积 (hm²)	—	43.29	3 809.70	3 362.35	—
	占耕地面积 (%)	—	0.6	52.8	46.6	—
有效钼	含量 (mg/kg)	≥0.3	0.2~0.3	0.15~0.2	0.1~0.15	<0.1
	面积 (hm²)	—	64.94	3 932.36	2 828.41	389.63
	占耕地面积 (%)	—	0.9	54.5	39.2	5.4

千斤沟镇耕地土壤养分分级面积统计表

养分	项目					
有机质	含量 (g/kg)	>40	30~40	≤30		
	面积 (hm²)	1 961.89	8 711.73	12 682.23		
	占耕地面积 (%)	8.4	37.3	54.3		
全氮	含量 (g/kg)	>2.0	≤2.0			
	面积 (hm²)	3 082.97	20 272.88			
	占耕地面积 (%)	13.2	86.8			
有效磷	含量 (mg/kg)	>40	20~40	10~20	5~10	≤5
	面积 (hm²)	116.79	3 596.80	10 113.08	9 038.71	490.47
	占耕地面积 (%)	0.5	15.4	43.3	38.7	2.1
速效钾	含量 (mg/kg)	>200	150~200	100~150	50~100	≤50
	面积 (hm²)	537.28	4 764.59	13 125.99	4 928.08	—
	占耕地面积 (%)	2.3	20.4	56.2	21.1	—
有效铜	含量 (mg/kg)	>1.8	1.0~1.8	0.2~1.0	≤0.2	
	面积 (hm²)	—	233.56	23 122.29	—	
	占耕地面积 (%)	0.0	1.0	99.0	—	
有效铁	含量 (mg/kg)	≥20	10~20	4.5~10	2.5~4.5	<2.5
	面积 (hm²)	186.85	7 240.31	15 928.69	—	—
	占耕地面积 (%)	0.8	31.0	68.2	—	—
有效锌	含量 (mg/kg)	>3.0	1.0~3.0	0.5~1.0	0.3~0.5	≤0.3
	面积 (hm²)	—	1 448.06	13 219.41	7 987.70	700.68
	占耕地面积 (%)	—	6.2	56.6	34.2	3.0
有效锰	含量 (mg/kg)	>30	15~30	5~15	≤5	
	面积 (hm²)	46.71	887.52	22 421.62	—	
	占耕地面积 (%)	0.2	3.8	96.0	—	
有效硼	含量 (mg/kg)	>2.0	1.0~2.0	0.5~1.0	0.2~0.5	≤0.2
	面积 (hm²)	—	163.50	17 026.41	6 165.94	—
	占耕地面积 (%)	—	0.7	72.9	26.4	—
有效钼	含量 (mg/kg)	≥0.3	0.2~0.3	0.15~0.2	0.1~0.15	<0.1
	面积 (hm²)	23.35	1 424.71	10 043.02	10 673.62	1 191.15
	占耕地面积 (%)	0.1	6.1	43.0	45.7	5.1

永丰镇耕地土壤养分分级面积统计表

项目						
有机质	含量 (g/kg)	>40	30~40	≤30		
	面积 (hm²)	1 188.31	4 106.95	5 128.48		
	占耕地面积 (%)	11.4	39.4	49.2		
全氮	含量 (g/kg)	>2.0	≤2.0			
	面积 (hm²)	1 716.24	7 777.96			
	占耕地面积 (%)	18.1	81.9			
有效磷	含量 (mg/kg)	>40	20~40	10~20	5~10	≤5
	面积 (hm²)	—	990.26	5 253.56	3 262.63	917.29
	占耕地面积 (%)	0.0	9.5	50.4	31.3	8.8
速效钾	含量 (mg/kg)	>200	150~200	100~150	50~100	≤50
	面积 (hm²)	594.16	2 929.07	5 889.41	1 011.10	—
	占耕地面积 (%)	5.7	28.1	56.5	9.7	—
有效铜	含量 (mg/kg)	>1.8	1.0~1.8	0.2~1.0	≤0.2	
	面积 (hm²)	—	—	10 423.74	—	
	占耕地面积 (%)	—	—	100.0	—	
有效铁	含量 (mg/kg)	≥20	10~20	4.5~10	2.5~4.5	<2.5
	面积 (hm²)	20.85	2 929.07	7 463.40	10.42	—
	占耕地面积 (%)	0.2	28.1	71.6	0.1	—
有效锌	含量 (mg/kg)	>3.0	1.0~3.0	0.5~1.0	0.3~0.5	≤0.3
	面积 (hm²)	83.39	844.32	6 848.40	2 428.73	218.90
	占耕地面积 (%)	0.8	8.1	65.7	23.3	2.1
有效锰	含量 (mg/kg)	>30	15~30	5~15	≤5	
	面积 (hm²)	—	1 448.91	8 828.90	145.93	
	占耕地面积 (%)	—	13.9	84.7	1.4	
有效硼	含量 (mg/kg)	>2.0	1.0~2.0	0.5~1.0	0.2~0.5	≤2.0
	面积 (hm²)	—	31.27	8 078.40	2 314.07	—
	占耕地面积 (%)	—	0.3	77.5	22.2	—
有效钼	含量 (mg/kg)	≥0.3	0.2~0.3	0.15~0.2	0.1~0.15	<0.1
	面积 (hm²)	—	729.66	4 305.00	3 888.06	1 501.02
	占耕地面积 (%)	—	7.0	41.3	37.3	14.4

附表 5 太仆寺旗各等级耕地土壤养分分级面积统计表

一级地养分分级面积统计

养分	项目					
有机质	含量 (g/kg)	>40	30~40	≤30		
	面积 (hm²)	1 085.96	5 503.64	8 695.41		
	占耕地面积 (%)	7.1	36.0	56.9		
全氮	含量 (g/kg)	>2.0	≤2.0			
	面积 (hm²)	2 025.46	13 259.54			
	占耕地面积 (%)	13.3	86.7			
有效磷	含量 (mg/kg)	>40	20~40	10~20	5~10	≤5
	面积 (hm²)	146.13	2 641.16	6 068.71	5 356.04	1 072.96
	占耕地面积 (%)	1.0	17.3	39.7	35.0	7.0
速效钾	含量 (mg/kg)	>200	150~200	100~150	50~100	≤50
	面积 (hm²)	561.88	4 226.91	8 091.52	2 404.69	—
	占耕地面积 (%)	3.7	27.7	52.9	15.7	—
有效铜	含量 (mg/kg)	>1.8	1.0~1.8	0.2~1.0	≤0.2	
	面积 (hm²)	35.22	188.78	15 061.00	—	
	占耕地面积 (%)	0.2	1.2	98.6	—	
有效铁	含量 (mg/kg)	≥20	10~20	4.5~10	2.5~4.5	<2.5
	面积 (hm²)	59.88	3 507.08	11 716.79	1.25	—
	占耕地面积 (%)	0.4	22.9	76.7	0.0	—
有效锌	含量 (mg/kg)	>3.0	1.0~3.0	0.5~1.0	0.3~0.5	≤0.3
	面积 (hm²)	35.22	1 164.25	7 984.89	5 560.75	539.89
	占耕地面积 (%)	0.2	7.6	52.3	36.4	3.5
有效锰	含量 (mg/kg)	>30	15~30	5~15	≤5	
	面积 (hm²)	18.15	893.41	14 284.25	89.19	
	占耕地面积 (%)	0.1	5.8	93.5	0.6	
有效硼	含量 (mg/kg)	>2.0	1.0~2.0	0.5~1.0	0.2~0.5	≤0.2
	面积 (hm²)	—	50.33	9 820.61	5 414.06	—
	占耕地面积 (%)	—	0.3	64.2	35.5	—
有效钼	含量 (mg/kg)	≥0.3	0.2~0.3	0.15~0.2	0.1~0.15	<0.1
	面积 (hm²)	111.66	1 136.08	5 824.22	6 667.45	1 545.59
	占耕地面积 (%)	0.7	7.4	38.1	43.6	10.2

二级地养分分级面积统计

养分	项目					
有机质	含量（g/kg）	>40	30~40	≤30		
	面积（hm²）	1 448.88	5 868.11	12 901.17		
	占耕地面积（%）	7.2	29.0	63.8		
全氮	含量（g/kg）	>2.0	≤2.0			
	面积（hm²）	2 272.73	17 945.43			
	占耕地面积（%）	11.2	88.8			
有效磷	含量（mg/kg）	>40	20~40	10~20	5~10	≤5
	面积（hm²）	101.83	1 671.82	8 358.30	8 637.08	1 449.13
	占耕地面积（%）	0.5	8.3	41.3	42.7	7.2
速效钾	含量（mg/kg）	>200	150~200	100~150	50~100	≤50
	面积（hm²）	773.78	4 902.59	11 166.26	3 375.53	—
	占耕地面积（%）	3.8	24.2	55.2	16.8	—
有效铜	含量（mg/kg）	>1.8	1.0~1.8	0.2~1.0	≤0.2	
	面积（hm²）	115.69	154.12	19 948.35	—	
	占耕地面积（%）	0.6	0.8	98.6	—	
有效铁	含量（mg/kg）	≥20	10~20	4.5~10	2.5~4.5	<2.5
	面积（hm²）	117.31	4 594.69	15 446.56	59.60	—
	占耕地面积（%）	0.6	22.7	76.4	0.3	—
有效锌	含量（mg/kg）	>3.0	1.0~3.0	0.5~1.0	0.3~0.5	≤0.3
	面积（hm²）	137.88	1 299.98	10 708.45	7 042.61	1 029.24
	占耕地面积（%）	0.7	6.4	53.0	34.8	5.1
有效锰	含量（mg/kg）	>30	15~30	5~15	≤5	
	面积（hm²）	67.36	1 410.54	18 556.09	184.18	
	占耕地面积（%）	0.3	7.0	91.8	0.9	
有效硼	含量（mg/kg）	>2.0	1.0~2.0	0.5~1.0	0.2~0.5	≤0.2
	面积（hm²）	—	83.03	13 162.62	6 972.51	—
	占耕地面积（%）	—	0.4	65.1	34.5	—
有效钼	含量（mg/kg）	≥0.3	0.2~0.3	0.15~0.2	0.1~0.15	<0.1
	面积（hm²）	9.12	1 452.03	8 068.55	8 552.71	2 135.75
	占耕地面积（%）	0.0	7.2	39.9	42.3	10.6

三级地养分分级面积统计

养分	指标					
有机质	含量 (g/kg)	>40	30~40	≤30		
	面积 (hm²)	1 615.64	6 985.95	19 122.13		
	占耕地面积 (%)	5.8	25.2	69.0		
全氮	含量 (g/kg)	>2.0	≤2.0			
	面积 (hm²)	2 639.24	25 084.48			
	占耕地面积 (%)	9.5	90.5			
有效磷	含量 (mg/kg)	>40	20~40	10~20	5~10	≤5
	面积 (hm²)	119.25	2 320.34	10 069.27	12 574.31	2 640.55
	占耕地面积 (%)	0.4	8.4	36.3	45.4	9.5
速效钾	含量 (mg/kg)	>200	150~200	100~150	50~100	≤50
	面积 (hm²)	729.62	6 147.06	15 202.18	5 630.71	14.15
	占耕地面积 (%)	2.6	22.2	54.8	20.3	0.1
有效铜	含量 (mg/kg)	>1.8	1.0~1.8	0.2~1.0	≤0.2	
	面积 (hm²)	71.73	127.38	27 522.72	1.89	
	占耕地面积 (%)	0.3	0.5	99.3	—	
有效铁	含量 (mg/kg)	≥20	10~20	4.5~10	2.5~4.5	<2.5
	面积 (hm²)	156.32	4 713.51	22 826.77	27.12	—
	占耕地面积 (%)	0.6	17.0	82.3	0.1	—
有效锌	含量 (mg/kg)	>3.0	1.0~3.0	0.5~1.0	0.3~0.5	≤0.3
	面积 (hm²)	160.37	1 594.77	14 572.94	9 922.83	1 472.81
	占耕地面积 (%)	0.6	5.8	52.6	35.8	5.3
有效锰	含量 (mg/kg)	>30	15~30	5~15	<5	
	面积 (hm²)	42.79	1 356.86	25 833.09	490.96	
	占耕地面积 (%)	0.1	4.9	93.2	1.8	
有效硼	含量 (mg/kg)	>2.0	1.0~2.0	0.5~1.0	0.2~0.5	≤0.2
	面积 (hm²)	15.65	151.49	16 780.38	10 776.20	—
	占耕地面积 (%)	—	0.5	60.6	38.9	—
有效钼	含量 (mg/kg)	≥0.3	0.2~0.3	0.15~0.2	0.1~0.15	<0.1
	面积 (hm²)	17.28	2 096.34	12 188.03	11 231.88	2 190.19
	占耕地面积 (%)	—	7.6	44.0	40.5	7.9

四级地养分分级面积统计

养分	指标					
有机质	含量 (g/kg)	>40	30~40			≤30
	面积 (hm²)	833.46	4 317.10			11 085.03
	占耕地面积 (%)	5.1	26.6			68.3
全氮	含量 (g/kg)	>2.0	≤2.0			
	面积 (hm²)	1 491.10	14 744.49			
	占耕地面积 (%)	9.2	90.8			
有效磷	含量 (mg/kg)	>40	20~40	10~20	5~10	≤5
	面积 (hm²)	44.64	996.76	5 194.03	8 191.87	1 808.29
	占耕地面积 (%)	0.3	6.1	32.0	50.5	11.1
速效钾	含量 (mg/kg)	>200	150~200	100~150	50~100	≤50
	面积 (hm²)	499.77	3 810.62	8 805.47	3 119.73	—
	占耕地面积 (%)	3.1	23.5	54.2	19.2	—
有效铜	含量 (mg/kg)	>1.8	1.0~1.8	0.2~1.0		≤0.2
	面积 (hm²)	47.79	121.42	16 066.39		—
	占耕地面积 (%)	0.3	0.7	99.0		—
有效铁	含量 (mg/kg)	≥20	10~20	4.5~10	2.5~4.5	<2.5
	面积 (hm²)	93.86	2 411.35	13 701.04	29.34	—
	占耕地面积 (%)	0.6	14.9	84.4	0.2	—
有效锌	含量 (mg/kg)	>3.0	1.0~3.0	0.5~1.0	0.3~0.5	≤0.3
	面积 (hm²)	36.66	604.46	8 084.16	6 603.35	906.96
	占耕地面积 (%)	0.2	3.7	49.8	40.7	5.6
有效锰	含量 (mg/kg)	>30	15~30	5~15		≤5
	面积 (hm²)	9.48	733.69	15 177.46		314.95
	占耕地面积 (%)	0.1	4.5	93.5		1.9
有效硼	含量 (mg/kg)	>2.0	1.0~2.0	0.5~1.0	0.2~0.5	≤0.2
	面积 (hm²)	2.41	33.11	9 432.43	6 767.64	—
	占耕地面积 (%)	—	0.2	58.1	41.7	—
有效钼	含量 (mg/kg)	≥0.3	0.2~0.3	0.15~0.2	0.1~0.15	<0.1
	面积 (hm²)	8.69	985.60	7 455.89	6 774.67	1 010.74
	占耕地面积 (%)	0.1	6.1	45.9	41.7	6.2

五级地养分分级面积统计

项目	指标					
有机质	含量 (g/kg)	>40	30~40	≤30		
	面积 (hm²)	563.06	3 062.78	11 320.64		
	占耕地面积 (%)	3.8	20.5	75.7		
全氮	含量 (g/kg)	>2.0	≤2.0			
	面积 (hm²)	939.39	14 007.09			
	占耕地面积 (%)	6.3	93.7			
有效磷	含量 (mg/kg)	>40	20~40	10~20	5~10	≤5
	面积 (hm²)	133.29	889.98	4 680.41	7 649.88	1 592.92
	占耕地面积 (%)	0.9	6.0	31.3	51.2	10.7
速效钾	含量 (mg/kg)	>200	150~200	100~150	50~100	≤50
	面积 (hm²)	492.86	3 307.78	7 536.26	3 609.58	—
	占耕地面积 (%)	3.3	22.1	50.4	24.2	—
有效铜	含量 (mg/kg)	>1.8	1.0~1.8	0.2~1.0	≤0.2	
	面积 (hm²)	13.65	81.54	14 851.29	—	
	占耕地面积 (%)	0.1	0.5	99.4	—	
有效铁	含量 (mg/kg)	≥20	10~20	4.5~10	2.5~4.5	<2.5
	面积 (hm²)	63.76	2 019.26	12 862.93	0.53	—
	占耕地面积 (%)	0.4	13.5	86.1	0.0	—
有效锌	含量 (mg/kg)	>3.0	1.0~3.0	0.5~1.0	0.3~0.5	≤0.3
	面积 (hm²)	58.82	730.89	7 170.57	5 773.50	1 212.70
	占耕地面积 (%)	0.4	4.9	48.0	38.6	8.1
有效锰	含量 (mg/kg)	>30	15~30	5~15	≤5	
	面积 (hm²)	48.36	327.56	14 413.23	157.32	
	占耕地面积 (%)	0.3	2.2	96.4	1.1	
有效硼	含量 (mg/kg)	>2.0	1.0~2.0	0.5~1.0	0.2~0.5	≤0.2
	面积 (hm²)	—	154.33	8 190.70	6 601.45	—
	占耕地面积 (%)	—	1.0	54.8	44.2	—
有效钼	含量 (mg/kg)	≥0.3	0.2~0.3	0.15~0.2	0.1~0.15	<0.1
	面积 (hm²)	2.65	928.58	7 398.90	6 063.40	552.95
	占耕地面积 (%)	0.0	6.2	49.5	40.6	3.7

附表6 大仆寺旗各乡镇（苏木）不同地力等级耕地地理化性状统计表

宝昌镇不同地力等级耕地地理化性状统计

地力等级	pH	有机质(g/kg)	全氮(g/kg)	有效磷(mg/kg)	速效钾(mg/kg)	有效硼(mg/kg)	有效钼(mg/kg)	有效锌(mg/kg)	有效铜(mg/kg)	有效铁(mg/kg)	有效锰(mg/kg)	缓效钾(mg/kg)
一级	8.13	13.03	1.51	13.03	122	0.57	0.14	0.68	0.51	9.09	9.42	579
二级	8.13	28.32	1.50	12.42	121	0.56	0.14	0.69	0.5	8.94	9.12	582
三级	8.14	27.30	1.44	11.96	120	0.56	0.15	0.73	0.51	8.46	8.38	586
四级	8.14	28.70	1.49	12.19	121	0.56	0.15	0.67	0.5	8.77	8.49	590
五级	8.16	27.23	1.42	13.11	120	0.56	0.15	0.72	0.49	8.45	8.15	581

贡宝拉格苏木不同地力等级耕地地理化性状统计

地力等级	pH	有机质(g/kg)	全氮(g/kg)	有效磷(mg/kg)	速效钾(mg/kg)	有效硼(mg/kg)	有效钼(mg/kg)	有效锌(mg/kg)	有效铜(mg/kg)	有效铁(mg/kg)	有效锰(mg/kg)	缓效钾(mg/kg)
一级	8.07	30.87	1.69	20.5	126	0.57	0.15	0.86	0.49	7.47	8.47	555
二级												
三级												
四级	7.65	29.55	1.72	16.85	111	0.59	0.15	0.85	0.49	10.25	10.63	591
五级												

骆驼山镇不同地力等级耕地地理化性状统计

地力等级	pH	有机质(g/kg)	全氮(g/kg)	有效磷(mg/kg)	速效钾(mg/kg)	有效硼(mg/kg)	有效钼(mg/kg)	有效锌(mg/kg)	有效铜(mg/kg)	有效铁(mg/kg)	有效锰(mg/kg)	缓效钾(mg/kg)
一级	8.15	29.62	1.61	10.38	141.69	0.53	0.14	0.53	0.51	8.57	10.12	622
二级	8.11	30.88	1.66	9.45	142.12	0.57	0.14	0.61	0.52	9.04	11.09	644
三级	8.14	28.59	1.56	8.93	135.19	0.52	0.15	0.53	0.49	8.29	9.25	629
四级	8.17	26.84	1.46	8.32	134.03	0.49	0.15	0.51	0.47	7.67	8.38	624
五级	8.16	27.52	1.47	8.27	137.37	0.51	0.15	0.54	0.47	7.91	8.78	617

红旗镇不同地力等级耕地理化性状统计

地力等级	pH	有机质 (g/kg)	全氮 (g/kg)	有效磷 (mg/kg)	速效钾 (mg/kg)	有效硼 (mg/kg)	有效钼 (mg/kg)	有效锌 (mg/kg)	有效铜 (mg/kg)	有效铁 (mg/kg)	有效锰 (mg/kg)	缓效钾 (mg/kg)
一级	8.11	26.01	1.45	11.09	142.5	0.54	0.15	0.59	0.54	7.43	7.74	501
二级	8.10	25.81	1.43	10.37	142.36	0.54	0.15	0.68	0.59	7.49	7.67	659
三级	8.10	25.4	1.40	9.84	414.19	0.54	0.16	0.63	0.54	7.45	7.59	658
四级	8.13	25.34	1.39	9.35	143.05	0.54	0.16	0.61	0.55	7.44	7.61	666
五级	8.10	24.87	1.37	9.17	146.76	0.53	0.16	0.57	0.53	7.33	7.64	671

千斤沟镇不同地力等级耕地理化性状统计

地力等级	pH	有机质 (g/kg)	全氮 (g/kg)	有效磷 (mg/kg)	速效钾 (mg/kg)	有效硼 (mg/kg)	有效钼 (mg/kg)	有效锌 (mg/kg)	有效铜 (mg/kg)	有效铁 (mg/kg)	有效锰 (mg/kg)	缓效钾 (mg/kg)
一级	8.03	31.58	1.68	16.34	136.37	0.61	0.15	0.65	0.56	9.62	9.35	656
二级	8.03	29.78	1.57	12.64	127.21	0.59	0.15	0.61	0.51	9.59	9.65	628
三级	8.04	29.28	1.55	12.75	127.89	0.60	0.15	0.62	0.50	9.35	9.41	644
四级	8.05	29.48	1.54	11.54	125.75	0.59	0.15	0.60	0.59	9.29	9.49	646
五级	8.05	28.08	1.48	10.75	118.73	0.58	0.15	0.59	0.48	9.21	9.31	624

幸福乡不同地力等级耕地理化性状统计

地力等级	pH	有机质 (g/kg)	全氮 (g/kg)	有效磷 (mg/kg)	速效钾 (mg/kg)	有效硼 (mg/kg)	有效钼 (mg/kg)	有效锌 (mg/kg)	有效铜 (mg/kg)	有效铁 (mg/kg)	有效锰 (mg/kg)	缓效钾 (mg/kg)
一级	8.33	24.52	1.31	12.24	123.81	0.57	0.15	0.59	0.53	8.43	7.42	661
二级	8.30	23.17	1.25	14.38	122.51	0.56	0.15	0.57	0.51	8.27	6.93	658
三级	8.32	22.03	1.15	11.67	109.08	0.54	0.15	0.55	0.46	8.15	6.83	624
四级	8.29	21.04	1.12	11.31	105.09	0.49	0.14	0.57	0.46	8.01	6.98	595
五级	8.30	20.92	1.45	11.47	105.01	0.54	0.15	0.53	0.49	8.43	7.00	624

永丰镇不同地力等级耕地理化性状统计

地力等级	pH	有机质 (g/kg)	全氮 (g/kg)	有效磷 (mg/kg)	速效钾 (mg/kg)	有效硼 (mg/kg)	有效钼 (mg/kg)	有效锌 (mg/kg)	有效铜 (mg/kg)	有效铁 (mg/kg)	有效锰 (mg/kg)	缓效钾 (mg/kg)
一级	8.09	32.44	1.74	14.36	132.90	0.62	0.14	0.70	0.53	9.53	9.82	655
二级	8.11	30.75	1.64	12.23	142.10	0.59	0.15	0.67	0.52	9.04	9.26	657
三级	8.13	30.16	1.63	12.36	137.92	0.59	0.15	0.70	0.52	9.06	9.31	656
四级	8.15	29.64	1.59	11.41	146.63	0.58	0.15	0.62	0.50	8.39	8.28	674
五级	8.16	28.61	1.54	11.28	141.17	0.57	0.15	0.65	0.50	8.51	8.47	656

附录2 大仆寺旗耕地化验数据

统一编号	土类	土种	乡镇(苏木)名称	村名称	地块位置	pH	阳离子交换量(cmol/kg)	有机质(g/kg)	全氮(g/kg)	碱解氮(mg/kg)	全磷(g/kg)	有效磷(mg/kg)	全钾(g/kg)	缓效钾(mg/kg)	速效钾(mg/kg)	有效铁(mg/kg)	有效锰(mg/kg)	有效铜(mg/kg)	有效锌(mg/kg)	水溶态硼(mg/kg)	有效钼(mg/kg)	有效硫(mg/kg)	有效硅(mg/kg)
001	草甸土	灰沙壤土	永丰镇	山岔口村	村东南	8.2	17.9	22.1	1.234		0.389	22.2	25.6		75						0.24		234
002	栗钙土	薄层暗栗钙土	千斤沟镇	东圪梁村	村北	7.8		22.5	1.351			12.3			92								
003	草甸土	灰沙壤土	永丰镇	三永村	村东	7.9		52.6	2.647		0	12.9			140								
004	栗钙土	中层暗栗钙土	永丰镇	幸福村	村东	8.3	18	48.3	3.12		0.607	13.8	21.7		120						0.17		101
005	栗钙土	中层暗栗钙土	宝昌镇	东明村	村东	8	19.6	38.3	1.309		0.373	79.1	18.9		387								238
006	草甸土	灰沙壤土	永丰镇	后房子村	村北	8.2		29.6	3.538			29.7			314								
007	栗钙土	中层暗栗黄土	千斤沟镇	张滩村	村北	8.2		48.8	2.76			19.9			145								
008	栗钙土	中层暗栗沙土	红旗镇	红旗村	村东	8.4		26.4	1.314	124		29.1			200								
009	栗钙土	薄层暗栗沙土	红旗镇	平地村	村西	8.2		36	2.26			10.2			170								
010	草甸土	灰沙壤土	永丰镇	后房子村	村南	8.2		31.2	1.658			6.3		820	160	7.4	6.6	0.4	0.17	0.31		15.2	
011	栗钙土	薄体黄栗沙土	永丰镇	头支箭村	村北	8		47.9	2.712			7.6		990	210	12.3	11.6	0.67	0.35	0.69		21.2	
012	栗钙土	薄层暗栗沙土	永丰镇	四合庄村	村东南	8.2		23.3	1.189			3.1		624	96	8.5	6.6	0.57	0.6	0.38		4.4	
013	黑钙土	薄层淋溶黑钙土	千斤沟镇	抬头沟村	村北	8.3		26.7	1.536			9.8		650	190	7.3	12.7	0.49	0.59	0.48		48.1	
014	栗钙土	中层暗栗沙土	千斤沟镇	葫芦峪村	村南	7.8	15.6	31.8	1.311	124	0.348	1.9	20.8	524	96	14.2	18.4	0.65	0.97	0.49	0.27	8.3	198
015	栗钙土	暗栗土	千斤沟镇	四联村	村东南	8.2		33.9	1.354			5		524	96	14.9	13.5	0.5	0.51	0.58		9	
016	栗钙土	中层暗栗沙土	骆驼山镇	红星村	村北	8.2		43.8	2.293			16.7		990	250	12.9	18.1	0.9	0.08	0.71	0.12	12.7	
017	草甸土	轻盐化沙质土	千斤沟镇	二联村	村北	7.9	11.7	42.7	1.91	99	0.402	8.2	24.2	575	105	14.9	10.5	0.89	0.85	0.42	0.12	9.9	

（续）

统一编号	土类	土种	乡镇(苏木)名称	村名称	地块位置	pH	阳离子交换量(cmol/kg)	有机质(g/kg)	全氮(g/kg)	碱解氮(mg/kg)	全磷(g/kg)	有效磷(mg/kg)	全钾(mg/kg)	缓效钾(mg/kg)	速效钾(mg/kg)	有效铁(mg/kg)	有效锰(mg/kg)	有效铜(mg/kg)	有效锌(mg/kg)	水溶态硼(mg/kg)	有效钼(mg/kg)	有效硫(mg/kg)	有效硅(mg/kg)
018	黑钙土	薄层淋溶黑钙土	千斤沟镇	头号村	村北	8.2		12.4	0.951			17.3		780	260	10.2	7.1	0.61	0.88	0.6		10.2	
019	栗钙土	薄层暗栗沙土	永丰镇	无山村	村东	8.4		21.3	0.952			4.1		548	92	5.9	4.1	0.39	0.29	0.3		5.9	
020	栗钙土	薄体黄沙土	永丰镇	三道洼村	村北	8.5		32.2	1.785			4.2		760	140	6.1	7.1	0.65	0.17	0.53		10	
021	栗钙土	薄层暗栗沙土	永丰镇	无山村	村北	8.1		13.4	0.958			10.7		450	130	8.4	4.3	0.34	0.23	0.38		10.2	
022	黑钙土	薄层淡黑钙土	路驼山镇	官马洼村	村东	7.9		39.2	2.001			5.9		820	180	9.9	8.5	0.56	0.31	0.81		14.3	
023	栗钙土	中层栗红土	永丰镇	车道洼村	村西	7.8		14.7	0.854			4		406	120	13.9	6.9	0.59	0.55	0.36		12.3	
024	黑钙土	薄层暗黑钙土	永丰镇	馒头沟村	村南	8.2		34.6	1.95			13.1		920	300	7.4	8.3	0.55	0.92	0.76		13.2	
025	栗钙土	薄层淡栗沙土	永丰镇	馒头沟村	村东	8.3		50	1.532			18.7		877	263	4.4	8.4	0.57	0.77	0.71		5.4	
026	栗钙土	中层暗栗沙土	千斤沟镇	西大井村	村西	8.5		43.3	2.358			8.5		630	110	9.6	9.9	0.53	0.62	0.88		4.3	
027	栗钙土	中层栗黄土	千斤沟镇	三结村	村西南	8.1		25.9	1.122			11.2		570	130	7.3	6	0.36	0.7	0.57		8.9	
028	栗钙土	中层暗栗钙土	宝昌镇	保胜村	村西南	8		29.6	1.353			3.2		510	110	6.8	9.8	0.33	1.27	0.77		4.5	
029	栗钙土	中层暗栗钙土	宝昌镇	地房子村	村西	8.1	11.9	26.9	1.19	98	0.383	25.3	22.6	465	75	7.8	4.9	0.54	0.97	0.53	0.15	20	
030	栗钙土	中层暗栗沙土	宝昌镇	宏胜村	村西	8.3		20.3	1.082			6.6		524	96	7.3	5.8	1	0.38	0.4		8.9	
031	草甸土	轻碱化沙土	宝昌镇	五福村	村西	8.1		26.7	1.476			7.6		860	180	13	8.6	0.72	0.42	0.64		17.3	
032	栗钙土	中层暗栗红土	永丰镇	车道洼村	村东	8.5		28	1.281			9.3		950	210	5.4	4.6	0.55	0.42	0.66		6.6	
033	栗钙土	薄体淡钙灰黄沙土	幸福乡	进展村	村东北	8.3		19	0.951			5.4		608	92	7.5	6.5	0.39	0.55	0.7		5.6	
034	栗钙土	中层栗沙土	永丰镇	四合庄村	村东	7.8	12.8	16.2	1.173	91	0.287	11	22.4	660	120	13.9	12.3	0.51	0.77	0.58	0.14	16.5	

（续）

统一编号	土类	土种	乡镇(苏木)名称	村名称	地块位置	pH	阳离子交换量(cmol/kg)	有机质(g/kg)	全氮(g/kg)	碱解氮(mg/kg)	全磷(mg/kg)	有效磷(mg/kg)	全钾(mg/kg)	缓效钾(mg/kg)	速效钾(mg/kg)	有效铁(mg/kg)	有效锰(mg/kg)	有效铜(mg/kg)	有效锌(mg/kg)	水溶态硼(mg/kg)	有效钼(mg/kg)	有效硫(mg/kg)	有效硅(mg/kg)
035	栗钙土	中层暗栗钙土	骆驼山镇	中河村	村北	8.2		36.2	2.227			5.2		600	120	5.9	6	0.29	0.26	0.82		3.2	
036	栗钙土	中层栗黄土	红旗镇	前勇村	村东	8	18.8	33.2	1.762	95	0.508	10.3	23.5	900	180	9.2	7.8	0.6	0.54	0.6	0.26	7.6	237
037	草甸土	轻盐化沙质土	骆驼山镇	官马沟村	村北	8		22.8	1.023			1.3		515	105	5.8	5.1	0.24	0.28	0.43		10.8	
038	栗钙土	中层暗栗钙土	宝昌镇	宏胜村	村北	8.2	18	39.5	2.365	119	0.526	10.9	18.5	830	170	10.2	9.4	0.84	0.92	0.6	0.11	18.5	127
039	栗钙土	中层暗栗钙土	宝昌镇	地房子村	村北	8.3		25.8	1.031			5		393	67	7.5	8.1	0.43	0.75	0.52		10.4	
040	栗钙土	中层黄沙土	永丰镇	三道河村	村东北	8.5		16.5	0.67			4		564	96	5.5	5.6	0.33	0.49	0.3		6.4	
041	栗钙土	薄体黄沙土	永丰镇	头支箭村	村西北	8.4		22.4	0.951			5		650	110	7.3	6.9	0.43	0.42	0.44		10.4	
042	栗钙土	暗栗土	千斤沟镇	七号村	村西北	7.9		27.2	1.699			10.2		636	104	13.5	12.2	0.38	0.38	0.77		12.3	
043	栗钙土	中层栗钙土	骆驼山镇	楚鲁乌苏村	村西南	8.5		14.6	1.068			3.8		640	140	5.6	4.2	0.32	0.29	0.64		4.8	
044	栗钙土	中层栗钙土	宝昌镇	弘大村	村北	7.9		47.2	2.504			23.9		760	220	11.6	14.6	0.71	1.62	0.83		17.7	
045	栗钙土	中层暗栗钙土	宝昌镇	小边墙村	村南	8.5		14.1	1.259			9.7		630	110	7.6	8.1	0.57	0.8	0.86		9.3	
046	栗钙土	中层暗栗钙土	幸福乡	重光村	村南	8.5		19.7	1.185			12.8		1030	150	7.7	6.9	0.9	0.93	0.59		3.5	
047	栗钙土	中层暗栗钙土	幸福乡	重光村	村南	8.5		23.8	1.341	75		14.8		820	180	9.2	11	0.79	0.58	0.46		8.5	
048	栗钙土	暗栗钙土	幸福乡	永红村	村北	8.2	10.3	23.4	1.107		0.433	18.8	21.9	564	96	7.5	6	0.5	0.39	0.61	0.14	7.5	171
049	草甸土	轻盐化沙质土	幸福乡	永红村	村北	8		19.5	1.219			20.3		750	150	5.5	5.5	0.46	0.76	0.75		19.4	
050	栗钙土	暗栗土	幸福乡	进展村	村西南	8.1		34	1.57			14.8		810	150	9.3	6.9	0.67	0.63	0.42		13.7	
051	栗钙土	潮黄土	骆驼山镇	黑山庙村	村西南	8.3		43.4	2.347			14.9		1020	440	15.5	7.3	0.93	0.6	0.59		6.6	
052	栗钙土	潮栗土	骆驼山镇	黑山庙村	村西	8.3	15.6	34.8	1.965	96	0.479	5.7	18.2	920	220	12.7	7	0.76	0.59	0.33	0.16	12.5	150
053	硼钙土	硼质黄沙土	永丰镇	小河套村	村西北	8.4		16.5	0.89			4.3		515	105	5.9	6.2	0.37	0.47	0.37		3.6	

（续）

统一编号	土类	土种	乡镇(苏木)名称	村名称	地块位置	pH	阳离子交换量(cmol/kg)	有机质(g/kg)	全氮(g/kg)	碱解氮(mg/kg)	全磷(g/kg)	有效磷(mg/kg)	全钾(mg/kg)	缓效钾(mg/kg)	速效钾(mg/kg)	有效铁(mg/kg)	有效锰(mg/kg)	有效铜(mg/kg)	有效锌(mg/kg)	水溶态硼(mg/kg)	有效钼(mg/kg)	有效硫(mg/kg)	有效硅(mg/kg)
054	栗钙土	中层暗栗沙土	千斤沟镇	大吃涮村	村南	8.1		22.2	1.318			3.8		540	100	7.9	6.4	0.46	0.5	0.35		8.4	
055	栗钙土	薄层暗栗沙土	千斤沟镇	西大井村	村西南	8.3		23.7	1.463			8.1		760	160	6.3	6.9	0.47	0.39	0.56		11.3	
056	栗钙土	中层暗栗沙土	宝昌镇	东红村	村西南	8.2		19.6	1.06			10.2		453	67	7.5	5.4	0.26	0.49	0.42		8.7	
057	草甸土	盐化草甸白干土	贡宝拉格苏木	赛汉淖尔嘎查	村南	8.5		20.8	1.481			25.1		630	110	8.4	6.8	0.66	0.76	0.53		11.4	
058	草甸土	轻盐化沙质土	幸福乡	共沃村	村西南	8.3	9.7	12.1	0.809	61	0.351	7.6	25.3	603	77	7.2	8.5	0.36	0.49	0.57	0.14	7.8	156
059	栗钙土	中层淡灰黄沙土	幸福乡	共沃村	村西	8.3		14	0.858			7.9		590	130	6.5	4.1	0.22	0.27	0.53		5	
060	栗钙土	滩体淡灰黄沙土	红旗镇	五亮村	村南	8.1		18.4	1.225			1.3		685	135	9.2	5.9	0.64	0.32	0.48		4.8	
061	草甸土	轻盐化沙质土	幸福乡	幸福村	村北	9.1		22	1.877			3.9		735	105	19.2	11.4	0.98	0.23	1.41		48.9	
062	草甸土	轻盐化沙质土	幸福乡	永胜村	村南	7.9		31.5	1.196			6.5		557	83	8.2	5.5	0.43	0.14	0.46		5.7	
063	栗钙土	中层暗栗土	幸福乡	茂盛村	村北	8.4		15	0.826			6.3		545	75	9.8	4.6	0.52	0.58	0.29		3.6	
064	栗钙土	中层暗栗土	幸福乡	茂盛村	村北	8.7		16.8	0.926			5.7		568	92	9.4	6.4	0.42	0.5	0.39		9.7	
065	栗钙土	中层暗栗土	幸福乡	大胜村	村南	8.4		22.1	0.84			12.8		564	96	7.9	7.4	0.32	0.34	0.58		8.9	
066	栗钙土	暗栗土	幸福乡	大胜村	村东	8.5	9.5	36.7	1.162	72	0.4	3.3	20.2	624	96	8.4	5.3	0.69	0.61	0.68	0.19	8.5	92
067	栗钙土	暗栗土	幸福乡	永茂村	村东北	8.5		22.8	1.324			14.6		780	220	8.5	6.7	0.61	0.85	0.85		6.9	
068	栗钙土	暗栗土	幸福乡	永茂村	村西	8.6		20.4	0.771			9.1		650	110	9.5	6.6	0.53	0.36	0.68		10.5	
069	栗钙土	中层暗栗沙土	幸福乡	永久村	村西	8.2		28.9	1.747			9.6		716	104	15.7	7	0.99	0.32	0.75		13.2	
070	栗钙土	中层暗栗沙土	幸福乡	永久村	村东南	8.6		20.1	0.978			8.8		576	104	4.8	6.9	0.3	1.39	0.51		2.9	
071	栗钙土	暗栗沙土	幸福乡	永旺村	村西南	8.5		12.4	1.029			8.8		573	67	7.8	6.6	0.34	0.16	0.29		7.4	

（续）

统一编号	土类	土种	乡镇(苏木)名称	村名称	地块位置	pH	阳离子交换量(cmol/kg)	有机质(g/kg)	全氮(g/kg)	碱解氮(mg/kg)	全磷(mg/kg)	有效磷(mg/kg)	全钾(mg/kg)	缓效钾(mg/kg)	速效钾(mg/kg)	有效铁(mg/kg)	有效锰(mg/kg)	有效铜(mg/kg)	有效锌(mg/kg)	水溶态硼(mg/kg)	有效钼(mg/kg)	有效硫(mg/kg)	有效硅(mg/kg)
072	栗钙土	中层暗栗红土	贡宝拉格苏木	敖达乌苏嘎查	村东北	8.3		22	1.144			4.2		557	83	8.2	4.5	0.61	0.39	0.43		4.8	
073	栗钙土	暗栗土	幸福乡	永旺村	村西北	8.4		22.7	0.937			12.8		700	100	8.5	4.8	0.41	0.67	0.46		10	
074	栗钙土	中层暗栗沙土	幸福乡	光明村	村南	8		10.1	0.79			7.4		973	67	5.4	5.9	0.35	0.36	0.39		7	
075	栗钙土	中层暗栗沙土	幸福乡	光明村	村东	8.5		17.7	0.884			9.5		741	59	8	4.6	0.61	0.51	0.25		5.7	
076	栗钙土	潮栗土	永丰镇	小河套村	村南	7.8		19	1.185			2.2		544	96	9.3	2.6	0.65	0.64	0.5		3.8	
077	栗钙土	中层淡灰黄沙土	宝昌镇	复兴村	村东南	8.2		24.9	1.086			18.3		540	120	5.7	6.2	0.51	1.21	0.48		18.3	
078	栗钙土	中层暗栗沙土	千斤沟镇	大圪洞村	村东	8.3		23.4	1.104			5.6		548	92	7.5	6.3	0.42	0.28	0.54		6.7	
079	栗钙土	中层淡灰黄沙土	千斤沟镇	民众村	村东	8.2	15	34.6	1.514	94	0.466	19.4	21.2	770	190	7.1	4.4	0.25	1.64	0.8	0.16	23.8	263
080	栗钙土	中层暗栗沙土	贡宝拉格苏木	哈夏图嘎查	村北	8.5		11.5	0.817			17.6		528	92	5.3	6.3	0.31	0.65	0.52		6.6	
081	栗钙土	中层暗栗沙土	宝昌镇	黄土坑村	村南	8.5		31.7	1.913			4.3		644	96	11.3	8.6	0.68	0.15	0.65		13.8	
082	草甸土	轻盐化沙质土	宝昌镇	东红村	村东	8.5		48.9	2.477			8.3		910	150	16.6	8.7	0.86	0.45	0.84		26.8	
083	草甸土	灰沙壤土	永丰镇	山岔口村	村南	8.2		19.8	0.955	91		4.6		306	54	6.2	6.2	0.4	0.31	0.25		12.5	
084	栗钙土	中层淡灰黄沙土	宝昌镇	胜利村	村东南	8.3		25.1	0.745			2		406	54	7.4	8.8	0.49	0.17	0.45		5	
085	栗钙土	中层暗栗黄土	千斤沟镇	民众村	村北	8.2		24.4	1.004	69	0.383	12.1		680	240	8	8.6	0.42	0.36	0.61	0.12	22.4	
086	栗钙土	中层暗栗沙土	千斤沟镇	查布淖村	村南	8.1		17.3	1.339			22.1		730	150	6.5	7.2	0.49	0.92	0.63		5.4	
087	栗钙土	潮栗土	宝昌镇	查布淖村	村北	8.2		24.3	1.388			6.7		595	105	8.7	7.9	0.48	0.23	0.56		7.9	
088	栗钙土	暗栗土	宝昌镇	保胜村	村东南	7.7		21.9	0.996			3.5		422	58	7.1	6.2	0.43	0.4	0.34		10.9	
089	栗钙土	中层暗栗沙土	宝昌镇	东明村	村东北	8.1	17	29.3	1.955	114	0.482	18	19.6	680	120	7.7	16.5	0.44	1.21	0.67	0.23	13.5	

（续）

统一编号	土类	土种	乡镇(苏木)名称	村名称	地块位置	pH	阳离子交换量(cmol/kg)	有机质(g/kg)	全氮(g/kg)	碱解氮(mg/kg)	全磷(mg/kg)	有效磷(mg/kg)	全钾(mg/kg)	缓效钾(mg/kg)	速效钾(mg/kg)	有效铁(mg/kg)	有效锰(mg/kg)	有效铜(mg/kg)	有效锌(mg/kg)	水溶态硼(mg/kg)	有效钼(mg/kg)	有效硫(mg/kg)	有效硅(mg/kg)
090	栗钙土	潮栗土	红旗镇	红旗村	村东南	8.3		17.8	1.394			2.5		416	104	7.2	9	0.49	0.49	0.52		19.2	
091	栗钙土	中层暗栗沙土	丰福乡	红明村	村北	8.3	7.8	21.6	1.054	51	0.428	32.7	23.3	790	290	9	4.5	0.29	0.93	0.79	0.12	6.2	248
092	栗钙土	中层暗栗沙土	丰福乡	红明村	村西北	8.6	6.9	11.2	0.59	28	0.241	2.6	22.4	372	48	7.1	4.4	0.42	0.47	0.31	0.12	9.7	
093	栗钙土	中层乌黄沙土	贡宝拉格苏木	敖达乌苏嘎查	村北	7.9		19.1	1.077			7.3		733	67	11.3	9.4	0.38	0.82	0.52		2.4	
094	栗钙土	中层暗栗沙土	丰福乡	勇跃村	村西南	8.3	10.3	18.5	0.891	56	0.326	5.2	26.1	613	67	6.7	6.4	0.36	0.32	0.4	0.12	15.1	154
095	栗钙土	中层淡灰黄沙土	丰福乡	勇跃村	村北	8.2		15.7	0.808			11.4		404	96	7.2	4.6	0.28	0.83	0.33		4.9	
096	栗钙土	中层暗栗沙土	丰福乡	七一村	村东	8.3	11	19.5	0.874	65	0.493	3	20.8	634	46	7.3	6.2	0.38	0.6	0.42	0.12	2.5	
097	栗钙土	薄体淡灰黄红沙土	丰福乡	七一村	村南	8.5		21.7	0.976			2.1		493	67	8.2	5.6	0.41	0.2	0.36		7.3	
098	栗钙土	中层淡灰黄沙土	丰福乡	水合村	村西	8.1	8.3	34.4	1.161	69	0.326	5.1	23.9	660	120	7.2	6.4	0.38	0.36	0.47	0.21	7.4	
099	栗钙土	中层暗栗沙土	千斤沟镇	水井子村	村西北	8.3		35.1	1.375			18.3		670	170	7	8.3	0.41	0.95	0.76		21.5	
100	栗钙土	中层暗栗沙土	千斤沟镇	马坊子村	村西南	8.3		24.6	1.739			4.4		740	140	7.4	8.9	0.56	0.36	0.7		9.1	
101	栗钙土	中层暗栗沙土	千斤沟镇	牧场村	村东南	8.1		11	0.864			1.2		426	54	8.6	7.7	0.55	0.89	0.46		6.9	
102	栗钙土	薄层淋溶黑钙土	千斤沟镇	头一号村	村东南	7.9		42	1.712			13.1		656	104	12.8	14.5	0.68	1.35	0.86		7.8	
103	栗钙土	中层淡灰黄沙土	宝昌镇	团结村	村东	8.4		24.2	1.418			3.5		496	64	5.6	5.5	0.38	0.58	0.48		3.9	
104	栗钙土	中层暗栗沙土	贡宝拉格苏木	宝格顶胡包嘎查	村西南	8.2		21.4	1.239			19.1		710	150	5.9	5.1	0.36	0.59	0.44		6.4	
105	栗钙土	中层暗栗沙土	宝昌镇	城北村	村南	8.3		37	1.822			37		640	180	8	8.2	0.8	2.45	1.03		25.3	
106	栗钙土	中层暗栗沙土	宝昌镇	西坡村	村南	7.9		19.7	1.372			37.9		550	190	7.2	12.4	0.49	1.28	0.72		22	

（续）

统一编号	土类	土种	乡镇(苏木)名称	村名称	地块位置	pH	阳离子交换量(cmol/kg)	有机质(g/kg)	全氮(g/kg)	碱解氮(mg/kg)	全磷(mg/kg)	有效磷(mg/kg)	全钾(mg/kg)	缓效钾(mg/kg)	速效钾(mg/kg)	有效铁(mg/kg)	有效锰(mg/kg)	有效铜(mg/kg)	有效锌(mg/kg)	水溶态硼(mg/kg)	有效钼(mg/kg)	有效硫(mg/kg)	有效硅(mg/kg)
107	栗钙土	中层淡灰黄沙土	宝昌镇	城北村	村北	8.3		42.3	1.729			12.5		770	110	9.5	7.6	0.86	0.66	0.6		8	
108	栗钙土	中层淡灰黄沙土	宝昌镇	西坡村	村北	7.8		37.7	1.846			37.1		720	240	10.4	8.9	0.75	1.36	0.85		11.5	
109	栗钙土	中层淡灰黄沙土	宝昌镇	五井村	村西	8.2		18.1	0.96			3.9		517	62	6.5	6.5	0.34	0.65	0.33		1.6	
110	草甸土	轻盐化沙质土	宝昌镇	团结村	村北	8.2		13.5	0.711			15		540	140	4.6	5	0.25	0.36	0.45		2.4	
111	栗钙土	轻盐化沙质土	宝昌镇	五井村	村东	8.2		25.8	1.734			24.7		660	180	6.9	10.3	0.65	1.52	0.7		10.6	
112	栗钙土	中层暗栗沙土	贡宝拉格苏木	包恩本嘎查	村南	8.3		31.1	1.365			3.8		550	150	9.5	6.2	0.56	0.83	0.56		6.5	
113	栗钙土	厚层暗栗黄土	宝昌镇	曙光村	村南	8.3		47.1	2.469			47.9		790	170	14.8	11.1	0.78	1.42	0.72		61.1	
114	栗钙土	厚层暗栗黄土	宝昌镇	曙光村	村东南	8.5		32.4	1.644			2.8		677	83	7.9	5.9	0.66	0.32	0.5		3.8	
115	栗钙土	中层暗栗沙土	宝昌镇	复兴村	村西北	8.1	10	48.7	1.248	71	0.383	6.8	23.9	521	59	7.2	4.8	0.28	0.18	0.34	0.16	5.1	
116	草甸土	轻盐化沙质土	宝昌镇	胜利村	村西北	8.4		12.6	0.775			2.7		463	77	6.3	5	0.29	0.28	0.39		6.7	
117	栗钙土	中层暗栗黄土	千斤沟镇	德胜沟村	村东北	8.3		19.4	1.339			6.9		654	86	9	7.1	0.29	0.12	0.62		7.4	
118	栗钙土	暗栗黄土	千斤沟镇	德胜沟村	村北	8.1		28.6	1.138			2.6		563	77	6.7	6.7	0.42	0.42	0.44		8.1	
119	栗钙土	中层淡灰黄沙土	千斤沟镇	太平沟村	村南	8.2		21.8	1.217			6.2		630	190	8	9.4	0.69	0.46	0.37		8.8	
120	栗钙土	中层暗栗黄土	千斤沟镇	二联村	村东北	8		22.6	0.975			4.1		610	110	8.9	9.9	0.32	0.25	0.45		5.7	
121	栗钙土	中层暗栗黄土	千斤沟镇	六号村	村北	8.1		23.9	1.099			17.3		560	120	8.5	6.3	0.31	0.52	0.65		12.6	
122	栗钙土	中层暗栗黄土	千斤沟镇	意合村	村南	7.6		21	0.931			5.7		402	58	12	10	0.26	0.19	0.4		11.2	
123	栗钙土	中层淡灰黄沙土	宝昌镇	繁茂村	村西南	8.2		25.9	1.409			16		670	150	6.2	7.5	0.47	0.75	0.43		23.9	

（续）

统一编号	土类	土种	乡镇(苏木)名称	村名称	地块位置	pH	阳离子交换量(cmol/kg)	有机质(g/kg)	全氮(g/kg)	碱解氮(mg/kg)	全磷(g/kg)	有效磷(mg/kg)	全钾(mg/kg)	缓效钾(mg/kg)	速效钾(mg/kg)	有效铁(mg/kg)	有效锰(mg/kg)	有效铜(mg/kg)	有效锌(mg/kg)	水溶态硼(mg/kg)	有效钼(mg/kg)	有效硫(mg/kg)	有效硅(mg/kg)
124	栗钙土	薄体暗栗沙土	红旗镇	红井村	村东	8.5		14.9	0.906			12.7		610	130	4.4	5.4	0.38	0.66	0.46		6.1	
125	栗钙土	中层暗栗沙土	宝昌镇	繁茂村	村北	8.2	13.3	23.4	1.384	65	0.308	1.2	23	513	67	7.1	4.3	0.26	0.23	0.46	0.19	12.6	
126	栗钙土	中层浅灰黄沙土	千斤沟镇	太平村	村西南	8.4		24.3	1.065			7.9		530	110	6.8	6.7	0.48	0.86	0.55		12.3	
127	栗钙土	中层栗沙土	千斤沟镇	后店村	村东南	8.3		20.4	1.251			3.1		553	67	5.8	4	0.42	0.19	0.33		8.8	
128	栗钙土	中层栗沙土	千斤沟镇	旧营盘村	村东	8.3		40.8	2.363			10.6		790	130	11.5	8.6	0.59	0.43	0.69		1.8	
129	栗钙土	中层栗黄土	千斤沟镇	三结村	村东南	8.3		19.9	1.135			5.6		536	104	5.8	7.2	0.38	0.51	0.5		5	
130	栗钙土	潮黄土	千斤沟镇	后店村	村北	8.2		15.6	1.297			7.2		630	150	8.8	8.6	0.49	0.47	0.53		37.3	
131	栗钙土	中层栗沙土	永丰镇	革福村	村南	8.2		29.7	1.523			5.9		700	140	4.6	5.4	0.52	0.31	0.58		11.6	
132	草甸土	轻碱化沙土	红旗镇	庆丰村	村南	8.2		33.3	2.116			18.8		1020	860	11.5	12.6	0.87	1.46	0.82		26.9	
133	栗钙土	薄层栗沙土	红旗镇	新建村	村南	8.2		16.2	0.923			6.6		500	100	5.8	5.5	0.36	0.39	0.41		14.5	
134	栗钙土	厚层栗沙土	红旗镇	民主村	村东南	8.5		28	1.593			5		760	140	8.8	5.5	0.47	0.27	0.45		3.3	
135	栗钙土	薄层栗沙土	红旗镇	新建村	村东	8.6		29.8	1.289			4.7		590	150	3.3	9.7	0.44	0.42	0.51		12.2	
136	栗钙土	暗栗沙土	千斤沟镇	十号村	村西	8.1		31.1	2.233			18.5		990	190	10.5	11.3	0.59	0.8	0.8		17.4	
137	栗钙土	中层栗沙土	永丰镇	五间房村	村东	8		28.5	1.748			24		620	120	7.2	5.4	0.39	0.48	0.64		8	
138	草甸化沙质土	轻盐化沙质土	永丰镇	田兴元村	村西	8.2		55	2.61	163	0.668	26.1	18.3	802	338	9.6	11.8	0.82	0.9	0.56	0.14	19.8	97
139	草甸化沙质土	轻盐化沙质土	永丰镇	五间房村	村南	8.2		50.6	2.94			6.9		660	120	9.9	12.5	0.49	0.51	0.67		18.4	
140	栗钙土	中层栗沙土	永丰镇	河西村	村西南	8.1	19.5	50.4	3.15	172	0.634	15.9	13.1	690	130	10.8	9.1	0.59	0.47	0.8	0.16	11	100

（续）

统一编号	土类	土种	乡镇(苏木)名称	村名称	地块位置	pH	阳离子交换量(cmol/kg)	有机质(g/kg)	全氮(g/kg)	碱解氮(mg/kg)	全磷(mg/kg)	有效磷(mg/kg)	全钾(mg/kg)	缓效钾(mg/kg)	速效钾(mg/kg)	有效铁(mg/kg)	有效锰(mg/kg)	有效铜(mg/kg)	有效锌(mg/kg)	水溶态硼(mg/kg)	有效钼(mg/kg)	有效硫(mg/kg)	有效硅(mg/kg)
141	栗钙土	中层暗栗沙土	红旗镇	爱国村	村东	8.3		16.1	1.026			7.1		720	220	4.8	8.4	0.39	0.39	0.48		20.1	
142	栗钙土	薄层暗栗沙土	红旗镇	东沟村	村东北	8.3		14.9	0.774			14.4		490	130	6.7	4.7	0.18	0.54	0.45		2.9	
143	栗钙土	薄层暗栗沙土	红旗镇	东沟村	村东	8.4	11.5	33	1.391	104	0.36	4.2	25.4	690	130	8.2	7.3	0.59	0.68	0.72	0.15	11	203
144	栗钙土	中层暗栗沙土	红旗镇	矿山村	村南	8.3		25.5	1.755			10.2		685	135	7.4	5.6	1.17	2.7	0.69		3.3	
145	栗钙土	薄层暗栗沙土	红旗镇	矿山村	村北	8.1		22.1	0.98			4.8		534	86	10	12.1	0.67	0.98	0.51		4.4	
146	栗钙土	厚层暗栗沙土	红旗镇	利平村	村东	8.5		25	1.312	72	0.184	6.6	13.8	660	140	6.4	6.7	0.47	0.89	0.42		7.9	
147	栗钙土	灰沙壤土	骆驼山镇	中河村	村西南	8.2		15	0.808			5.8		550	130	5.6	5.6	0.3	0.27	0.36		8.1	
148	栗钙土	暗栗沙土	骆驼山镇	楚鲁乌苏村	村东	8.3		11.1	0.877			4.2		510	120	5.4	4.2	0.27	0.2	0.4		9.5	
149	草甸土	盐化草甸白干土	骆驼山镇	巴彦宝力格村	村东北	8.4		19.1	1.395			10.8		750	230	4.8	7.5	0.42	0.54	0.57		11.9	
150	栗钙土	中层暗栗黄土	千斤沟镇	毕家沟村	村东	7.8		19.4	1.066			6		537	83	8.2	5.9	0.18	0.61	0.58		5.5	
151	栗钙土	中层暗栗黄土	千斤沟镇	毕家沟村	村北	8.1		32.9	1.367			6.8		545	75	11.3	4.5	0.44	0.21	0.37		15.9	
152	栗钙土	中层暗栗沙土	千斤沟镇	邻淮村	村南	8.2	9.7	28.4	1.257	77	0.37	21.4	22.5	610	230	6.9	8	0.47	0.87	0.54	0.27	16.9	150
153	栗钙土	中层暗栗黄土	千斤沟镇	常胜村	村东	8.4		20.3	1.16			9.6		530	110	6.5	7	0.39	0.39	0.44		8.2	
154	栗钙土	中层淡栗黄沙土	千斤沟镇	兴隆沟村	村南	8.4		29	1.846			4		750	130	7.4	6.5	0.57	0.34	0.51		6.5	
155	栗钙土	中层暗栗沙土	骆驼山镇	南梁村	村东	8.2		23.3	1.347			8.2		620	180	5.9	7.4	0.42	0.47	0.58		5.2	
156	栗钙土	中层暗栗黄土	骆驼山镇	南梁村	村北	8.2		42.1	2.222			10.7		870	190	11.3	8.4	0.61	0.49	0.8		10.1	
157	黑钙土	薄层淡黑沙土	水丰镇	光林山村	村南	8.2		35.4	2.286			32		997	343	9.6	9.9	0.61	1.31	0.93		11.2	

（续）

统一编号	土类	土种	乡镇（苏木）名称	村名称	地块位置	pH	阳离子交换量(cmol/kg)	有机质(g/kg)	全氮(g/kg)	碱解氮(mg/kg)	全磷(g/kg)	有效磷(mg/kg)	全钾(mg/kg)	缓效钾(mg/kg)	速效钾(mg/kg)	有效铁(mg/kg)	有效锰(mg/kg)	有效铜(mg/kg)	有效锌(mg/kg)	水溶态硼(mg/kg)	有效钼(mg/kg)	有效硫(mg/kg)	有效硅(mg/kg)
158	栗钙土	中层暗栗沙土	永丰镇	光林山村	村西	8.4		31.4	1.625			7.7		616	104	8.9	4.6	0.47	0.28	0.56		5.4	
159	栗钙土	薄层暗栗沙土	红旗镇	建中村	村西	8.2		28.9	1.16			10.3		640	140	7.6	6.6	0.34	0.31	0.54		6.6	
160	栗钙土	薄层暗栗沙土	红旗镇	建中村	村南	8.5		16.7	1.203			4.6		556	104	6.6	6.1	0.38	0.4	0.44		18.3	
161	栗钙土	中层暗栗黄土	红旗镇	和平村	村东	7.7		21	0.97			10.2		497	83	3.2	7.1	0.28	0.43	0.4		6.7	
162	栗钙土	薄体暗栗沙土	红旗镇	红井村	村东北	8.4		31.8	0.908			4.8		554	86	6.1	9.6	0.4	0.13	0.53		8.2	
163	栗钙土	中层暗栗黄土	骆驼山镇	边墙沟村	村东南	8		29.8	1.946			14.5		740	180	9.3	9.2	0.43	0.34	0.73		10.7	
164	草甸土	重盐碱沙质土	千斤沟镇	常胜村	村西南	8.5		48.6	2.739			6.1		1058	263	11.6	10.1	0.78	0.82	1.03		8.2	
165	栗钙土	中层暗栗沙土	红旗镇	恒来村	村西北	8.1		28	1.301			22.5		772	288	13.1	11.5	0.51	0.84	0.67		5	
166	栗钙土	中层暗栗沙土	红旗镇	恒来村	村西南	7.8		15.7	0.821			5.4		473	67	12.2	4.1	0.41	0.18	0.22		10.7	
167	草甸土	轻碱化沙土	红旗镇	民主村	村东北	8.9		30.4	1.902			13.5		948	312	7.9	9.6	0.53	1.27	0.99		11.9	
168	栗钙土	潮栗土	红旗镇	东光村	村北	8.4		11.7	1.278			4.6		720	140	9.5	7.6	0.5	0.08	0.69		6.9	
169	栗钙土	中层暗栗黄土	红旗镇	东光村	村西南	8.1		24.7	1.523			10		830	210	7.4	8.7	0.55	0.55	0.99		2.6	
170	栗钙土	中层暗栗沙土	红旗镇	跃进村	村南	8.4		35.7	2.05			6.9		640	140	11	11.8	0.87	0.89	0.74		10.8	
171	栗钙土	中层暗栗沙土	红旗镇	马莲沟村	村西南	8.2	10.3	12.5	0.827	46	0.311	8.5	25.5	513	67	11.9	12.9	0.31	0.24	0.39	0.12	12.6	
172	栗钙土	中层暗栗黄土	骆驼山镇	骆驼山村	村西	8.2		20.3	2.496			76.1		630	240	8.8	13.5	0.6	1.21	0.59		30.8	
173	栗钙土	中层暗栗黄土	骆驼山镇	西河沿村	村东	8		28.4	1.762			14.5		760	140	7.7	9	0.43	0.4	0.39		27.4	
174	栗钙土	中层暗栗黄土	骆驼山镇	边墙沟村	村南	8.2		35.3	2.182			5		680	120	7.8	14.7	0.52	0.32	0.47		9.4	

（续）

统一编号	土类	土种	乡镇(苏木)名称	村名称	地块位置	pH	阳离子交换量(cmol/kg)	有机质(g/kg)	全氮(g/kg)	碱解氮(mg/kg)	全磷(mg/kg)	有效磷(mg/kg)	全钾(mg/kg)	缓效钾(mg/kg)	速效钾(mg/kg)	有效铁(mg/kg)	有效锰(mg/kg)	有效铜(mg/kg)	有效锌(mg/kg)	水溶态硼(mg/kg)	有效钼(mg/kg)	有效硫(mg/kg)	有效硅(mg/kg)
175	栗钙土	中层暗栗黄土	骆驼山镇	边墙沟村	村北	8.1		28.2	1.602			3.4		675	105	6.9	7.1	0.47	0.15	0.65		13.1	
176	栗钙土	中层暗栗沙土	骆驼山镇	后山椅村	村北	8.3		17.3	1.377			3.9		608	92	5.6	4.2	0.31	0.26	0.41		6.8	
177	栗钙土	中层暗栗沙土	千斤沟镇	旧营盘村	村南	8.2		31.1	1.633			5.8		585	115	7.2	6	0.56	0.25	0.54		10.6	
178	栗钙土	中层暗栗沙土	千斤沟镇	兴隆沟村	村西	8.2		25	1.463			8.1		548	92	11.8	11.2	1.14	0.81	0.4		4.1	
179	栗钙土	中层暗栗沙土	千斤沟镇	建国村	村西南	8.1		32.9	1.778			24.3		740	180	8	7.7	0.59	0.64	0.73		17.7	
180	栗钙土	中层暗栗沙土	永丰镇	三水村	村北	8.3		27.1	1.074			14.5		413	67	11.1	6	0.18	1.97	0.43		9.2	
181	草甸土	灰沙壤土	永丰镇	上皮坊村	村南	8.2	13.6	25	1.609			31.9		670	170	6.8	11.8	0.63	0.85	0.63		15.3	
182	栗钙土	中层暗栗黄土	永丰镇	上皮坊村	村北	8.5		33.4	1.967	98	5.47	17.5	22.3	725	145	8.9	10.4	0.53	0.99	0.71		7	172
183	栗钙土	中层暗栗沙土	红旗镇	马莲沟村	村东	8.2		31.7	1.268			9.3		840	180	8.5	8.9	0.43	0.68	0.58		7.7	
184	栗钙土	薄层暗栗沙土	红旗镇	北尖庙村	村东南	8.3	15.3	29.5	1.945	144	0.414	5.4	27.9	840	180	9.6	7.5	0.61	0.36	0.83	0.12	13.1	147
185	栗钙土	薄层暗栗沙土	红旗镇	北尖庙村	村西北	8.2		29.3	2.089			13.6		970	230	7.8	7.4	0.69	0.52	0.71		10	
186	栗钙土	中层暗栗红土	红旗镇	庙地村	村南	8.2		48.9	2.317			14.1		950	170	11.3	13.1	0.68	0.37	0.74		14.6	
187	栗钙土	中层暗栗沙土	红旗镇	庙地村	村西南	8.1		32.2	1.768			8.6		800	160	8.3	5.8	0.46	0.52	0.67		16.8	
188	栗钙土	中层暗栗沙土	红旗镇	矿石村	村南	8.4	12.6	24.1	1.094	83	0.313	8.4	21.1	564	96	7.2	7.6	0.4	0.24	0.48	0.18	6	228
189	栗钙土	中层暗栗沙土	红旗镇	新合村	村南	8.3		15.5	0.667			9.4		483	77	7.3	7.3	0.4	0.2	0.44		13.4	
190	黑钙土	薄层浓黑沙土	红旗镇	矿石村	村东南	8		18.4	1.266			8.4		780	230	6.2	10.5	0.42	0.52	0.7		49.3	
191	栗钙土	中层暗栗沙土	红旗镇	新合村	村西北	8.3		22.6	1.505			3.8		790	110	6.9	6.2	0.45	0.15	0.53		15.1	

（续）

统一编号	土类	土种	乡镇（苏木）名称	村名称	地块位置	pH	阳离子交换量(cmol/kg)	有机质(g/kg)	全氮(g/kg)	碱解氮(mg/kg)	全磷(mg/kg)	有效磷(mg/kg)	全钾(mg/kg)	缓效钾(mg/kg)	速效钾(mg/kg)	有效铁(mg/kg)	有效锰(mg/kg)	有效铜(mg/kg)	有效锌(mg/kg)	水溶态硼(mg/kg)	有效钼(mg/kg)	有效硫(mg/kg)	有效硅(mg/kg)
192	草甸土	轻盐化沙质土	红旗镇	双合村	村东	8.3		18.9	1.14			4.6		700	140	6.6	5.4	0.5	0.3	0.59		5.9	
193	栗钙土	暗栗土	千斤沟镇	七号村	村南	7.8		24.1	1.551			6.8		690	110	11.7	12.3	0.41	0.36	0.83		29.9	
194	黑钙土	中层浓黑黄土	千斤沟镇	十号村	村北	8.1		55.4	2.47			12.7		990	190	11.3	13.6	0.6	0.97	1.11		13.4	
195	栗钙土	薄体黄沙土	骆驼山镇	后水泉村	村西北	8.5		20.9	1.197			2.7		750	130	5.6	7	0.44	0.51	0.53		21.2	
196	栗钙土	中层暗栗黄土	骆驼山镇	西河沿村	村西	8.6		18.3	0.925			1.8		456	104	6.2	5.8	0.68	0.36	0.48		5	
197	栗钙土	中层暗栗土	骆驼山镇	后山椅村	村东北	8.2		21.3	1.64			5		710	150	8.4	7	0.5	0.48	0.59		15.3	
198	黑钙土	薄层浓黑沙土	骆驼山镇	东河沿村	村东北	7.9		15	0.813			4.5		460	160	5.9	7	0.36	0.18	0.4		1.1	
199	栗钙土	中体黄沙土	骆驼山镇	后水泉村	村北	8.3		20.7	1.055			2		585	155	4.6	5.1	0.28	0.29	0.32		5.7	
200	栗钙土	中层栗沙土	宝昌镇	大山沟村	村东	7.9		25.9	1.37			4.6		568	92	9.2	6.5	0.33	0.32	0.61		1.1	
201	草甸土	轻盐碱灘质土	宝昌镇	宏大村	村东北	8.2		34.3	2.047			11.2		830	170	9.7	6.4	0.84	1.49	0.88		20.4	
202	栗钙土	中层暗栗土	红旗镇	双合村	村西	8		39.3	1.104			1.2		640	130	7.2	8.3	0.59	0.57	0.68		11.2	
203	栗钙土	中体黄沙土	红旗镇	红卫村	村北	8.6		14	0.618			1.8		496	104	4.6	4.1	0.17	0.24	0.16		4.6	
204	栗钙土	中层栗沙土	红旗镇	红卫村	村南	8.2		31.9	1.274			7		650	210	6.8	6.2	0.38	0.19	0.37		7.2	
205	栗钙土	中层暗栗沙土	红旗镇	卫国村	村北	8.4		23.9	1.198			4.6		690	130	5.9	9.8	0.4	0.5	0.54		66.4	
206	栗钙土	中层暗栗土	红旗镇	卫国村	村东南	8.6		23.7	1.271			23.3		864	256	7.6	6.8	0.45	1.19	0.64		3.5	
207	栗钙土	中体黄沙土	红旗镇	红喜村	村东	8.2		21.8	1.175			6.7		600	140	5.9	6.3	0.34	0.36	0.41		5.4	
208	栗钙土	中层暗栗沙土	红旗镇	红喜村	村北	8.6	11.4	19.9	1.248	69	0.411	11.3	20.4	670	170	7.6	7.3	1.04	0.6	0.65	0.21	5.9	
209	栗钙土	中层浓灰黄沙土	红旗镇	双喜村	村西	8.4		25.6	1.55			26.8		1000	300	6.1	5.6	0.76	0.57	0.75		19.5	
210	黑钙土	薄层浓黑沙土	红旗镇	双喜村	村南	8.2	15.9	39.7	2.277	184	0.573	9.5	28.2	910	190	7.8	12.2	0.48	0.63	0.58	0.1	6.2	

（续）

统一编号	土类	土种	乡镇(苏木)名称	村名称	地块位置	pH	阳离子交换量(cmol/kg)	有机质(g/kg)	全氮(g/kg)	碱解氮(mg/kg)	全磷(mg/kg)	有效磷(mg/kg)	全钾(mg/kg)	缓效钾(mg/kg)	速效钾(mg/kg)	有效铁(mg/kg)	有效锰(mg/kg)	有效铜(mg/kg)	有效锌(mg/kg)	水溶态硼(mg/kg)	有效钼(mg/kg)	有效硫(mg/kg)	有效硅(mg/kg)
211	栗钙土	潮栗土	千斤沟镇	马晒沟村	村东北	8.3	18.4	34.6	1.846	105	0.461	10.5	20.8	950	230	9.7	12.2	0.57	0.69	0.66	0.21	17.6	209
212	栗钙土	中层暗栗沙土	千斤沟镇	乡马沟村	村北	8.3		38.7	1.681			9.3		650	110	8.1	7	0.4	0.31	0.68		9.2	
213	草甸土	重盐化沙质土	千斤沟镇	邻滩村	村西南	8.3		42.8	1.931			28.8		922	338	7.1	7.2	1.11	0.52	0.7		19.8	
214	栗钙土	中层暗栗沙土	千斤沟镇	马圪子村	村东南	8		28.3	1.554			5.7		660	140	6.8	6.8	0.42	0.41	0.75		22.8	
215	栗钙土	中层暗栗沙土	永丰镇	前房子村	村东	8.3	17.5	44.5	2.6	142	0.626	37.6	20.1	769	331	7.8	10	0.43	1.46	0.65	0.19	6.6	
216	草甸土	轻盐壤质土	永丰镇	前房子村	村北	8.3		51.6	2.681			6.1		870	150	16.2	8.3	0.78	0.32	0.74		13.8	
217	栗钙土	中层暗栗土	永丰镇	水泉村	村西南	8.3		25.2	0.932			5.7		516	104	5.3	4.4	0.32	0.5	0.32		9.6	
218	栗钙土	中层暗栗土	永丰镇	水泉村	村东	8.1		44.2	2.048			8		680	120	10.1	7.8	0.72	0.34	0.53		16.1	
219	栗钙土	中体暗栗黄土	永丰镇	下皮坊村	村南	8.3		24.9	1.064			9.6		457	83	6.7	5.5	0.33	0.26	0.48		5.2	
220	栗钙土	薄层栗沙土	红旗镇	双联村	村东南	7.9		30.1	2.039			7.3		930	170	13.3	17.2	0.78	0.64	0.62		12.6	
221	栗钙土	中层栗黄土	红旗镇	双联村	村东	8.1		42.2	2.259			13.1		960	240	8.9	9.3	0.81	0.8	0.58		29.2	
222	栗钙土	薄层栗沙土	红旗镇	新中村	村西北	8		20.6	1.482			2.5		595	105	9	13.1	0.53	0.43	0.7		6.2	
223	栗钙土	薄层栗沙土	红旗镇	新中村	村西北	8.3		25.5	1.998			6.2		965	215	10.2	5.9	0.9	0.41	0.51		11.5	
224	栗钙土	中层暗栗沙土	千斤沟镇	六面井村	村东北	7.6		49.8	2.389			7.1		820	180	10.3	9.6	0.49	0.73	0.95		5.7	
225	栗钙土	中层暗栗土	千斤沟镇	六面井村	村东北	8.1		30.7	2.091			4		850	130	8.7	6.3	0.44	0.24	0.48		10.6	
226	栗钙土	中层暗栗黄土	千斤沟镇	抬头沟村	村东南	8		23.2	1.319			10.9		650	130	8.8	9.4	0.35	0.53	0.58		9.9	
227	栗钙土	中层栗黄土	千斤沟镇	四联村	村东南	8		33.4	2.131			24.2		1060	240	7.8	11.2	0.63	1.61	0.64		12.8	

（续）

统一编号	土类	土种	乡镇(苏木)名称	村名称	地块位置	pH	阳离子交换量(cmol/kg)	有机质(g/kg)	全氮(g/kg)	碱解氮(mg/kg)	全磷(mg/kg)	有效磷(mg/kg)	全钾(mg/kg)	缓效钾(mg/kg)	速效钾(mg/kg)	有效铁(mg/kg)	有效锰(mg/kg)	有效铜(mg/kg)	有效锌(mg/kg)	水溶态硼(mg/kg)	有效钼(mg/kg)	有效硫(mg/kg)	有效硅(mg/kg)
228	栗钙土	中层暗栗黄土	千斤沟镇	沟门村	村东南	7.9	26.5	53.1	3.081		0.924	56.8	19.3	1050	550	15.1	13.1	1.09	1.09	1.1	0.22	20.4	247
229	栗钙土	薄层暗栗沙土	骆驼山镇	菅盘沟村	村北	8.2		27.9	1.526			14.5		710	210	4.7	4.9	0.39	0.97	0.56		4.3	
230	草甸土	盐化草甸白干土	骆驼山镇	巴彦宝力格村	村北	8.1	12.3	26.8	1.343		0.316	2.2	18.6	630	130	5.6	5.5	0.39	0.66	0.62	0.14	12.2	166
231	栗钙土	薄层暗栗沙土	骆驼山镇	菅盘沟村	村西	8.5		19.5	0.789	89		7.2		570	250	4.5	6.5	0.27	0.33	0.56		7.2	
232	草甸土	灰化草甸土	水丰镇	下皮坊村	村北	8.3		18.1	1.26			5		572	88	7.8	4.3	0.47	0.12	0.53		4.8	
233	栗钙土	中层暗栗土	贡宝拉格苏木	包恩本嘎查	村北	8.1		37.6	1.887			4.3		570	110	10.5	9.1	0.34	0.22	0.75		7	
234	栗钙土	中层暗栗沙土	贡宝拉格苏木	赛汉淖尔嘎查	村东南	8.1		16	1.261			2.1		810	110	6.8	7	0.48	0.34	0.42		7.2	
235	栗钙土	中层暗栗黄土	千斤沟镇	东滩村	村西南	8.2		14.3	1.252			3.6		604	96	8.7	12.5	0.36	0.26	0.49		8.5	
236	栗钙土	薄体暗栗沙土	贡宝拉格苏木	黄日古其格嘎查	村南	8.4		39.3	2.326			5		454	86	6.2	5.2	0.38	0.22	0.28		6.8	
237	栗钙土	中层栗黄土	红旗镇	三胜村	村东南	8.1		22.8	1.975			5.3		523	77	7	5.8	0.4	0.13	0.51		8.7	
238	栗钙土	中层暗栗土	宝昌镇	大山沟村	村西北	8.6		20.1	0.944			3.3		486	54	5.7	4.6	0.38	0.11	0.41		4.4	
239	栗钙土	中层暗栗土	宝昌镇	黄土坑村	村北	8.5		33.9	1.1			1		600	120	6.3	6.1	0.52	0.39	0.46		4	
240	栗钙土	中层暗栗土	水丰镇	田兴元村	村东	8.3		20.2	1.1			5.3		532	88	7	6.7	0.28	0.18	0.55		7	
241	栗钙土	中层暗栗土	千斤沟镇	六号村	村南	8.2		22.7	1.188			118		660	220	7.4	5.3	0.49	2	0.7		6.2	
242	栗钙土	中层暗栗黄土	千斤沟镇	水井子村	村东	8.2		41.4	1.908			25		750	150	8.9	7.3	0.45	1.17	0.52		8.8	
243	草甸土	轻盐化沙质土	宝昌镇	小边墙村	村东	8.3		32.7	1.925			5.2		690	110	9.8	6.9	0.31	0.33	0.49		6.9	
244	草甸土	盐化草甸白干土	红旗镇	平地村	村西南	8.3		49.8	2.593			9.9		1110	250	9.9	12.9	0.58	0.49	1.25		40.6	

（续）

统一编号	土类	土种	乡镇(苏木)名称	村名称	地块位置	pH	阳离子交换量(cmol/kg)	有机质(g/kg)	全氮(g/kg)	碱解氮(mg/kg)	全磷(mg/kg)	有效磷(mg/kg)	全钾(mg/kg)	缓效钾(mg/kg)	速效钾(mg/kg)	有效铁(mg/kg)	有效锰(mg/kg)	有效铜(mg/kg)	有效锌(mg/kg)	水溶态硼(mg/kg)	有效钼(mg/kg)	有效硫(mg/kg)	有效硅(mg/kg)
245	栗钙土	薄层暗栗沙土	红旗镇	爱国村	村西北	8		20.7	1.733			7.3		810	230	7.5	10.1	0.46	0.29	0.49		30.8	
246	栗钙土	中层暗栗黄土	千斤沟镇	意合村	村西南	8.3		35.2	1.152			9.6		600	120	7	7.2	0.35	0.83	0.51		7.5	
247	栗钙土	中层淡灰黄沙土	宝昌镇	向阳村	村东	8	9.6	19.6	0.798	169	0.269	6.8	22.4	415	105	5.4	4.6	0.34	0.48	0.22	0.22	14	
248	栗钙土	中层暗栗红土	宝昌镇	向阳村	村南	9		24.1	1.058			5		670	110	7.8	8.2	0.57	0.73	0.74		18.7	
249	栗钙土	中层暗栗土	千斤沟镇	建国村	村东南	8.2		15.5	1.239			4.2		523	77	7.2	5.6	0.38	0.11	0.6		20.4	
250	栗钙土	中层暗栗沙土	千斤沟镇	沟门村	村东北	8.1		17.6	1.179			7.7		570	110	8.9	6.7	0.55	0.4	0.46		16.6	
251	草甸土	灰沙壤土	千斤沟镇	西山坡村	村南	8.4		24.7	1.214			9.5		490	130	9	7.3	0.43	0.25	0.37		7.9	
252	栗钙土	中层暗栗沙土	红旗镇	五亮村	村西	8	21.6	35.8	2.25	144	0.518	15.2	21.9	990	230	16.3	8.1	1.24	0.52	0.82	0.18	9	243
253	草甸土	轻盐壤质土	红旗镇	丰胜村	村西南	8.5		34	2.359			12.9		870	150	10.2	10.5	0.75	0.71	1		46.2	
254	草甸土	灰沙壤土	千斤沟镇	平川村	村东北	8.2		35.6	2.056			6		820	140	10.3	6.6	0.65	0.28	0.34		9.6	
255	栗钙土	中层暗栗沙土	千斤沟镇	平川村	村东	8.4	9.5	12.2	0.69	53	0.254	5.8	19.2	441	59	5.1	5.6	0.29	0.05	0.33	0.18	6.6	163
256	草甸土	灰沙壤土	千斤沟镇	边墙村	村南	8.3		23.9	0.969			11.5		481	59	7.1	5.6	0.69	0.47	0.39		15.9	
257	栗钙土	中层暗栗沙土	千斤沟镇	边墙村	村北	7.8		21.3	1.207			22		540	120	11	7.3	0.39	0.49	0.64		12.5	
258	栗钙土	薄层暗栗沙土	宝昌镇	五福村	村东	8.3		17.8	0.977			4.1		481	59	5.8	3.4	0.35	0.08	0.38		6	
259	栗钙土	暗栗黄土	红旗镇	庆丰村	村西	8.3		24.2	1.328			12.2		630	150	6.8	6.9	0.45	0.53	0.42		6.7	
260	草甸土	轻盐化沙质土	红旗镇	朝阳村	村西	8.3	12.9	15.6	1.097			8.5		680	120	10.5	4.6	0.79	0.3	0.5	0.14	4.1	113
261	栗钙土	中层暗栗黄土	红旗镇	互爱村	村西	8.1		21.7	1.21			5.1		513	67	6.1	6.7	0.36	0.07	0.44		17.8	
262	栗钙土	中层暗栗黄土	红旗镇	水泉村	村东南	8.1		31.3	1.787			5.2		750	190	6.7	10.8	0.57	0.35	0.75		31.6	

（续）

统一编号	土类	土种	乡镇(苏木)名称	村名称	地块位置	pH	阳离子交换量 (cmol/kg)	有机质 (g/kg)	全氮 (g/kg)	碱解氮 (mg/kg)	全磷 (g/kg)	有效磷 (mg/kg)	全钾 (g/kg)	缓效钾 (mg/kg)	速效钾 (mg/kg)	有效铁 (mg/kg)	有效锰 (mg/kg)	有效铜 (mg/kg)	有效锌 (mg/kg)	水溶态硼 (mg/kg)	有效钼 (mg/kg)	有效硫 (mg/kg)	有效硅 (mg/kg)
263	栗钙土	中层暗栗黄土	红旗镇	水泉村	村南	7.9	18.1	42.3	2.355	172	0.564	17.4	22.8	950	230	10	19.7	0.73	0.84	0.75	0.17	15.9	
264	栗钙土	薄体淡灰黄沙土	幸福乡	永合村	村西	8		28.4	1.104			18.3		680	180	4.1	7.5	0.56	0.6	0.6		7	
265	栗钙土	砾质黄沙土	红旗镇	丰胜村	村北	8.4		19.4	0.86			2.7		544	96	6.8	12.1	0.51	0.28	0.63		13.6	
266	栗钙土	薄体黄沙土	红旗镇	三胜村	村北	8.2		25.5	1.552			0.9		830	150	10.2	6.2	0.66	0.18	0.32		12.7	
267	栗钙土	中层暗栗沙土	贡宝拉格苏木	莫日古其格嘎查	村西南	8.2		20.9	0.819			2		506	54	7.3	6.2	0.81	0.55	0.41		7.7	
268	栗钙土	中层暗栗土	永丰镇	河西村	村南	8.3		29	1.946			2.9		482	78	8.4	5.8	0.37	0.16	0.34		5.5	
269	栗钙土	中层暗栗土	千斤沟镇	葫芦峪村	村东南	7.9		24.1	1.535			8.5		650	190	9.6	8.2	0.36	0.62	0.58		6.2	
270	栗钙土	中层暗栗土	千斤沟镇	上游村	村北	8.1		28.7	1.356			7.2		567	93	8.1	12	0.43	0.98	0.44		9.9	
271	栗钙土	中层暗栗土	千斤沟镇	乡马沟村	村西	8.2		26.1	1.174			3.2		380	160	10.6	9.8	0.68	0.83	0.41		2.1	
272	草甸土	灰沙壤土	千斤沟镇	西山坡村	村西南	8.2		42.6	2.011		0.405	12.8		840	200	11.6	7.5	1.07	1.04	0.43		24.9	
273	栗钙土	中层暗栗土	红旗镇	跃进村	村西	8.2	13.7	22	1.284	119		4	22.3	760	120	7.5	6.1	0.61	1.35	0.58	0.16	11.3	
274	栗钙土	中层暗栗土	宝昌镇	友谊村	村南	8.3		25.7	1.538			29.9		790	230	6.6	8	0.56	1.25	0.79		23	
275	栗钙土	中层暗栗土	红旗镇	永胜村	村西南	8.4		20.6	1.464			5.9		880	240	3.9	4	0.35	0.31	0.43		12.6	
276	栗钙土	潮黄土	红旗镇	大山村	村西南	8		24.4	1.832			5.6		800	160	6.5	6.2	0.62	0.57	0.72		11.3	
277	栗钙土	中层暗栗黄土	红旗镇	永胜村	村东南	8.3		39.4	1.87			2.8		865	375	7.2	11.3	0.62	0.62	0.78		14.5	
278	栗钙土	中层暗栗红土	红旗镇	大山村	村东	8.3		15.3	1.344			14.5		770	170	5.1	5.8	0.39	0.73	0.74		7.4	
279	栗钙土	中层暗栗黄土	骆驼山镇	渝树洼村	村西	8.6		20.4	1.054			4.7		550	150	5.1	5.1	0.36	0.58	0.42		8.6	
280	栗钙土	中层暗栗沙土	骆驼山镇	渝树洼村	村南	8.3		26.5	1.55			8		620	120	5.8	6.2	0.51	0.64	0.53		13.3	

（续）

统一编号	土类	土种	乡镇(苏木)名称	村名称	地块位置	pH	阳离子交换量(cmol/kg)	有机质(g/kg)	全氮(g/kg)	碱解氮(mg/kg)	全磷(mg/kg)	有效磷(mg/kg)	全钾(mg/kg)	缓效钾(mg/kg)	速效钾(mg/kg)	有效铁(mg/kg)	有效锰(mg/kg)	有效铜(mg/kg)	有效锌(mg/kg)	水溶态硼(mg/kg)	有效钼(mg/kg)	有效硫(mg/kg)	有效硅(mg/kg)
281	栗钙土	中层暗栗黄土	千斤沟镇	上游村	村东南	8.2		34.2	1.916			6.6		735	105	12.1	11.9	0.43	0.39	0.82		11.2	
282	栗钙土	中层暗栗黄土	千斤沟镇	獾子沟村	村东南	8.1		31.2	1.413			4.1		695	165	3.9	6.8	0.47	0.48	0.53		23.2	
283	栗钙土	中层暗栗黄土	千斤沟镇	獾子沟村	村北	8.3		33.7	1.903			4		750	170	7.9	7.8	0.4	0.5	0.69		18	
284	栗钙土	中层暗栗黄土	骆驼山镇	帐房山村	村南	8.3		20.8	0.964			7.8		443	77	5.3	7.8	0.39	0.25	0.4		7.5	
285	栗钙土	中层淡灰黄栗土	千斤沟镇	马蹄沟村	村东	8.4		28	1.409			5		550	130	6.5	8.7	0.5	0.55	0.38		12.7	
286	栗钙土	中层黄沙土	红旗镇	互爱村	村东	8.2		23.1	0.852			7.6		600	120	3.9	6.8	0.3	0.38	0.42		15	
287	栗钙土	中层黄沙土	红旗镇	前勇村	村北	8.6		21	1.064			5.2		568	92	7.2	8	0.47	0.3	0.47		18.7	
288	栗钙土	中层栗黄土	红旗镇	友谊村	村东南	8.2		10.9	0.602			4.1		495	145	5.8	7.1	0.61	0.64	0.36		6	
289	栗钙土	中层暗栗土	骆驼山镇	四角滩村	村东南	8		30.6	1.159			4		776	104	13.8	15.2	0.71	0.27	0.54		4	
290	栗钙土	中层暗栗黄土	骆驼山镇	四角滩村	村南	8.4	5.4	10.8	0.474	42	0.202	2.7	17.5	533	67	5.6	6	0.29	0.36	0.24	0.11	6.6	126
291	栗钙土	中层黄沙土	骆驼山镇	东河沿村	村南	7.9		35.2	1.782			3.4		680	120	10.2	12.1	0.45	0.65	0.61		4.7	
292	栗钙土	中层暗栗黄土	骆驼山镇	帐房山村	村西南	8.2	16.1	21.6	0.932			3.6		514	86	4.4	6.9	0.45	0.13	0.28	0.18	16	
293	栗钙土	中层暗栗黄土	骆驼山镇	二道木图村	村东北	8.3		14.8	0.867			2.5		473	67	6.3	7	0.38	0.28	0.21		11.9	
294	栗钙土	中层暗栗黄土	骆驼山镇	二道木图村	村西北	8.2	13.3	27.4	1.474	72	0.383	1.3	18.5	548	92	6.2	7.2	0.31	0.25	0.27	0.13	7.2	
295	栗钙土	中层暗栗黄土	骆驼山镇	骆驼山村	村东	8.4		42	2.27			11.7		575	145	5.9	7.8	0.44	1.02	0.73		20.6	
296	草甸土	轻盐化沙质土	幸福乡	红革村	村南	8.6		28	1.229			9.5		955	165	12.7	6.5	0.7	0.68	0.58		2.7	
297	栗钙土	中层栗红土	幸福乡	煤沿村	村西	8.2		19.5	0.904			16.1		693	287	5.6	8.5	0.56	0.58	0.5		8.7	

（续）

统一编号	土类	土种	乡镇(苏木)名称	村名称	地块位置	pH	阳离子交换量(cmol/kg)	有机质(g/kg)	全氮(g/kg)	碱解氮(mg/kg)	全磷(g/kg)	有效磷(mg/kg)	全钾(mg/kg)	缓效钾(mg/kg)	速效钾(mg/kg)	有效铁(mg/kg)	有效锰(mg/kg)	有效铜(mg/kg)	有效锌(mg/kg)	水溶态硼(mg/kg)	有效钼(mg/kg)	有效硫(mg/kg)	有效硅(mg/kg)
298	栗钙土	中层暗栗红土	幸福乡	淖沿村	村东北	8.5		27.6	0.988			7.5		604	96	17.3	10	0.63	0.88	0.64		9.5	
299	栗钙土	中层暗栗沙土	幸福乡	红革村	村东北	8.6		13.2	1.273			6.8		542	78	6.9	4.5	0.43	0.28	0.3		2.6	
300	栗钙土	中层暗栗黄土	贡宝拉格苏木	五旗散包嘎查	村南	8.5		17.8	0.899			9.6		500	120	5.8	5.6	0.42	0.71	0.43		2.6	
301	栗钙土	中层暗栗黄土	幸福乡	南地房子村	村东北	8.4		32.6	0.71			14.3		540	140	6.7	5.9	0.4	0.8	0.44		10.2	
302	栗钙土	中层暗栗黄土	幸福乡	南地房子村	村东	8.6		27.8	1.26			6.5		413	67	4.3	4.6	0.26	0.46	0.35		3.3	
303	栗钙土	中层暗栗黄土	幸福乡	小营盘村	村西北	8.3	8.3	25.9	1.082	77	0.403	8.4	21.4	710	170	8.3	7.8	0.41	0.44	0.79	0.11	5.3	
304	栗钙土	中层暗栗黄土	幸福乡	小营盘村	村西北	8.5	8.2	31.9	1.151	88	0.45	13.2	19.1	635	105	4	7.3	0.42	0.37	0.71	0.19	3.2	180
305	栗钙土	中层栗红土	红旗镇	双胜村	村北	8.1		22.3	1.441			6.4		644	96	5.9	5	0.33	0.34	0.48		6.5	
306	栗钙土	中层栗红土	红旗镇	双胜村	村西北	8.4		27.2	1.729			5.5		608	92	6	8.4	0.38	0.36	0.48		6.8	
307	栗钙土	中层栗沙土	骆驼山镇	红星村	村东	8.5		10.1	0.84			6.9		397	83	5.5	5.9	0.28	0.13	0.41		7.4	
308	栗钙土	中层栗黄土	红旗镇	朝阳村	村东	8.4		11.3	0.856			4.3		550	170	5.6	5.1	0.42	0.73	0.39		11.7	
309	黑钙土	中层栗淡黑黄土	骆驼山镇	黑山村	村西南	7.7		49.1	2.464			7		860	200	20.8	14.9	0.65	0.51	1.01		11	
310	黑钙土	薄层淋溶黑钙土	骆驼山镇	黑山村	村东	8.3		32.4	1.77			12.5		790	150	9.3	11.9	0.47	0.9	0.72	0.17	7.4	
311	栗钙土	潮栗土	千斤沟镇	东坊梁村	村东	8.3	9.3	27.3	2.24	345	0.528	44.3	22		240								130

附录3 耕地资源图

大仆寺旗土地利用现状图

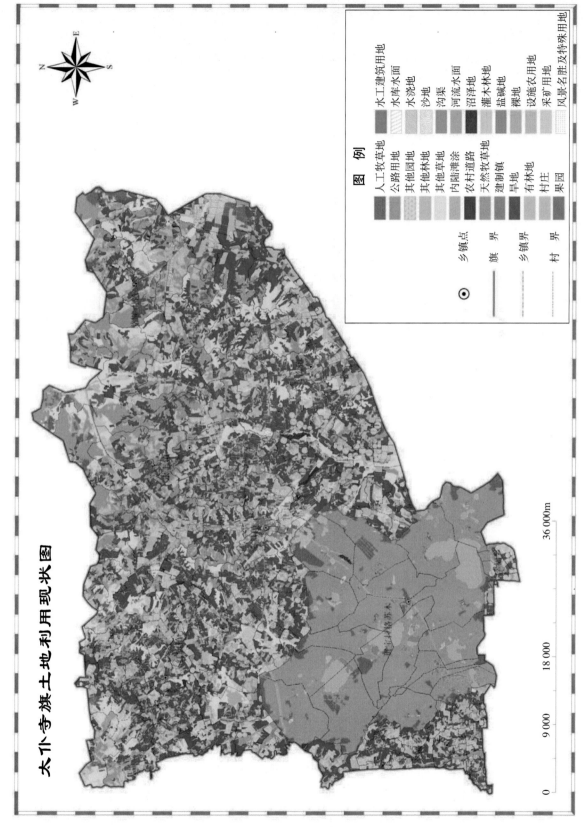

图 例

⊙ 乡镇点
—— 旗　界
—— 乡镇界
-·- 村　界

人工牧草地
公路用地
其他园地
其他林地
其他草地
内陆滩涂
农村道路
天然牧草地
建制镇
旱地
有林地
村庄
果园

水工建筑用地
水库水面
水浇地
沙地
沟渠
河流水面
沼泽地
灌木林地
盐碱地
裸地
设施农用地
采矿用地
风景名胜及特殊用地

0　　9 000　　18 000　　36 000m

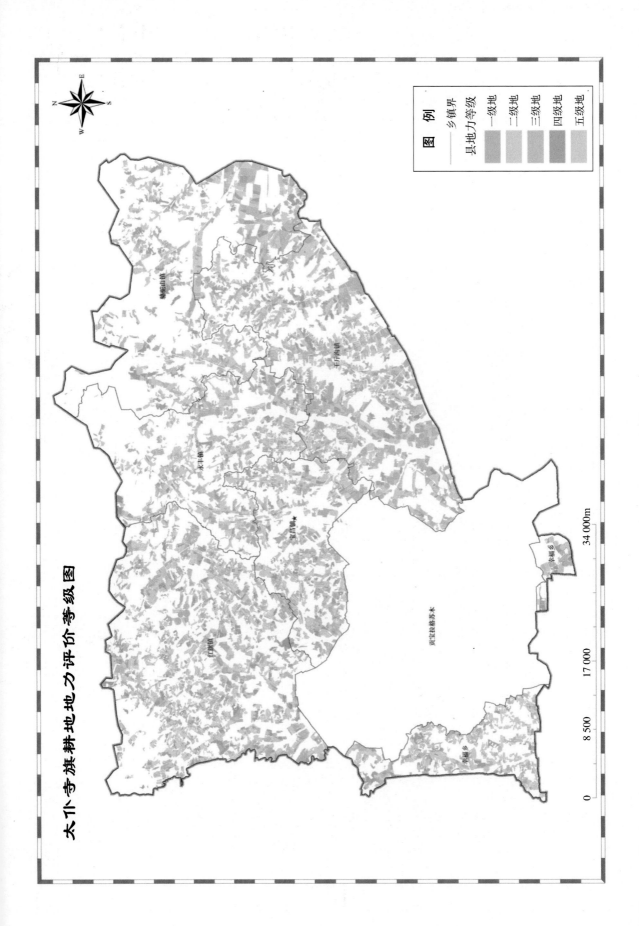

大小寺旗耕地地力评价等级图

图　例

乡镇界
县地力等级
一级地
二级地
三级地
四级地
五级地

蟒蛇山队

石门队

永丰队

五门队

红旗队

额宝拉格苏木

李福乡

李福乡

34 000m

17 000

8 500

0

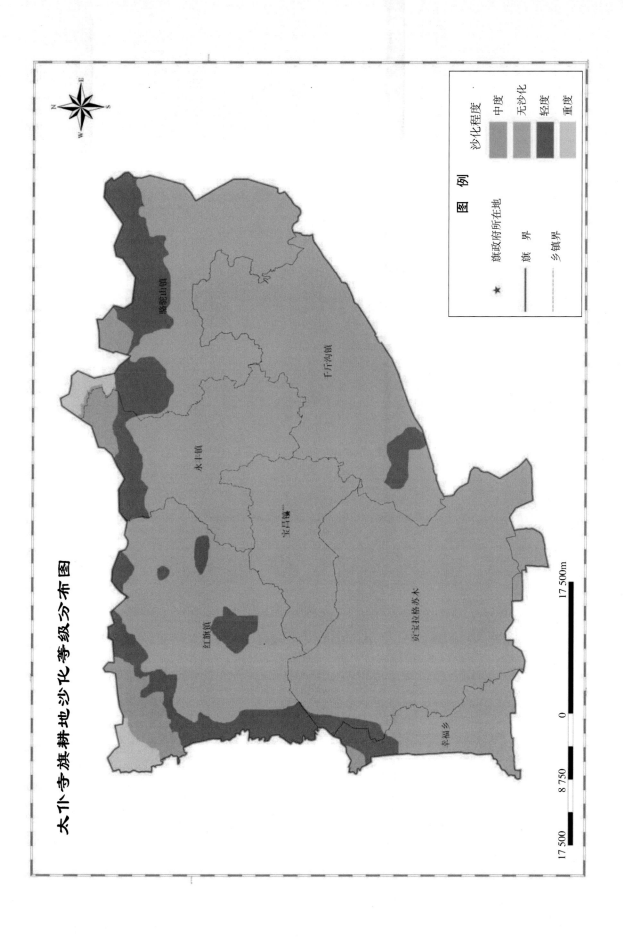

大小李旗耕地沙化等级分布图

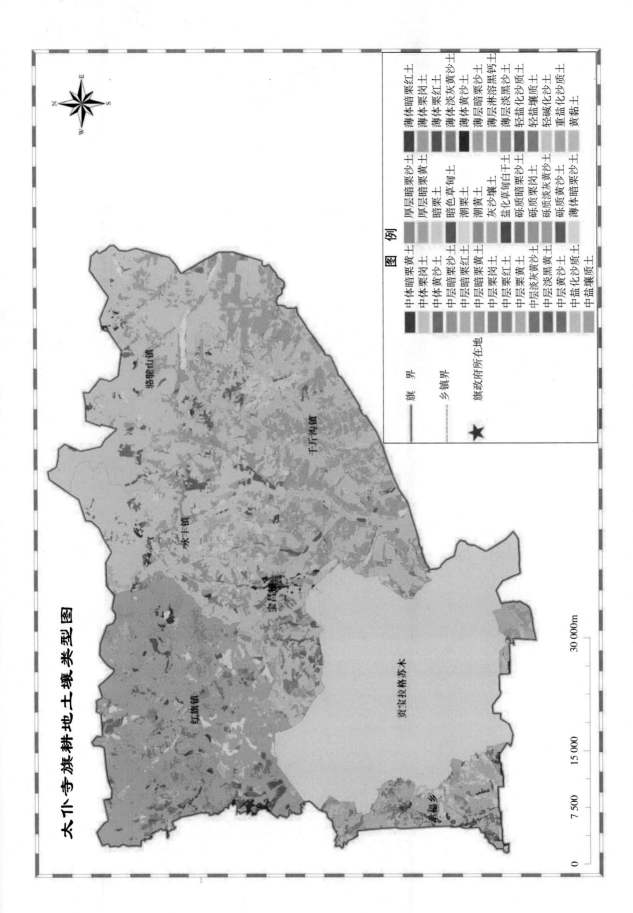

大仆寺旗耕地土壤类型图

图　例

中体暗栗黄土	厚层暗栗沙土	薄体暗栗红土
中体栗岗土	厚层暗栗黄土	薄体栗岗土
中体黄沙土	暗栗土	薄体栗红土
中层暗栗沙土	暗色草甸土	薄体淡灰黄沙土
中层暗栗红土	潮栗土	薄体黄沙土
中层暗栗黄土	潮黄土	薄层暗栗沙土
中层栗岗土	灰沙壤土	薄层淋溶黑钙土
中层栗红土	盐化草甸白干土	薄层淡黑沙土
中层栗黄土	砾质暗栗沙土	轻盐化沙质土
中层淡灰黄土	砾质暗栗岗土	轻碱化沙质土
中层淡黑黄土	砾质淡灰黄沙土	轻盐碱化沙土
中层黄沙土	砾质黄沙土	重盐化沙质土
中盐化沙质土	薄体暗栗沙土	黄黏土
中盐化壤质土		

旗　界
乡镇界
★ 旗政府所在地

骆驼山镇
千斤沟镇
永丰镇
宝昌镇
红旗镇
幸福乡
贡宝拉格苏木

0　　7 500　　15 000　　30 000 m

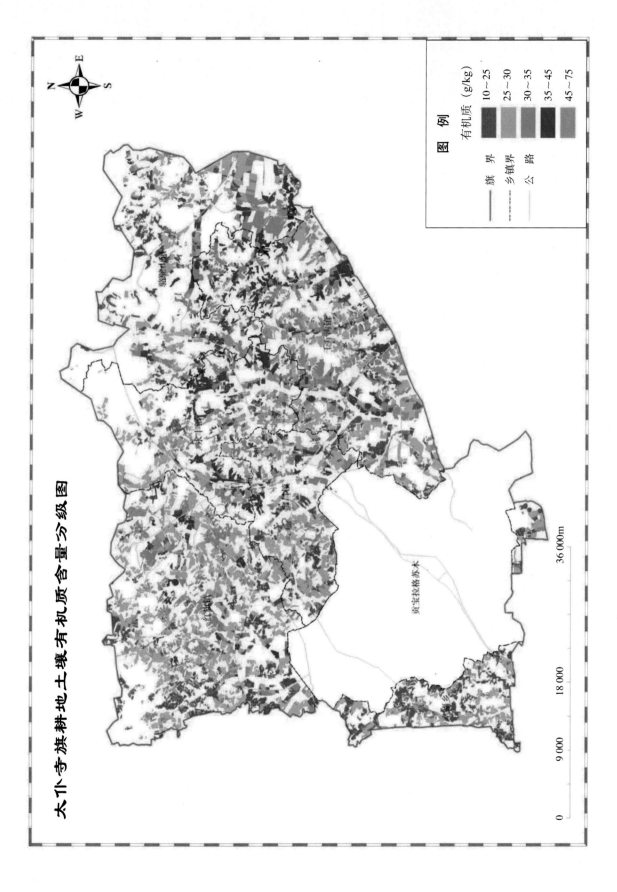

大小寺旗耕地土壤有机质含量分级图

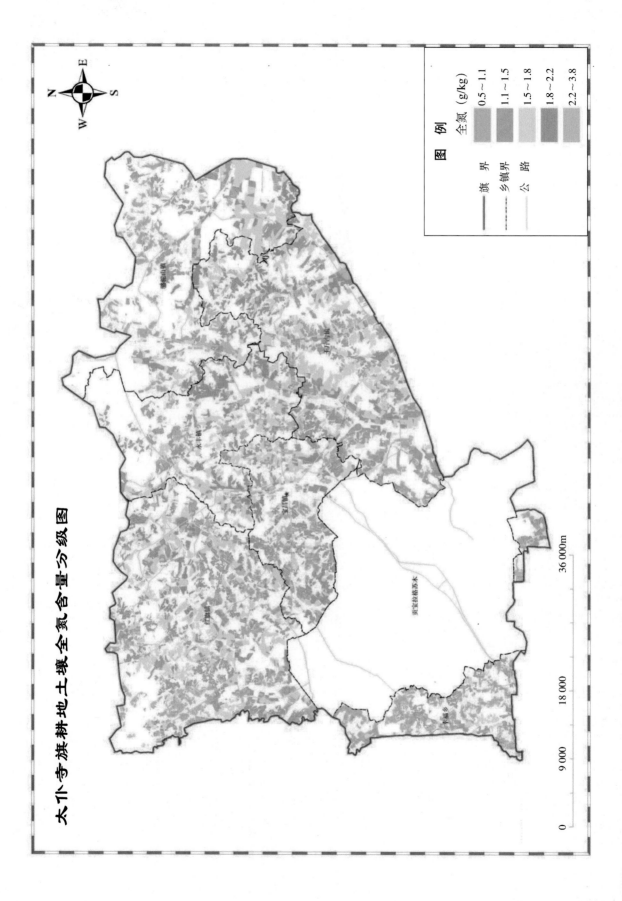

大仆寺旗耕地土壤全氮含量分级图

图 例

全氮 (g/kg)

0.5~1.1
1.1~1.5
1.5~1.8
1.8~2.2
2.2~3.8

旗　　界
乡镇界
公　　路

0 9 000 18 000 36 000m

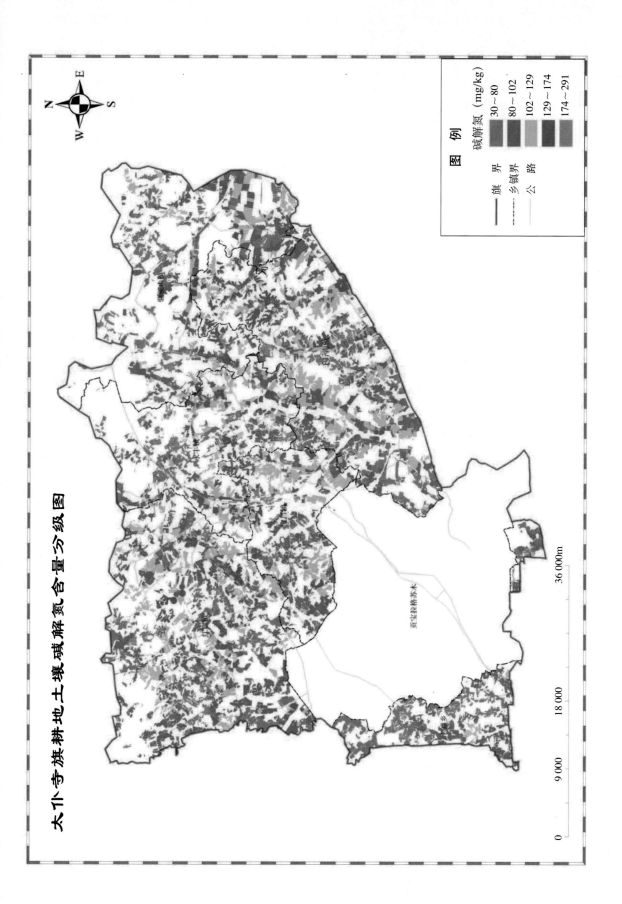

太仆寺旗耕地土壤碱解氮含量分级图

图 例

碱解氮 （mg/kg）
30~80
80~102
102~129
129~174
174~291

旗　界
乡镇界
公　路

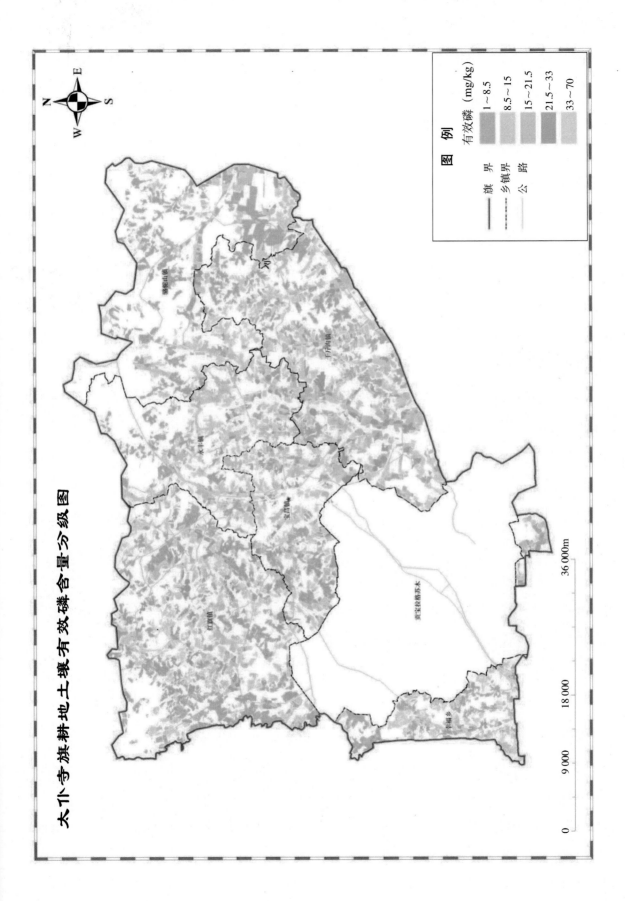

大小寺旗耕地土壤有效磷含量分级图

图 例

有效磷（mg/kg）

1~8.5
8.5~15
15~21.5
21.5~33
33~70

旗　界
乡镇界
公　路

0　　9 000　　18 000　　36 000m

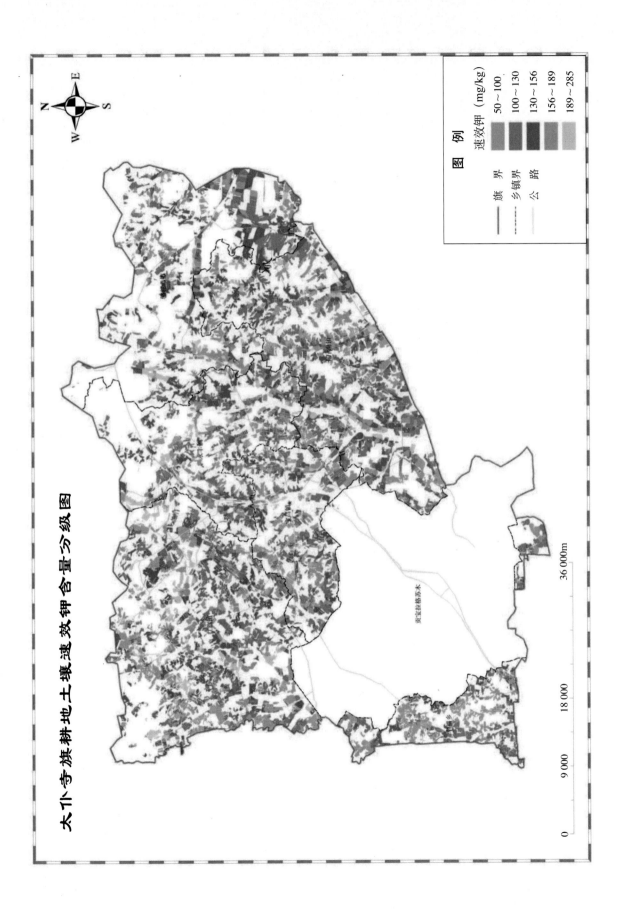

大仆寺旗耕地土壤速效钾含量分级图

图 例

速效钾（mg/kg）

50～100
100～130
130～156
156～189
189～285

旗　界
乡镇界
公　路

0　　9 000　　18 000　　36 000m

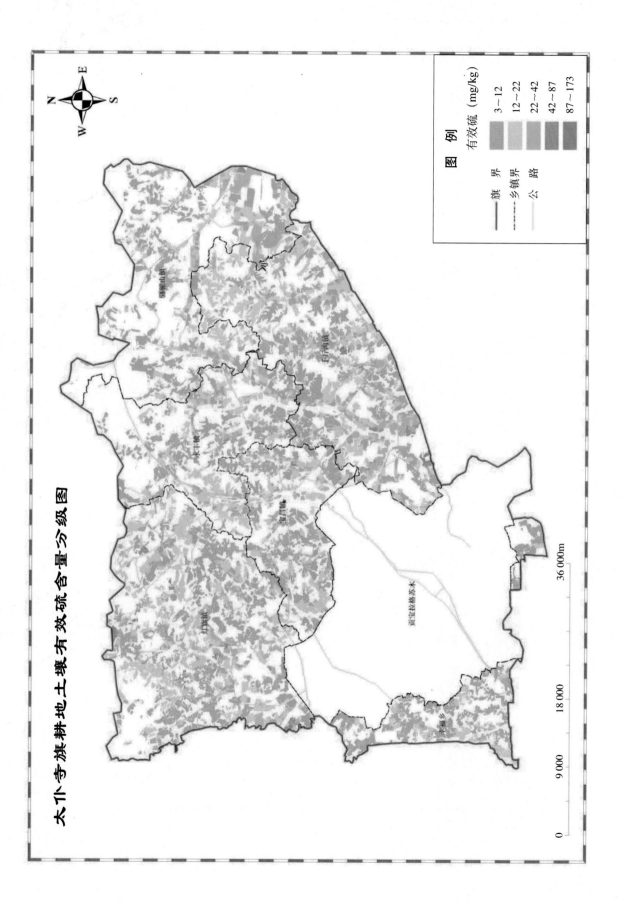

大仆寺旗耕地土壤有效硫含量分级图

图 例

有效硫 (mg/kg)

3～12
12～22
22～42
42～87
87～173

—— 旗 界
········· 乡镇界
—— 公 路

0　　9 000　　18 000　　36 000m

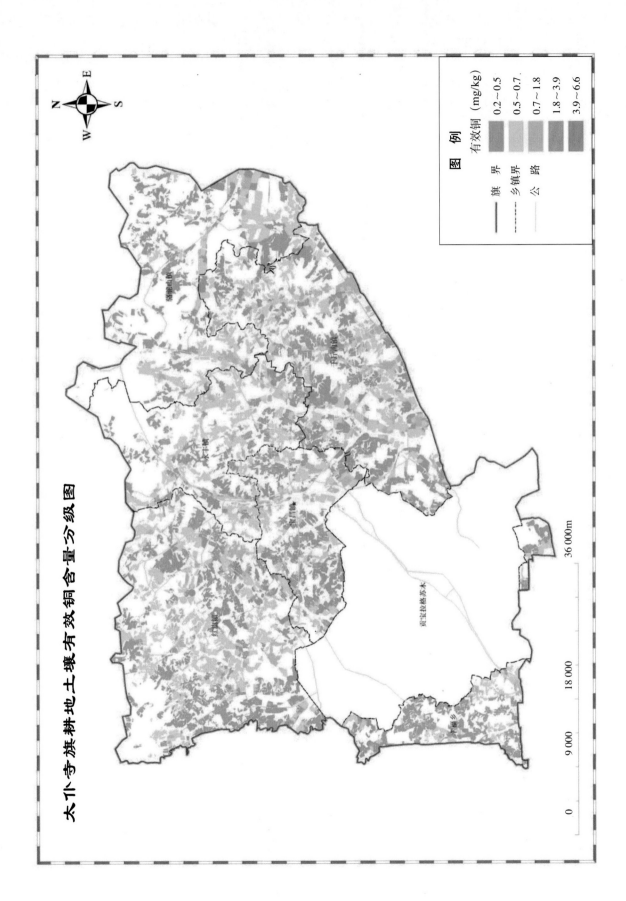

大小寺旗耕地土壤有效铜含量分级图

图 例

旗 界
乡镇界
公 路

有效铜 （mg/kg）
0.2～0.5
0.5～0.7
0.7～1.8
1.8～3.9
3.9～6.6

0   9 000   18 000   36 000m

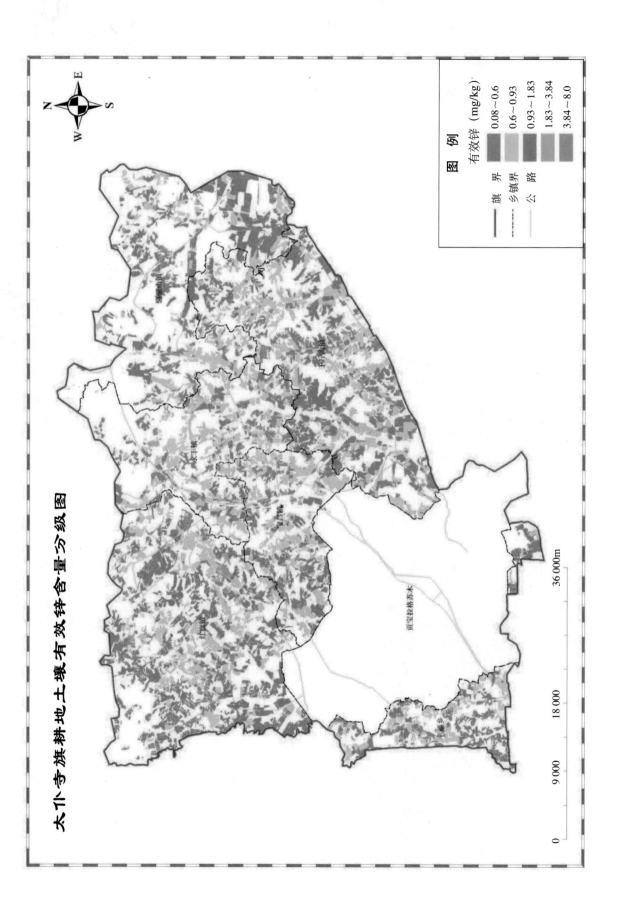

大仆寺旗耕地土壤有效锌含量分级图

图 例

有效锌 （mg/kg）

	0.08~0.6
	0.6~0.93
	0.93~1.83
	1.83~3.84
	3.84~8.0

旗　界
乡镇界
公　路

0　　9 000　　18 000　　　　36 000m

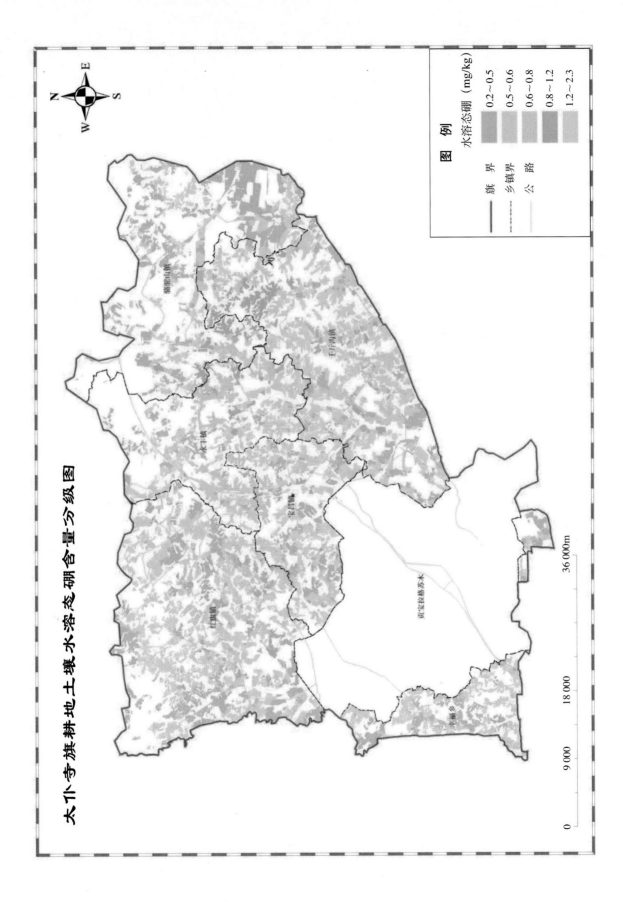

大仆寺旗耕地土壤水溶态硼含量分级图

图　例

水溶态硼（mg/kg）

0.2～0.5	
0.5～0.6	
0.6～0.8	
0.8～1.2	
1.2～2.3	

旗　界
乡镇界
公　路

0　　9 000　　18 000　　36 000m

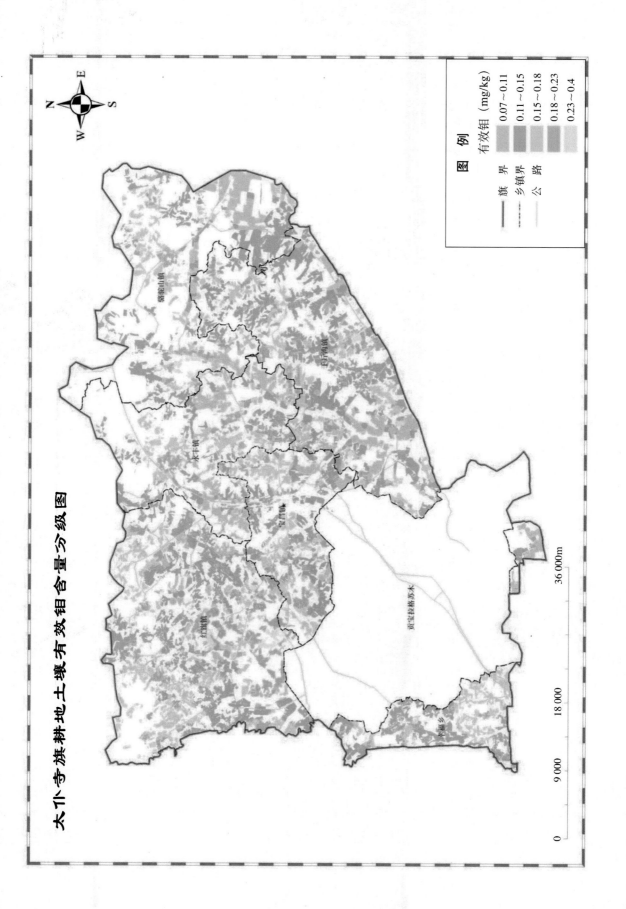

大仆寺旗耕地土壤有效钼含量分级图

图 例

旗 界
乡镇界
公 路

有效钼（mg/kg）

0.07~0.11
0.11~0.15
0.15~0.18
0.18~0.23
0.23~0.4

0   9 000   18 000   36 000m